材料開発の源流を辿る

金属学のルーツ

齋藤 安俊・北田 正弘 編

内田老鶴圃

執筆者一覧

(五十音順)

和泉　修　　第4章
　　東北大学名誉教授

北田　正弘　　第3章, 第5章
　　東京芸術大学大学院美術研究科教授

幸田　成康　　第3章
　　東北大学名誉教授

菰田　孜　　第7章
　　元(株)日立製作所主管技師長

齋藤　安俊　　第6章
　　東京工業大学名誉教授, 大学評価・学位授与機構名誉教授

長倉　繁麿　　第1章
　　東京工業大学名誉教授

永田　明彦　　第5章
　　秋田大学工学資源学部材料工学科教授

平野　賢一　　第2章
　　東北大学名誉教授

はじめに

　今では前世紀になってしまったが，1990年代に入る頃から「来るべき21世紀を目前にして，科学技術に対する期待には多大なものがある」ことが多方面で叫ばれるようになった．それまでの政府の研究開発に対する投資は必ずしも十分ではなかったが，科学技術基本法が成立し，1996年から始まった第一次科学技術基本計画が策定されるに及んで，科学技術振興に対する国からの助成は大幅に増加し，大学や研究機関における基礎研究にも多額の国費が投入されるようになった．また，同時にバブル経済の崩壊によって低迷を続ける産業界からは，国際的にも強大な競争力をもつ独創的な研究開発とそれに繋がるイノベーションの創出が強く望まれている．

　待望の21世紀に入ると，研究を担う大学や研究機関の組織・形態が大きく変貌しつつあるほか，第二次科学技術基本計画の策定に基づいて基礎研究がより積極的，戦略的に推進されるとともに，ライフサイエンス，情報通信，ナノテクノロジー・材料，そして環境の四分野が重点的研究開発の対象となった．このことからも明らかなように，「材料」は比較的古くから台頭し，長期にわたって科学技術の基盤を支えてきたが，新しい時代にとってさらに先進性を求めて活躍が期待される分野であり，同時に他の分野においても重要な役割を演じている．

　編者のふたりはともに材料科学を専門分野としてきたが，金属学ではどちらかといえばひとりは物理系で他は化学系である．研究に対する考え方や手法がそれぞれ異なるとしても，金属学の開拓者といわれる先人達の原著論文や原典を繙くと，ともに深い感銘を受けることで一致している．すなわち，それらの内容は微に入り細にわたるものが多く，しかも一世紀近くも前でありながら，すでに近代的な理論や技術の一端をのぞかせるような記述さえあること，また，そのような時代には金属学に物理系とか化学系とかいう区別もなければ，対象を金属ばかりではなく現代ではセラミックスや複合材料と呼ばれる材料にも及んでいること，さらにわが国でもこれらの点で国際的に高く評価される業績が残されていることなどに気づいたのである．そこで，日進月歩の科学技術革新の時代でも，というよりもそのような時代であるからこそ，先人達の優れた業績を振り返って，謙虚に，しかも正当に評価し，現代の理論や技術と照らし合わせたり，繋げてみることも重要ではないかと考えた．

　科学技術の進展，そして産業基盤を支える「材料」は，成分，構造，性質，製法な

どから，無機，金属，有機・高分子，および複合の四つに分類される．これらの各材料は開発段階のルーツが異なることから，以前はそれぞれ別個の組織で研究され，専門家が養成されていたが，基本原理や研究手法には共通点があり，加えて複合材料が登場したこともあって，近年では，材料科学や材料工学という専門分野に統一される趨勢にある．しかしながら，中でも「金属」は製造，建設，輸送，エネルギー，情報などあらゆる分野で基幹をなす材料であり，「金属学」は他の材料分野に比べて，もっとも早い時期から学問として体系化されていた．そこで，先人達の優れた業績によって「金属学のルーツ」を知ることは，材料開発の源流を辿るのに極めて適切であり，それは新たな材料開発を通じて科学技術革新に大きく貢献するものと考える．

　本書で取り上げたルーツの時代には，例えば実験では操作を目視や手動で行い，長時間に及ぶ労力を必要としたが，当時は，特技をもった研究者や熟練した技術者が，自ら製作した装置を十分に使いこなしながら測定に従事していた．それが第二次世界大戦後，とくに1950年代以降になると，多くの面で自動化が導入され，さらに電子技術の進歩は著しい精度の向上とスピード化をもたらした．そして，多くの機器が製品化され，汎用性を増し，コンピューター化されて，今やボタン一つ押すだけで，誰でも簡単にデータと解析結果が得られるようになった．したがって，個人差のない，再現性の良い信頼できるデータが得られるものと期待されるが，必ずしも十分に満足させるには至っていない．一方，理論や計算の領域では，じっくりと考えたり，先人達の論文を読むよりも，コンピューター使用による解析のほうが先行して，基本となる原理や法則との関わりを十分に理解しない例が多くなっている．これらのことを憂えたことも，「金属学のルーツ」の重要性を改めて認識させ，本書の企画に繋がっている．

　本書は7章に分けられ，大別すると基礎，先進材料開発，ならびに測定技法の三つの領域から構成されている．もちろんこれだけが金属学のルーツではないし，各章の中には理論もあれば実験も含まれている．年々，材料開発はそれぞれの分野でより軽薄短小と高機能化の方向に進み，製造，観察，測定，計測などの対象は19世紀以降マクロからミクロへと変わり，20世紀末期から今世紀にかけてはナノに至っている．しかしながら，マクロ時代からの材料開発の源流を辿り，先人達が情熱を燃やし，ときにはロマンに満ちて「金属」にかけた意気込みと汗の結晶を理解することこそ，これからの高度で多様化した先進材料の研究開発に大きく貢献するものと信じている．

　本書の各章の著者としては，それぞれの分野で研究・教育または開発研究の第一線で活躍中で，たとえ現職を退かれても引き続き学究の途を歩まれ，いずれも指導的立場におられる専門家にお願いし，一部は浅学菲才ながら編者もお手伝いをした．執筆

はじめに

を引き受けて下さった方々は各分野で指導的立場におられるだけに，深遠な洞察力と豊富な経験をお持ちであり，内容は誠に含蓄のあるもので，先人達の努力，苦労はもちろんのこと，絶え間ない探究心と高レベルの研究心が偲ばれる．金属をはじめ21世紀の材料の開発に携わる研究者・技術者が原点に還り，新たな発想の糧とされることを望むものである．

なお，本書の出版は1990年代の中頃に計画したものであるが，いろいろな事情から大幅に遅れてしまった．この度，内田老鶴圃のご尽力によりようやく発刊の運びとなったが，その間にも新たなルーツが加えられたかもしれないし，執筆者の中には鬼籍に入られた方もおられる．そのため執筆者によっては一部修正・追加をされたが，本質的なルーツには変わりがないことから，編者の責任において事象発現の時期に関する表現などを訂正させていただいた．全体として文体は執筆者の個性を生かしつつ僅かの修正を行い，とくに亡くなられた執筆者（幸田成康，菰田　孜，平野賢一の各氏）による章については，すべて編者の責任によるものとした．

本書の刊行にあたり，各著者をはじめ，多大なご協力を賜ったアグネ承風社の武田英太郎氏，編集・出版にあたられた内田老鶴圃の内田　悟社長，内田　学氏，および笠井千代樹氏に感謝の意を表するものである．

2002年8月15日

編者　齋藤安俊・北田正弘

目　次

はじめに …………………………………………………………………………… i

1　金属結晶学 …………………………………………………………………… 1
　　1.1　結晶と結晶学　1
　　1.2　結晶学の始まり　3
　　1.3　結晶の分類　4
　　1.4　球の詰め込み　10
　　1.5　X線の発見　10
　　1.6　Laue の結晶による X 線回折実験　13
　　1.7　Bragg の実験と寺田-西川の実験　17
　　1.8　結晶構造解析法の進展　21
　　1.9　初期の X 線回折による金属結晶構造の研究　22
　　1.10　電子の波動性の発見と電子回折　28
　　1.11　初期の電子回折の金属研究への応用　32
　　1.12　中性子回折と初期の金属研究への応用　33
　　1.13　金属結晶構造研究の進展　34
　　1.14　金属結晶学の発展に対するわが国の主要な貢献　35
　　1.15　新しい金属材料の構造研究　41
　　1.16　むすび　46
　　　　　参考文献　50

2　拡　　散 …………………………………………………………………… 51
　　2.1　はじめに　51
　　2.2　固体中で原子は拡散するか？　53
　　2.3　固体金属中の拡散研究の始まり　54
　　2.4　拡散係数の温度依存性　59
　　2.5　拡散係数の濃度依存性　68
　　2.6　拡散の原子的機構　83

2.7　短回路拡散　86
2.8　あとがき　拡散研究のための実験技術の進歩　90
　　　参考文献　91

3　転　位　論 ……………………………………………………97
3.1　転位論の始まり　97
3.2　転位らしきもの　101
3.3　初期の2冊の教科書　104
3.4　すべり帯　107
3.5　泡　模　型　107
3.6　結晶のらせん成長　109
3.7　エッチ・ピット　110
3.8　ひげ結晶　112
3.9　バーガース・ベクトル　113
3.10　転位の増殖機構　115
3.11　転位網の観察　118
3.12　面心立方結晶における鈴木効果　120
3.13　時効硬化の転位論　122
3.14　転位の電子顕微鏡観察　123
3.15　超伝導遷移に伴う軟化現象　127
3.16　半導体の転位　127
　　　参考文献　128

4　金属間化合物 …………………………………………………131
4.1　金属間化合物の原点　131
4.2　金属間化合物の金属学史　133
4.3　金属間化合物脆さ克服の劇的展開　135
4.4　金属間化合物開発研究の推移　146
4.5　金属間化合物―今後の課題　159
　　　参考文献　165

5　超　伝　導 ……………………………………………………169
5.1　基礎研究時代　169

5.2　A15型化合物超伝導体とその線材化　178
　　5.3　合金超伝導体の線材化　191
　　5.4　セラミック超伝導体　208
　　5.5　ジョセフソン効果と超伝導デバイス　215
　　　　参考文献　217

6　熱　分　析　　　　　　　　　　　　　　　　　　　　221
　　6.1　はじめに　221
　　6.2　熱分析とは　222
　　6.3　示差熱分析　229
　　6.4　熱膨張測定　245
　　6.5　熱重量測定　259
　　6.6　おわりに　268
　　　　参考文献　270

7　電子顕微鏡　　　　　　　　　　　　　　　　　　　　273
　　7.1　はじめに　273
　　7.2　電子顕微鏡の誕生　274
　　7.3　わが国における電子顕微鏡事始め　283
　　7.4　結晶格子像の観察と分解能競争　290
　　7.5　超高圧電子顕微鏡の開発　299
　　　　参考文献　310

索　引　　　　　　　　　　　　　　　　　　　　　　　313
　　事項索引　314
　　人名索引　321

金属学のルーツ

金属結晶学

1.1 結晶と結晶学

　英語では結晶を crystal というが，これはギリシア語の $\chi\rho\upsilon\sigma\tau\alpha\lambda\lambda o\varsigma$ に由来し，水の凍ったものを意味する由で，現在でもクリスタルは水晶の意味を合わせ持っている．一方，漢語では，結は「しまってかたい」，晶は「きらきらひかる」を意味し，結局，結晶は「きらきらひかるしまってかたいもの」のことであり，また晶だけで水晶の意味にも用いられている．洋の東西を問わず，結晶というと水晶を意味する言葉であることは興味深い．

　現在では，結晶とは原子が3次元空間で周期的に規則配列している固体のことを意味する．われわれが固体と感じている物質には，原子や分子が不規則に配列しているアモルファス（amorphous：形のない）固体や，最近発見された原子が規則的だが周期的配列をしていない準結晶（quasicrystal：偽結晶）があるが，よく研究されており，実用的にも重要な物質は結晶からできている固体で，もちろん，金属はこれに入る．しかし，金属材料の一片を取り上げてみたとき，その端から端までにわたって原子が周期的規則配列をしている単結晶の場合はほとんどなく，たいていは多くの小さい結晶（結晶粒）が集合している多結晶体で，個々の結晶粒の大きさは mm の程度から μm 以下の程度まで場合場合によっていろいろである．しかし，特別な方法を使ってやれば 10 cm 以上の長い範囲にわたって原子を規則的に配列させた金属の単結晶を得ることができる．エレクトロニクスの分野での主役を担っているシリコン素子の一つ一つは人工的に育成した直径 30 cm 前後の巨大な単結晶から切り出されたものである．こうしたものははっきりとした外形を持っていないが，天然に産出するダイヤモンド，水晶，閃亜鉛鉱（ZnS）などははっきりとした外形を示している単結晶で，その大きさと美しさは地球が長い年月をかけて作り上げた芸術品というにふさわしい．

M. von Laue

　初めに，結晶とは原子が 3 次元周期的に規則配列した固体であるといってしまったが，このことは自明であったわけではなく，1912 年にミュンヘン大学で Max von Laue が W. Friedlich と P. Knipping の協力を得て行った X 線の結晶による回折の実験の成功によって初めて明らかにされた事柄である．結晶による X 線の回折現象の発見によってわれわれは物質内部での原子の配列に関する知識を最も直接に手に入れる方法を得たのであって，Laue らの実験の意義は極めて大きい．その後，1927 年 C. J. Davisson と L. H. Germer による電子回折の実験，1946 年の C. Shull と E. O. Wollan による中性子回折の実験，1933 年の E. Ruska による電子顕微鏡の発明などが相次ぎ，回折現象とレンズによる像形成現象との関係も明らかにされ，現在では高分解能電子顕微鏡を用いて結晶中の原子の配列を直接に目で見ることができるようになった．

　1912 年以前は，結晶学（crystallography）は鉱物学の一分野で，天然の結晶の示すいろいろな表面，すなわち自然面の間の角度を測定して結晶の対称を知り，それに基づいて結晶を分類することや，3 次元空間で可能な対称性を研究することであった．こうした結晶学は，現在は，記述結晶学，数理結晶学，あるいは古典結晶学などと呼ばれている．1912 年以後になると，X 線などを用いた回折法による結晶の原子的構造の解析が結晶学の中心的役割を演じるようになった．こうした結晶学は回折結晶学（diffraction crystallography）と呼ばれている．そして，研究の対象は結晶にとどまらず，あらゆる物質，すなわち，生体を含むあらゆる固体，液体，気体に拡張され，それらにおける原子の配列を知ること，さらに進んで原子内での電子の分布を知ることが研究目的になっている．物質の示すいろいろな特性は物質を構成している原子の種類，数，配列を反映したものであるから，それらを正しく知ることは大変重要で，それを研究する結晶学は物性研究の土台を作る学問なのである．

　結晶の特性を最もよく示すのは単結晶である．したがって，良質の大きな単結晶を育成することは物性研究のみならず工業上でも重要である．また，結晶成長の機構を知ることも大切である．このため結晶成長学が結晶学の一分野として近年大いに発展してきている．

　以下，この章では結晶学がどのようにして生まれ，発展してきたかを記述する．な

お，当初の話題は金属の結晶には必ずしも限らないこととする．結晶学はむしろ鉱物の結晶や無機化合物の結晶の研究を通じて発展してきたからである．

1.2　結晶学の始まり

　自然に産出する水晶やダイヤモンドなどははっきりとした外形を持ち，硬く美しいので，宝石の範疇に入っており，宝石として芸術の対象であっても学問の対象ではなかった．これらに科学のメスを最初に入れたのはおそらく光の波動説で有名なC. Huygensであろう．彼は1690年出版の『光学原論』（Traite de la Lumière）の中で，方解石は偏平な回転楕円体が規則正しく配列したものと想像して，その菱面体への劈開性を説明している．彼は，菱面体の形の決定にあたって，測定の楽な稜間の角度を測定せずに，測定の面倒な隣接面間の角度を測定しているのが注目される．1720年代になると，脆性破壊による金属の劈開や，方解石や金属塩結晶の劈開の報告が現れている．

　1784年，A. R. J. Haüyは『結晶構造試論』（Essai d'une Théorie sur la Cristaux）を発表し，結晶学の父といわれるようになった．彼はどのような形の方解石でも，劈開を繰り返していけば，しまいには典型的な菱面体が得られることを観察し，菱面体が方解石結晶の基本単位であるとし，この基本単位を規則正しく積み重ねていけば，どのような面でも再現できるとした（図1-1）．基本単位は極めて小さいものだから，でき上がった面は滑らかなものとなる．基本単位として彼は集合分子（moléculær intégrante）というものを考え，それは分子が整数個集まったものとした．こうした

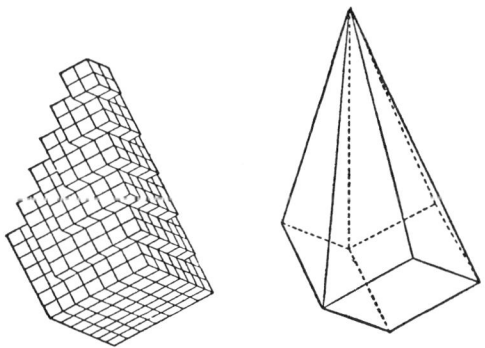

図1-1　Haüyによる結晶面形成の説明．

考えにより結晶の自然面は三つの整数の組で表現できることを説明している.

こうした議論は結晶の自然面の面間角の測定が基本となっている.その測定法としては,初めは接触測角器(カランジェオ,Carangeot;1780年)が用いられていたが,1784年にW. H. Wollastonが光学測角器(optical goniometer)を発明したので測角精度は非常に向上した.これは,結晶を回転台の中心におき,その表面に細い平行光線を入射させ,反射光を望遠鏡で観察する装置で,結晶を回転させたとき反射光が再び現れる角度を読めば結晶面の面間角が測定できる.

こうした測定により次のことが明らかになった.

(1) 結晶は平面で囲まれた形に成長する.

(2) 結晶の大きさ,現れる面の大小,晶癖は多種多様だが,面間角は結晶の化学組成によって決まっている.

(3) 同じ組成の結晶でも異なる結晶形をとる場合,すなわち,多形を示す場合がある.例えば,水晶ではα-水晶,β-水晶,クリストバライト,トリジマイトは異なった結晶形態をとる.

(4) 結晶内部に3本の軸(結晶軸)をとり,それぞれの軸の長さの単位を適当に選んでやれば,結晶面は簡単な三つの整数の組(hkl)で表すことができる(有理指数の法則).現在の表現でいえば,結晶軸の長さの単位,すなわち,格子定数をa, b, cとすれば,面の方程式は$h/a+k/b+l/c=1$と書けるが,結晶に現れる面はこれに平行な面で,その面指数(ミラー指数)h, k, lは互いに素な簡単な数であるということである.しかし,選ぶべき結晶軸の長さの単位a, b, cはもちろん不明で,ただその比$a:b:c$が分かるだけであった.

1.3 結晶の分類

結晶の外形の示す対称性の観察研究が進むにつれ,自然に見られる結晶をその対称性から分類すればいくつになるかが19世紀の前半に問題となった.数学的にはこれは点群(point group)の問題で,これに答えたのがJ. F. C. Hesselである.1830年,彼は1, 2, 3, 4, 6回の(回転)対称軸(symmetry axis),対称面(鏡映面,mirror plane),対称の中心(center of inversion)の七つの対称要素(図1-2)を選び,これらを組み合わせれば32の点群ができることを示し,これを結晶の対称性と対応させて結晶を32の晶族(class)に分類した.

上での分類は結晶中に固定された軸,面,点に関する対称性に基づいている.そこ

1.3 結晶の分類

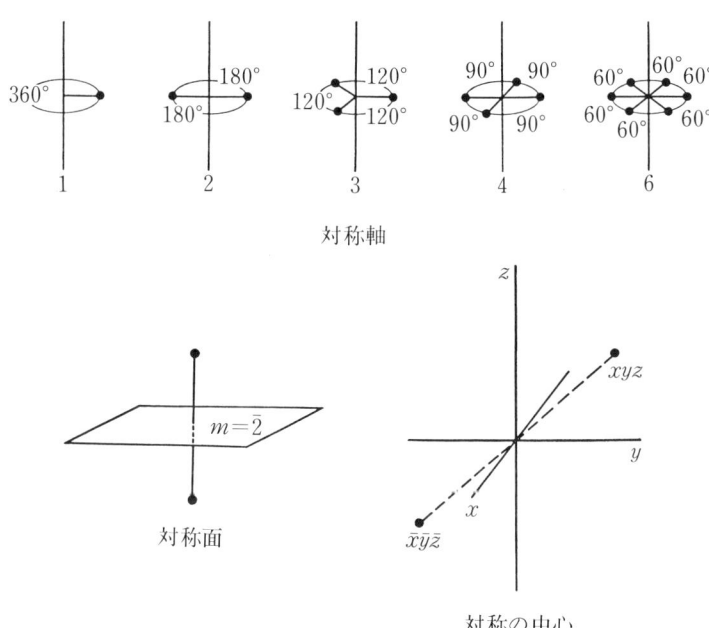

図 1-2 対称軸（記号 1, 2, 3, 4, 6），対称面（記号 m），および対称の中心．

で問題となったのは，結晶が Haüy のいうように集合分子の周期的規則配列からできているとすれば，すなわち，集合分子が並進対称性を持つとすれば，結晶の真の対称性は集合分子の並進対称性と外形の対称性とが両立したものでなければならないということである．この問題は，1848年に A. Bravais，1869年に Sohncke，1881年に A. Schoenflies，同じ年に E. von Fedrov によって解答が与えられた．そして，これらの研究により，対称軸には5回軸と7回軸以上の軸はないことが証明され，また，結晶は現在ブラベ格子として知られている14個の格子（lattice）（図1-3）に分類され，さらに結晶は7種の晶系（system），すなわち，三斜（triclinic），単斜（monoclinic），斜方（orthorhombic[*1]），三方（trigonal，菱面体（rhombic）を含む），六方（hexagonal），正方（tetragonal），立方（cubic）（等軸（regular）とも呼ばれる）の晶系に分類されることが明らかにされた．これにより晶系，格子，晶族の関係がはっきりしてきたこととなる．表1-1に以下に述べる空間群をも含めてこれ

[*1] 斜方格子という訳語は誤解を招きやすい．直方格子のほうが適切であろう．

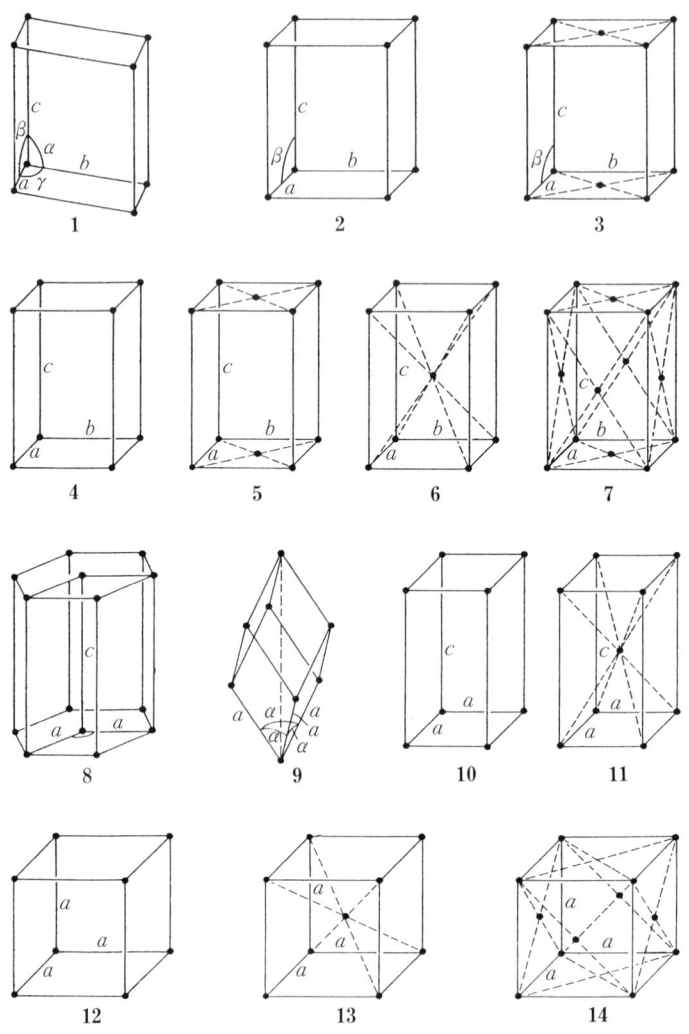

図1-3 ブラベ格子．(1)三斜格子 (P), (2)単純単斜格子 (P), (3)底心単斜格子 (C), (4)単純斜方格子 (P), (5)底心斜方格子 (C), (6)体心斜方格子 (I), (7)面心斜方格子 (F), (8)六方格子 (P), (9)菱面体格子 (R), (10)単純正方格子 (P), (11)体心正方格子 (I), (12)単純立方格子 (P), (13)体心立方格子 (I), (14)面心立方格子 (F).

1.3 結晶の分類

表 1-1 結晶の対称の分類.

晶系	ブラベ格子*	点群［晶族］#		空間群の数&	
三斜	P	1	1	(P：2)$	
	$a, b, c ; \alpha, \beta, \gamma$	$\bar{1}$ — (計2)	1		(計 2)
単斜	P，C	2	3	(P：8	
	$a, b, c ; \beta$	m	4	C：5)	
	($\alpha=\gamma=90°$)	$2/m$ — (計3)	6		(計 13)
斜方	P，C，I，F	222	9	(P：30	
	a, b, c	$mm2$	22	C：15	
	($\alpha=\beta=\gamma=90°$)	mmm — (計3)	28	I：9	
				F：5)	(計 59)
正方	P，I	4	6	(P：49	
	$a=b, c$	$\bar{4}$	2	I：19)	
	($\alpha=\beta=\gamma=90°$)	$4/m$	6		
		422	10		
		$4mm$	12		
		$\bar{4}2m$	12		
		$4/mmm$ — (計7)	20		(計 68)
三方	P	3	5	(P：18	
	$a=b, c ; \gamma=120°$	$\bar{3}$	1	R：7)	
	($\alpha=\beta=90°$)	32	7		
	R	$3m$	6		
	$a=b=c ; \alpha=\beta=\gamma$	$\bar{3}m$ — (計5)	6		(計 25)
六方	P	6	6	(P：27)	
	$a=b, c ; \gamma=120°$	$\bar{6}$	1		
	($\alpha=\beta=90°$)	$6/m$	2		
		622	6		
		$6mm$	4		
		$\bar{6}m2$	4		
		$6/mmm$ — (計7)	4		(計 27)
立方	P，F，I	23	5	(P：15	
	$a=b=c$	$m\bar{3}$	7	I：10	
	($\alpha=\beta=\gamma=90°$)	432	8	F：11)	
		$\bar{4}3m$	6		
		$m\bar{3}m$ — (計5)	10		(計 36)
計					
	7　　14	32		230	

* P：単純格子，C：底心格子，I：体心格子，F：面心格子，R：菱面体格子 (R は P で表現できる)

\# 点群の記号（数字は対称軸，－は対称の中心の存在，m は鏡映面，$\bar{4}$ は 4 回の回反軸，$4/m$ などは 4 回軸などに垂直に鏡映面があることを示す）

& 点群に属する空間群の数（空間群の記号は省略）

$ 格子がそれぞれ P，C，I，F である空間群の数

らの関係を示す．

　SchoenfliesとFedrovは，それぞれ独立に，結晶格子の内部の対称性についてさらに突っ込んだ考察を行った．図1-4(a)に示すように，結晶格子のc軸が2回対称軸であったとすると，点$P(x,y,z)$は対称操作により点$Q(-x,-y,z)$に移る．しかし，もし結晶軸が回転操作とともに点Pをc軸に沿って格子定数cの半分だけ移動させるような性質のもの，すなわち，2回のらせん軸であったとすれば，図1-4(b)のように点Pは点$R(-x,-y,z+1/2)$に移る．図1-4(a)と(b)との違い，すなわち，点QとRの位置の違いは格子定数の半分というわずかな違いなので，到底結晶の外形の観察からはうかがいしれないものである．鏡映面についても同様なことがいえる．こうした考察から，図1-5に示すように，彼らは5個の対称軸には11個のらせん軸（screw axis）を，対称面には5個の映進面（すべり面，glide plane）を追加し，4回の回反心（center of rotation-inversion），対称の中心と合わせた計24種を対称要素とし，これらの対称操作の組み合わせでできる群を研究し，全部でそれが230あることを示した．これが空間群（space group）と呼ばれるものである．これで結晶の分類は完成されたこととなった．

　空間群は，現在では結晶構造解析に本質的に重要であることが知られ，積極的に用いられているけれども，発表当時は単に数学的興味を引くにとどまり，一部の鉱物学者の関心を呼んだのみであった．しかし，鉱物学者であり化学者であったP. Grothは，1888年に，空間群で決められた位置に同じ種類の原子を置くことは可能である

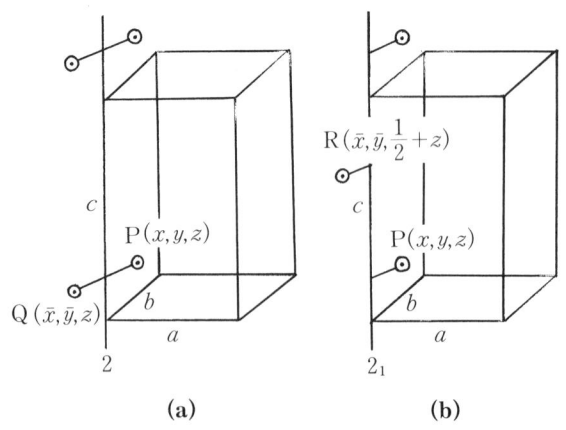

図 1-4　(a) 2回対称軸2と(b) 2回らせん軸2_1．

1.3 結晶の分類

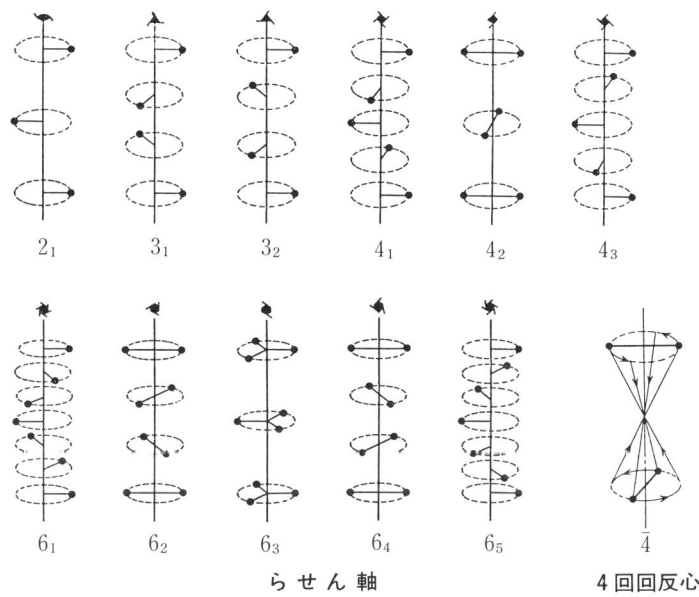

らせん軸　　　　　　　4回回反心

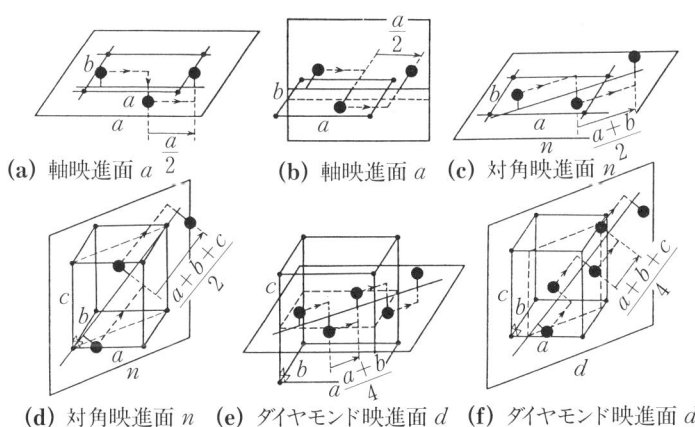

(a) 軸映進面 a　(b) 軸映進面 a　(c) 対角映進面 n

(d) 対角映進面 n　(e) ダイヤモンド映進面 d　(f) ダイヤモンド映進面 d

映　進　面

図 1-5　11個のらせん軸，1個の4回回反心および6個の映進面．

ことを強調している．しかしながら，その当時は単位格子の大きさも，原子の大きさも，また晶族と空間群との関係も不明であった．

なお，現在は2次元，3次元空間における空間群のそれぞれは International Tables for Crystallography, Vol. A, Space-Group Symmetry, Ed. by Theo Hahn, Pub. for IUCr by D. Reidel Pub. Co., Dordrecht, Holland (1983) に記載され，結晶構造解析に利用されている．さらに，近年になって4次元空間における空間群が研究され，4783のそれぞれについての記述が Rolf Bulow, Joachim Neubuser, Hans Wondratscheck, Hans Zassenhaus: Crystallographic Groups for Four Dimensional Space, John Wiley & Sons (1978) に載せられている．

1.4 球の詰め込み

以上の結晶の対称性から出発した系統的研究とはまったく独立に，原子はそれぞれに適当な半径を持つ球であると仮定し，その密な詰め込みによって結晶の構造を理解しようとする試みが著名なドイツの金属学者 G. Tammann，イギリスの化学者の W. Barlow, W. J. Pope によってなされた．同じ大きさの球の詰め込みは元素結晶の構造を与え，2種類の大きさの球の詰め込みは NaF，NaCl，KCl などの簡単なハロゲン化アルカリ結晶の構造を与えるとするものである．こうした研究は決して幾何学的・論理的なものではなかったが，W. L. Bragg が1912年に行った閃亜鉛鉱（ZnS）や岩塩（NaCl）結晶のX線回折写真の解析に際しての Pope の示唆はよい指針となり，結果として球の詰め込みの考えは正しかったことを証明したこととなった．

1.5 X線の発見

話をちょっと戻すが，1800年代の前半は古典物理学が完成の域に達した時代である．A. L. Cauchy, L. Euler, C. F. Gauss, W. R. Hamilton などが天体力学，弾性論，磁性，光学などの定量的理解の基礎を固め，エネルギーと熱の同等性が明らかにされ，さらに，M. Faraday の電磁場の概念は J. C. Maxwell によって1860年に定式化され，熱力学の基本法則は R. J. E. Clausius と Maxwell によって定式化された．気体分子運動論も Maxwell や L. Boltzmann によって初めて定量化された．光の発光機構は不明であったが，その伝播方式やそれが横波であることは知られるにいたった．また，化学の分野では A. L. Lavoisier が定量化学の基礎を築いた．こうして自

1.5 X線の発見

然界の数学的記述の進歩に伴う各種の発明・発見によって，もはや基本的な問題はすべて解決されたと思われるにいたった．

1800年代の後半以後では，こうした楽観的な考えは次第に破られてゆき，量子力学を誕生させる基礎が形成されるわけであるが，その端緒となったのは電子の発見である．電子の発見には真空技術の発達が重要な要素となっている．1854年，ボンのJ. Plückerは，優れたガラス職人 H. Geisler の作った放電管を用いて減圧した気体中の放電現象を研究していたが，真空がよくなると陰極と反対側にあるガラス管壁が緑色に光るのを発見した．1869年に J. W. Hittorf や Sir W. Crookes は，蛍光の原因は陰極から何か電気を帯びたものが飛び出してきて管壁に衝突したことによるとし，その流れを陰極線と呼んだ．始めのうちは，陰極線は電磁場の特殊なもの，例えば縦波の電磁波と思われたときもあったが，最終的には負の電荷を帯びた粒子の流れであることが証明され，粒子の電荷と質量の比が測定され，そしてその質量は水素原子の約 1/1800 と推定された．1891年，この粒子に電子（electron）という名称を与えることが G. J. Stoney によって提案され，受け入れられた．

このような情勢のもとにあった1895年に W. C. Röntgen は X 線を発見した．当時，彼はミュンヘン大学の実験物理学の教授であったが，かなり大きなインダクションコイルと放電管を使って独りで陰極線の研究をしていた．かなり秘密主義の性格のため，研究目的は陰極線の吸収だったのか，いろいろな物質の蛍光励起だったのか分からないが，放電をするたびに放電管からかなり遠くの机の上に置いた蛍光板が発光するのに気がついた．発光が陰極線によるのではないことは明らかであった．というのは陰極線の飛程は空気中でもたかだか 10 cm たらずだからである．11月8日から年末にかけて不眠不休の実験の結果，彼は未知の放射線を発見したことを確信し，これに X 線の名称を与えた．そして，X 線は直進すること，物質中では通過距離に比例して指数関数的に吸収されること，吸収係数は物質の質量に比例するが，吸収率は陰極線のそれに比べれば遥かに小さいこと，写真作用があることを知った．そして，透過力の大きいことを示すために，彼は木箱の中に置いた一組の分銅の X 線写真をとり，また人の手の骨の最初の X 線写真をとった．また，陰極線の衝突する対陰極（陽極）の材料を重金属とすると X 線の出方が増すこと，X 線は空気を電離させることも発見した．

X 線の発見は医学界に大きな反響を呼び，すぐに応用されるようになった．それとともに X 線発生用の放電管の改良も進んだが，依然として X 線の本性，すなわち，それが波なのか粒子なのかは謎のままであった．Röntgen 自身その本性を探る

べくいろいろと実験を重ねたがすべて失敗に終っている．例えば，「もしX線が波ならばスリットによって回折されるはずだと考えて実験を行ったが結論は得られなかった」と報告している．

　X線の本性を探る研究はいろいろ行われた．1905年，C.G. Barkla はX線を2回続けて反射させたときの強度変化の測定から，もしX線が波ならば，それは光と同様に横波であると結論した．この結論は，その後，他の研究者によって裏付けられた．また，彼は，1909年，吸収係数の測定から，放電管から出るX線は不均質なものであって，その中には対陰極の金属の原子量が増すと透過力を増す強い強度の成分が含まれていることを発見した．すなわち，特性X線の存在に気がついている．1909年，B. Walter と R. Pohl は細心の注意を払ってX線が透過しないような厚い板を用いてスリットを作製し，それによるX線の回折実験を試み，得られた写真を1910年に P. P. Koch が作った自動マイクロフォトメーターを使って測光した．A. J. Sommerfeld はスリットが厚いときの光の回折理論を作ってその結果を解析し，1912年にX線の波長は約 0.4Å であると報告した．

　気体や固体に光を当てると電子が飛び出してくるという現象，すなわち，光電効果に関して，1902年に P. E. A. Lenard は，金属に当てる光の強度を増すと出てくる電子の数は増えるがその速度は変わらないことを発見した．1905年，A. Einstein はその結果を1900年に M. Planck が黒体輻射の解釈の際に仮定した光の量子説（振動数 ν の光はエネルギー $\varepsilon = h\nu$ の粒子として振舞う；h は現在はプランク定数と呼ばれている普遍定数）によって説明した．この考えを逆にすれば，エネルギー ε の電子を物体に当てれば，そこから振動数 ν の光が出てくることになる．1907年，W. Wien はこうした考えに基づいて 20000 ボルトの電子を対陰極に当てれば 0.6Å の光が出てくることとなるので，これがX線であろうとした．しかし，W. H. Bragg は X 線による気体の電離を説明するにあたって，X線は中性の粒子もしくは正負の電荷のダブレットの流れであるとの立場をとっていた．

　X線が波なのか粒子なのかは1911年までは論争の種であった．X線の発見の翌年の1896年に，G. G. Stokes, Liénard, E. Wiechert は，それぞれ独立に，陰極線が荷電粒子の流れであるとし，それが対陰極に衝突すれば突然に減速されるので，その結果として電磁場のパルスが出る（制動輻射）と考え，そのパルスがX線であるとした．パルスはいろいろな波長を含んだ不均質な波だから，BarklaのX線吸収係数測定の結果のうち，吸収係数が一定でない成分の存在をよく説明する．また，X線の放出過程，出射X線の角度分布，電子の速度とX線の角度分布との関係などは G.

W. C. Kaye により 1909 年に明らかにされ，Sommerfeld はこれらの理論的取り扱いを行った．

1.6 Laue の結晶による X 線回折実験

　ここでは 1912 年になされた M. von Laue，W. Friedlich，P. Knipping による初めての結晶による X 線回折実験について述べる．

　その当時，ミュンヘン大学の理論物理学研究室の教授は電子論で名声を博していた Sommerfeld で，彼の研究室には，理論を検証するにたる程度の小さい実験室があった．第一助手は，アーヘンから連れてきた P. J. W. Debye で，同大学の実験物理学研究室の Röntgen のところで学位を得た Friedlich が 1911 年に第二助手となり Planck の学生でそこの講師をしていた Laue が 1909 年にこのグループのメンバーになった．そして，1910 年，P. Ewald が博士課程の学生になった．

　Laue は物理学全般に関して深い関心があり，熱力学や輻射理論に造詣が深く，相対性理論の本を刊行していた．光学にも理解が深かったので，Sommerfeld は自分の編集している数理科学叢書第 5 巻（Enzyklopaedie der mathematischen Wissenschaften, vol. 5）の波動光学の章を書くことを Laue に依頼し，彼は 1911 年にその仕事に着手した．しかし，当時彼は結晶構造に関してはまったく無知であったようである．その彼が結晶は 3 次元回折格子であることに気づき，結晶による X 線の回折に思い到ったのは Ewald との会話によると思われる．このことについて Ewald は次のように書いている．

　Ewald は，Sommerfeld と相談の結果，学位論文の課題として，「等方共鳴子（双極子）を斜方格子の格子点上に配列したときの光の分散の理論」を選んだ．共鳴子を原子に置き換えれば，この問題は斜方晶系の結晶における光の分散（屈折率の波長依存性）の問題となる．彼はその複雑な計算結果を 1911 年の年末から 1912 年の年始にかけて学位論文にまとめたが，その理論で取り扱った無限大の結晶の場合には，外部からの光による刺激とは無関係に，結晶の屈折率は系全体の自由振動によって決まってしまい，したがって，結晶が有限で表面で限られている場合には，表面は外部からの光を結晶内部に入らせないようにする遮蔽板の役割をするということが結論された．この結論はそれまでの理論の帰結とは大変違っていると思われたので，1 月下旬，彼は Laue の自宅を訪問して相談を持ちかけた．Laue は「なぜ共鳴子を格子状に配置するのか」と尋ねたので，「結晶内部ではそうした規則配列があると思われる

からだ」と答えると，これは Laue にとって初耳のようであった．次いで彼は「共鳴子の間隔はどれくらいか」と尋ねたので，「それは可視光の波長の 1/500 から 1/1000 位だろうが，正確な値は分かっていないし，その値は現在の問題に対して本質的ではない」と答えて，問題の取り扱い方を説明し，次いで問題点を述べたが，Laue はあまり興味を示したようには思われなかった．再び共鳴子間の距離のことを尋ね，最後に，「もし結晶内を非常に短い波長の波が通過すればどうなるだろうか」と尋ねたので，「なんの省略も近似もなしに導いたこの式に答は示されている」といって学位論文の原稿中の式を示した．そして，Laue と相談したがあまり役に立たなかったと思いつつ彼の家を辞去した．学位論文を提出し，3月に学位を受けてミュンヘン大学を去った．Ewald が Laue らによる X 線の結晶による回折実験の成功を聞いたのは 6月で，そのときに，それまでまったく忘れてしまっていた Laue の最後の質問を思い出し，自分が彼に示した式を見，それを図に描いてみると，波長が短い場合は逆格子点を反射球（エヴァルト球）が通るときに回折が起こることを示していた．

Ewald との会話がヒントになって，Laue は結晶によって X 線は回折されるかも知れないと思い，その考えを3月下旬の復活祭休日恒例の研究室のアルプススキーのときに，Sommerfeld，Wien その他の人々に話した．当然のことながら反対の意見が出た．いろいろな仮定のもとに推測してみると，例えば塩化カリウム（KCl）の原子の熱振動の振幅は 0.75Å で，これは推定されていた X 線の波長 $0.6 \sim 0.4\text{Å}$ より大きく，したがって，個々の散乱波の間の位相関係は失われてしまうので回折は起こらないと思われたからである．また，Sommerfeld は Laue の考えた X 線の実験に Friedlich を使うことに強く反対した．Laue は仲間にこうした事情について相談した結果，理論より実験の方が安全で，しかも実験装置の組み立てには大した労力はかからないので，やってみるべきだろうということになった．そして，Röntgen のところで学位論文の仕事が終ったばかりの Knipping が Friedlich の労力軽減のためボランティアで実験に参加することとなった．

X 線実験に経験のある Friedlich と Knipping は散乱 X 線を防止できるように注意深く実験装置を組み立て，また，$12\,\text{cm} \times 7\,\text{cm}$，高さ $6\,\text{cm}$ の鉛箱を作り，一方の鉛板に直径 $3\,\text{mm}$ の入射 X 線用の孔をあけ，反対側の鉛板にも透過 X 線が鉛に当ったとき散乱 X 線を出さないように第二の孔をあけた．そして鉛箱の中に結晶と写真乾板を入れた．結晶としては実験室にあった硫酸銅（$CuSO_4 \cdot 5H_2O$）の単結晶を用い，結晶の方位には特に配慮をしなかった．最初は結晶は反射回折格子として働くと思って孔と結晶との間に乾板を置いたがうまくいかなかった．そこで，結晶は透過回

1.6 Laue の結晶による X 線回折実験

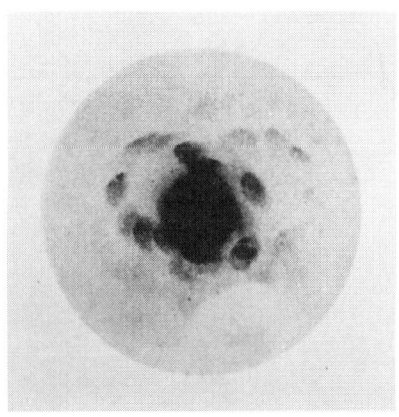

図 1-6 Friedlich と Knipping が撮影した最初の X 線回折写真.

折格子として働くと考えて，結晶の後ろに乾板を置いて透過実験を試みた．すると過度に露光された入射斑点のまわりにぼんやりと楕円形の斑点が写っていた（図 1-6）．この斑点は疑いもなく回折斑点であった．Laue はこの知らせを聞いて実験室に行って写真を見て，結晶が X 線に対して回折格子の作用をするという自分の考えが正しかったことを確信した．その帰り道，1 次元格子での光の回折条件を二つ書けば 2 次元格子での回折条件となるから，これにもう一つ回折条件を付け加えれば 3 次元格子に対する回折条件が得られることに気がついた．すなわち，結晶格子の各軸の長さ（格子定数）を a, b, c, 波長 λ の入射線の各軸に対する方向余弦を α_0, β_0, γ_0, 回折線のそれを α, β, γ, そして h, k, l を正負の整数とすれば，

$$a(\alpha-\alpha_0)=h\lambda, \quad b(\beta-\beta_0)=k\lambda, \quad c(\gamma-\gamma_0)=l\lambda$$

が回折の条件となる．これは，今日，Laue の回折条件といわれているものである．

Röntgen は Friedlich と Knipping の写真を見て感銘を受けたが，それが回折によるという結論には疑念を挟んだ．それで実験家である彼らは，結晶を粉末状にして回折写真をとって，入射斑点のまわりに個々の微結晶からくる小さい回折斑点が分布しているのを示したり，結晶を取り除けば入射斑点以外には何も写らないことや，また結晶と乾板との距離を変えれば回折斑点の出る位置が変わることを示して，疑義を挟む人々を納得させた．また，彼らは実験装置に改良を加え，精密な測角器（ゴニオメーター）上に結晶をのせて結晶方位を変えることができるようにした．Laue, Friedlich, Knipping の成果は 1912 年 6 月と 7 月に Sommerfeld によってバヴァリ

ア科学院に通知され，Röntgenによって支持され，その重要性が指摘された．そして二つの論文が科学院のプロシーディングスに掲載された．

その後，Laueらは閃亜鉛鉱（ZnS，立方晶系）の結晶軸に平行にX線を入射さ

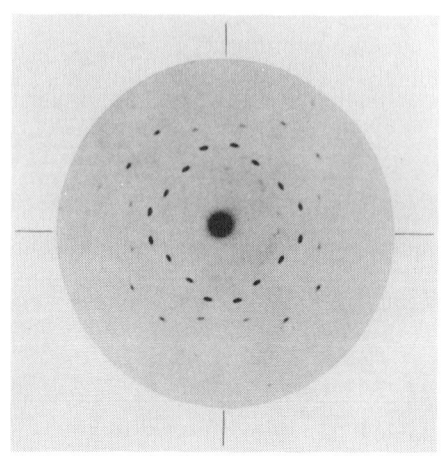

図1-7 FriedlichとKnippingが撮影した閃亜鉛鉱（ZnS）のX線回折写真．

図1-8 FriedlichとKnippingの用いたX線回折装置（改良したもの）．左側のガラス管球はガス封入型X線管．

せ，回折斑点が4回対称に分布している写真（図1-7）をとり，各斑点の指数づけを試みている．このとき Laue は，ZnS の単位胞はその中に1分子を含む単純立方であると仮定したために，アヴォガドロ数，密度および原子量から推定した格子定数は $a=3.38$Å（実際は $a=5.67$Åで，4分子を含む）となってしまい，X線の波長の絶対値を $4^{1/3}$ だけ小さくしてしまった．

当時のX線管はガス封入方式（図1-8）で効率が悪かったが，W. D. Coolidge は効率の良い熱陰極型X線管（クーリッジ管）を1913年に初めて作製し，これをゾンマーフェルト研究室に寄贈した．しかし，第一次世界大戦勃発（1914年）により研究は中断され，このX線管は救急病院で患者の診断用に使われてしまった．

1.7　Braggの実験と寺田-西川の実験

W. H. Bragg

Laue が結晶によるX線の回折実験に成功した頃，W. H. Bragg（以下 W. H. B. と略称）はリーズ大学（University of Leeds）の物理学の教授で，X線粒子説の熱烈な信奉者であり，その息子の W. L. Bragg（以下 W. L. B. と略称）はケンブリッジ大学を卒業してそこの物理学講師に就任（1911年）したばかりであった．1912年の夏，父と息子は Laue の論文について議論し，回折以外の方法で Laue の写真を説明できるかどうかいろいろやってみた．W. H. B. はX線粒子が結晶の中の原子の並木道を突進する結果 Laue の写真ができると考えていたからである．W. L. B. は閃亜鉛鉱（ZnS）のX線写真をとり，X線粒子説による解釈を試みたがうまくいかず，次第に Laue の回折説が本当だと思うようになった．W. L. B. は J. J. Thomson の講義で，X線が電磁波のパルスであるという G. G. Stokes の説を聞いていたので，波長が決まっていないパルスは特定の方向にだけ回折されるのではなくて，X線の入射角を θ とすれば，結晶中で面間隔 d で規則的に配列しているシートによって鏡面反射を受けるはずだと考えて，今日，ブラッグの式として知られている次式を導き出した．

$$2d\sin\theta = n\lambda \quad （n は任意の整数で反射の次数）$$

ここで，λ はパルスを構成しているいろいろな波長のうちで選択的に反射されたX

W. L. Bragg

線の波長である．この式は Laue の回折条件式と形が違っている．しかし，両者は同じ内容のものであることが後になって判明した．

問題は，Laue の ZnS の X 線写真において，なぜ特定の原子面が他のものよりも強く X 線を反射するかということであった．化学の教授の Pope と Barlow は，ZnS のような簡単な立方結晶では，原子は立方格子の角にだけあるのではなく面心立方に配列しているべきだとの考えを持っていた．そこで，その構造で ZnS のラウエ写真を調べてみると非常にうまく回折写真を説明できた．こうした結果は 1912 年 11 月に発表された．

ZnS の結晶構造は Pope の説を支持したので，Pope は大変喜んで，より簡単な構造の NaCl, KCl, KBr, KI の結晶を調べるよう W. L. B. に示唆した．そこで，それらの結晶の X 線写真をとり，解析を行い，結晶構造を

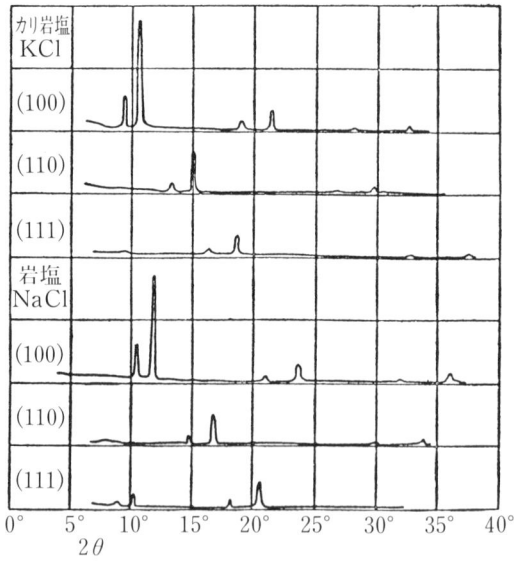

図 1-9　W. L. Bragg の得た KCl と NaCl 単結晶の (100), (110), (111) 面からの電離分光計による反射強度曲線，横軸は散乱角．対陰極 Pd, $K\alpha$ と $K\beta$ 線による反射ピークが異なったところに現れている．

1.7 Braggの実験と寺田-西川の実験

決定した。また，C. T. R. Wilson が原子面が表面に平行な劈開面からの X 線反射の実験をしてみることを示唆したので，雲母の結晶で試してみて成功し，そして X 線反射が表面からではなく結晶内部の原子面からの反射によることを確認した（1912年12月）。

X線の性質をもっとよく調べるため，W. H. B. は電離箱の利用を思いつき，X 線分光計を作製した（1913年）。その結果，対陰極から出る X 線はパルス（白色）X 線のほかに可視光領域における元素のスペクトルに対応する波長一定の特性 X 線を含んでいることが発見された。W. H. B. はダイヤモンドの結晶構造解析を行い，また Pt, Os, Ir, Pd, Rh, Cu, Ni の特性 X 線の波長を決定し，$K\alpha$ と $K\beta$ 線の波長の比がほぼ原子量の平方根に逆比例することを発見した。また，W. L. B. は蛍石 CaF_2，赤銅鉱 Cu_2O，黄鉄鉱 FeS_2，硝酸ナトリウム $NaNO_3$，方解石などの炭酸カルシウム $CaCO_3$ 群の構造解析を行った。図1-9 は電離箱分光計による KCl と NaCl の反射強度の測定結果である。

西川正治

Laue らによる X 線の結晶による回折現象の発見のニュースを聞いて，東京帝国大学物理学教室の教授寺田寅彦はその追試を試みた。十分に強い X 線源がなかったので，いろいろと工夫した。当時，物理学科の大学院学生であった西川正治によると，寺田は X 線の取り出し孔の直径を 1 cm ほど大きくし，右手に持った大きな岩塩の単結晶に X 線を当て，左手に持った蛍光板を結晶の後ろに置いて非常に弱い回折像を西川に見せてくれた。寺田は，W. L. B. とは独立に，この現象は X 線が結晶内原子面によって反射されるとして解釈できることを報告した（1913年）。彼はさらに岩塩の変形や明礬の分子構造の研究を行ったが（1914年），その後の X 線による結晶研究は西川に引き継がれた。

寺田の勧めにより西川は X 線による結晶構造の研究を行うこととし，級友の小野澄之助とともに(1)木綿，絹，麻，竹，アスベストなどの繊維状物質，(2)雲母，滑石などの薄片状物質，(3)蛍石，硫化亜鉛粉末，(4)圧延した銅，鉄，ニッケル，亜鉛，スズ，鉛などの板の X 線回折写真を撮影した。図1-10 はアスベストのラウエ写真である。X 線は白金対陰極から出る白色 X 線を直径 4 mm の孔を通して用いた。単結晶試料を用いなかったのは，ヨーロッパで研究が進んでいたことや，結晶体でな

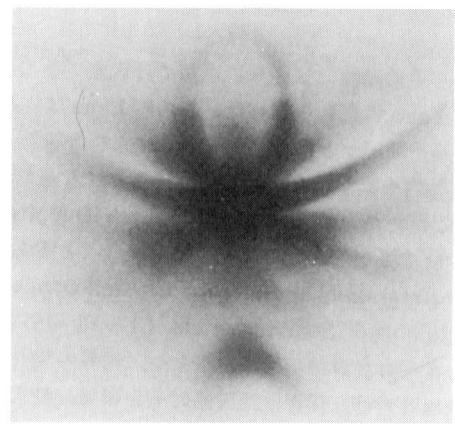

図 1-10 西川によるアスベストのX線回折写真．繊維軸はX線ビームに対して45°傾いている（1913年9月14日撮影．露光時間 1 h 35 min）．

くてもX線を反射するものがあると寺田が話してくれたことがヒントとなっていたと思われる．解析の結果，（1）の試料は一つの軸を共有した微結晶の集合体，（2）の試料は一つの面がわずかずつ傾いて積み重なった微結晶の集合体，（3）の試料は無秩序な微結晶の集合体，（4）の場合，圧延銅板の回折写真は入射点の上下に圧延方向に沿ってぼけた斑点図形を与え，焼鈍するとそのぼけた斑点はなくなって，代わりに小さく鋭い斑点が現れること，鉄，ニッケルも同様だが，圧延した亜鉛は6個のぼけた斑点を与えること，スズと鉛は不規則に配列した小さく鋭い斑点を与えることを1913年に報告している．この研究は対象として多結晶を選んだ世界最初の研究であり，その先見性は高く評価されるべきものである．もちろん，金属結晶の加工，熱処理の研究としても世界最初のものである．しかしながら，適当な波長の特性X線を発生するX線管を用いられなかったために，粉末X線回折法の開拓者の栄誉を担えなかったのは残念である．なお，各結晶体を試料とする粉末X線回折法は1916年にゲッチンゲン大学でP. J. W. Debye と P. Scherrer により，同時期に米国の G. E. 社の A. W. Hull によってそれぞれ独立に開発された．また，Debye は 1913-14 年に回折強度に及ぼす原子の熱振動の影響を研究して，温度因子を導入している．

　西川は寺田の示唆に従って Schoenflies の空間群の著書を学び，その成果をスピネル（尖晶石，$MgAl_2O_4$）およびマグネタイト（磁鉄鉱，Fe_3O_4）の結晶構造解析に用いた（1915年）．空間群を結晶構造解析に応用したのはこれが初めての例である．同

年，同じ結晶の構造解析結果が W. H. B. によって報告されたが，彼は構造解析を試誤法によって行っている．なお，西川は 1917 年から 1920 年にわたり欧米歴訪を命ぜられ，1918 年米国コーネル大学（Cornell Univ.）化学科で当時大学院学生であった R. W. G. Wyckoff の X 線回折実験を指導し，また空間群理論を教えた．後年，Wyckoff は空間群や結晶構造に関する著書を出版し，結晶学の進歩に大きな貢献をした．今日，複雑な結晶の構造解析をするには空間群の知識は必須のものであるが，これは西川-Wyckoff に負うところが大である．そして，空間群を通じて，結晶の回折法による研究と結晶の対称性の研究とが合体融合し，現代の結晶学を形成したのである．

1.8　結晶構造解析法の進展

　1914-18 年の第一次世界大戦のため，X 線回折法による結晶構造研究には遅れが生じたとはいえ，その発展は順調であった．それまで単結晶内では原子は完全に周期的配列をしていると考えられていたが，C. G. Darwin は，1914 年，格子面間の X 線多重反射の理論（ダーウィンの動力学的回折理論）を発表し，X 線の理論の反射幅（数秒）と実測した反射幅（数分）との大きな違いから，通常の単結晶は互いにわずかに傾いているいくつかのより小さい結晶より成り立っているという結晶のモザイク模型を提案した．また，1917 年，Ewald は別の観点から X 線の多重散乱の一般理論（動力学的回折理論，これは 1931 年 Laue によってより分かりやすい形に書き改められた）を展開した．そして，1920 年までには，特性 X 線の波長の決定，回折強度の精密測定法の基礎づけ，温度因子の測定がなされ，また，回折 X 線の振幅（結晶構造因子）は結晶内電子密度のフーリエ成分であることも知られた．なお，原子による X 線の散乱振幅（原子構造因子）は，D. R. Hartree によって，1925 年には N. Bohr の原子模型に基づき，1928 年には波動関数に基づいた自己無撞着場によって計算された．イオンや原子の半径の概念は 1920 年に W. L. B. によって初めて導入されたが，1926 年，V. M. Goldschmidt はそれがイオン化の程度や配位数によって変わることを示した．W. L. B. が結晶構造解析に空間群が有用であることを認識したのは 1920 年代であるが，2 次元フーリエ法を用いた構造解析は 1925 年に彼によって初めて行われた．また，構造解析に有用なパターソン級数は 1935 年に A. L. Patterson によって導入された．

1.9　初期の X 線回折による金属結晶構造の研究

　ある物質の結晶構造は組成，単位胞の形と大きさ（格子定数 a, b, c；軸間角 α, β, γ），その中に含まれる分子数（式量数），結晶の属する空間群，各原子の座標（ある原子の位置が決まればそれと等価な原子の位置は空間群によって定まる）を指定することによって記述される．現在までにその結晶構造が決定された有機物質，無機物質の数は膨大な数にのぼり，そしてその大多数が X 線回折法によって解析されている．金属・合金の場合，Pearson's Handbook of Crystallographic Data for Intermetallic Phases, Vols. 1, 2, 3, (P. Villars and L. D. Calvert, 1985, American Society for Metals) に集録されている数は 23331 にのぼっており，その中のかなりのものの構造が決定されている．そして，その構造は簡単なものから極めて複雑なものまで多種多様で，2158 種に分類されている．

　最初に結晶構造が明らかにされた金属は銅で，これは，1914 年に W. L. B. によって原子が最も密に詰まった面心立方構造をとることが示された．金属・合金の場合，一般には，単結晶を得ることは困難である．1916 年に開発された Debye, Scherrer, Hull による粉末結晶法は構造が比較的簡単な結晶の解析に最適な方法であり，1920 年代にこの方法によって大多数の金属の結晶構造が明らかにされた．その結果，金属の結晶の大多数は図 1-11 に示す面心立方，稠密六方，体心立方のうちのいずれかの構造をとることが判明した．高温 X 線回折により相変態の研究も行われ，鉄の γ-α 変態やコバルトの面心立方-稠密六方変態が明らかにされた．後者は東北帝国大学で

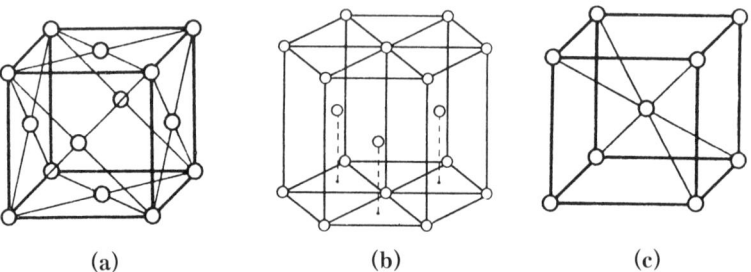

図 1-11　金属の主要な結晶構造．（a）面心立方構造，（b）稠密六方構造，（c）体心立方構造．

増本量によって1925年に行われたものである．

多くの金属は固溶体を作ることは合金の研究から知られていたが，E. C. Bain, E. A. Owen, G. D. Preston の X 線回折研究により，その構造は母金属のそれと同様だが，格子定数が組成に応じて変わることが明らかにされた．そして，格子定数と密度の測定から，固溶体には，溶質原子が溶媒原子と置き換わっている構造の置換型固溶体と，溶質原子が溶媒原子の配列の隙間に入っている侵入型固溶体とがあることが知られた．

1.9.1 鉄と鋼

溶質原子が H，B，C，N のとき，その原子半径 r_X は溶媒である金属の原子半径 r_M に比べて小さいので，溶質原子は金属原子の作る格子の隙間に入り，固溶体は侵入型となる．金属の中で最も重要なのは鉄と炭素の合金である鋼（炭素鋼）で，常温相の α は体心立方構造だが，高温相の γ は面心立方構造であることが，1921年に A. Westgren による高温 X 線回折法により明らかにされた．また，さらに高温相である δ は体心立方構造であることも知られた．G. Hägg や E. Phragmen らを中心とするスウェーデン学派の侵入型固溶体・侵入型化合物の構造研究に対する寄与は大きく，オーステナイト相 γ には1147℃において 2.0 wt%C まで炭素が侵入的に固溶すること，フェライト相 α には723℃で最大 0.02 wt%C しか炭素は固溶しないことが示された．また，徐冷すると γ 相は α 相と準安定な化合物セメンタイト（θ 相，Fe_3C）に分離するが，1922年には，Fe_3C は斜方結晶であること，およびその格子定数が決定され，その後 Fe 原子位置が定められた．C 原子の位置は分からなかったが，これは，英国の H. S. Lipson により，炭素原子は鉄原子の作る三角柱の中心に位置するという1940年の研究まで待たねばならなかった．鋼を急冷すると α 相と Fe_3C は生成されず，代わりにマルテンサイト相（α' 相）が生ずるが，1926年に W. Fink と E. Campbell，これと独立に1927年に N. Seljakov, G. V. Kurdjumov, N. Goodtzov は，X 線回折法により構造研究を行い，マルテンサイトは，炭素原子を侵入的に強制固溶した体心正方構造の結晶であることが明らかにされた．また，Kurdjumov と G. Sachs は，この変態に際して，マルテンサイト相 α' は母相 γ と定まった方位関係（Kurdjumov-Sachs の関係：$(111)_\gamma//(011)_{\alpha'}$, $[101]_\gamma//[111]_{\alpha'}$）をもって生成されることを示した．わが国では，本多光太郎が東北大学において早くから鋼の X 線的研究に取り組み，1927年に関戸信吉とともに，マルテンサイトの正方晶軸比 c/a を測定したが，1932年には西山善次とともに，軸比 c/a が炭素含有量に

比例して増加するという結果を発表した．また，1934年，西山はFe-Ni合金のマルテンサイトは体心立方構造の結晶であり，これと母相との方位関係は炭素鋼における上記の関係とはすこし異なっていることを発見した（西山の関係：$(111)_\gamma//(011)_{\alpha'}$，$[11\bar{2}]_\gamma//[01\bar{1}]_{\alpha'}$）．さらに，1936年に，彼はCo-30%Ni合金の面心立方構造のγ相単結晶より生成した稠密六方構造のε相のγ相に対する方位関係を決定し，γ相の最密原子面(111)が2層ごとに[211]方向にすべることによって変態が起こるとした庄司彦六の説（1931年）を支持した．

鉄の炭化物にはFe_3C以外のものも存在することが1934年にHäggによって報告され，ヘッグ炭化物と呼ばれていたが，これは1946年，K. H. Jackによっても報告され，過炭化鉄あるいはκ炭化鉄（$Fe_{20}C_9$）と呼ばれたが，それがFe_3Cと構造の似ている組成Fe_5C_2の単斜結晶であって，Pd_5B_2と同じ構造のものであることが分かったのは1960年代になってからである．また，六方結晶の炭化鉄Fe_2Cも存在することが米国のL. J. E. Hoferらによって報告されていたが，これと同じものが鋼の焼き戻し過程でε炭化鉄（ε-$Fe_{2-3}C$）として析出することがJackの研究で明らかにされた．

Häggは，金属原子の半径をr_M，非金属原子の半径をr_Xとしたとき，もしr_X/r_M>0.59ならば化合物の結晶構造は複雑だが，r_X/r_M<0.59ならば構造は単純なものとなるという規則（ヘッグの規則）を見出した．この規則に従うと遷移金属の硼化物は複雑な構造をとり，水素化物と窒化物は単純な構造をとる．また，炭化物は場合場合によって構造が単純であったり複雑であったりする．ε-$Fe_{2-3}C$とθ-Fe_3Cがその例である．1946年から1950年代にかけてJackは窒化鉄について詳しいX線研究を行い，六方結晶のε-$Fe_{2-3}N$，斜方結晶のζ-Fe_2Nの構造や，窒素鋼のマルテンサイト，その焼き戻し過程で析出する準安定化合物α''-$Fe_{16}N_2$の構造を明らかにした．

1.9.2　時効硬化性合金

Al-4 wt%Cu合金は高温より急冷した状態では軟らかいが，室温に放置しておくとしだいに硬くなってくる．1939-40年代にA. GuinierとG. D. Prestonは，それぞれ独立に，この時効硬化現象のX線回折研究を行い，X線回折写真上の散漫散乱の解析から，硬化の原因はAlの{100}原子面に平行にCu原子に富む領域が形成されるためであることを明らかにした．今日，こうした析出原子層はGPゾーンと呼ばれている．彼らは，さらに時効が進むとGPゾーンは準安定なθ'相となり，最終的には安定相であるθ-$CuAl_2$に変化することを明らかにした．

1.9.3 規則格子合金

1927年，C. H. Johansson と J. O. Linde は，全率固溶体を作る Cu-Au 合金では，Cu と Au 原子が面心立方格子の格子点上に無秩序に分布した構造をとっているが，組成が Cu_3Au 付近，あるいは CuAu 付近の合金を適当な温度で長時間加熱した後徐冷すると，Cu 原子と Au 原子とが規則配列し，それぞれ図1-12(a)，(b)のような構造となることを発見した．その後，いろいろな合金系で構成原子の規則配列が発見され，合金構成原子が決まった秩序を持って配列している合金を規則格子合金と呼ぶようになった．図1-13(a)のように，それぞれの内部で原子が規則配列している領域が相接する境界を考えた場合，その境界では原子の配列の規則性に"とび"が生ずる．こうした境界を反位相境界と呼ぶが，1936年，Johansson と Linde は，デバイ-シェラー法により，CuAu 合金を 385～410°Cの温度で長時間熱処理すると，図1-13(b)のように，反位相境界が b 軸方向に 5 単位胞ごとに導入され，結果としてこの規則格子合金は格子定数 a，$b=10a$，c の斜方結晶となることを発見し，その規則相を CuAu II と名づけた．現在，この種の長い周期の構造をとる規則合金は長周期規則格子合金と呼ばれている．

規則格子合金には，CuZn，FeCo，Cu_2MnAl（ホイスラー合金）などのように，構成原子の原子番号が近いため規則格子構造形成を裏づける X 線規則格子反射線が弱くて検出しにくいことがしばしばある．こうした場合には吸収端付近での X 線の異常分散効果を利用すれば構成原子の区別が可能となる．上記の規則格子合金の構造はこのことを利用して，それぞれ F. W. Jones，C. Sykes により 1937 年に，W. E.

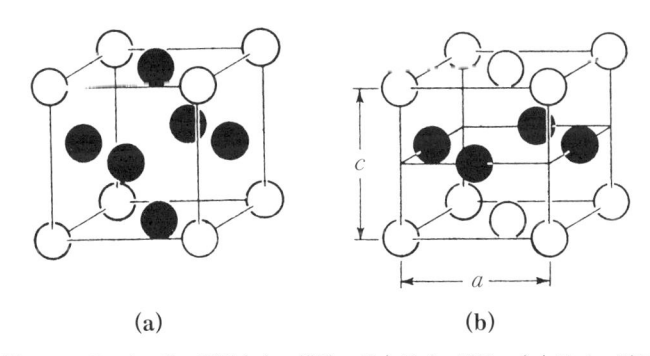

図1-12 Cu-Au 系の規則合金の構造．黒丸は Cu 原子，白丸は Au 原子．
(a)Cu_3Au，(b)CuAu I．

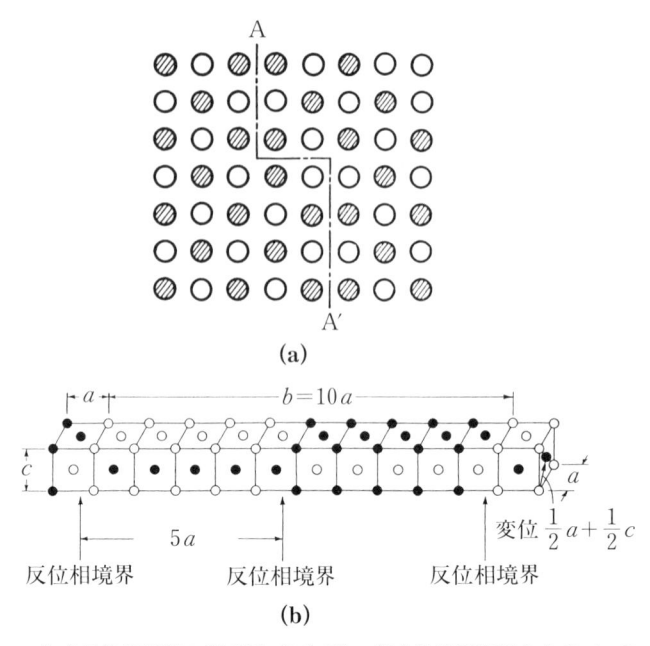

図 1-13 （a）反位相境界の模式図（2 次元），（b）長周期規則合金 CuAu II の結晶構造．反位相境界が $5a$ の間隔で周期的に挿入されている．

Ellis, E. S. Greiner により 1941 年に，A. J. Bradley, J. W. Rodgers により 1934 年に決定された．

1.9.4 金属間化合物

合金の中で，一定組成比で化合物を形成するものを，固溶体と区別して，金属間化合物と呼ぶ．それらの中には構造が簡単な立方結晶の NaCl 型や CsCl 型，六方結晶の NiAs 型などに属するものがあるが，もっとも頻繁に見られるのは組成が AB_2 で，六方結晶の $MgCu_2$ で代表され，ラーベス相と呼ばれる一群の金属間化合物である．この型の結晶構造は，1927 年，初めて J. B. Friauf によって研究され，次いで 1935-36 年に F. Laves と H. Witte により詳しく研究された．原子半径比 $r_A/r_B=1.2$ 付近で形成されるこの化合物には，それぞれ図 1-14（a），（b），（c）に示されるような $MgZn_2$, $MgCu_2$, $MgNi_2$ の三つの型があるが，構造を六方格子で描いてみると，軸比 c/a の相対比は $2:3:4$ で，いずれも半径の小さい方の原子が作る原子面の c 軸

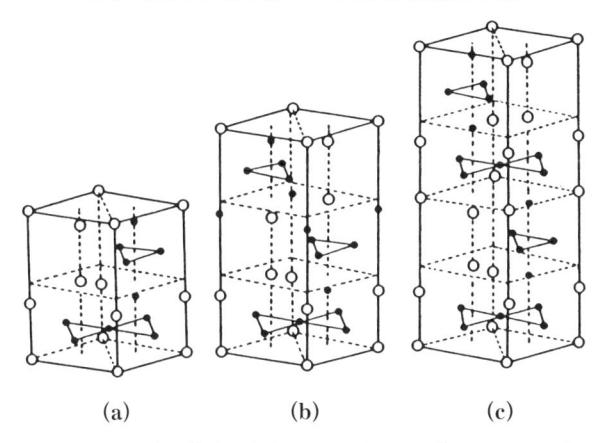

図 1-14 ラーベス相の結晶構造．白丸は Mg 原子，黒丸はそれより小さい金属原子．（a）MgZn$_2$，（b）MgCu$_2$，（c）MgNi$_2$．

方向への積層のあり方に相違があるだけである．

1.9.5 電子化合物

Cu-Zn，Cu-Al，Cu-Sn などの銅合金は，添加元素量の増加につれて面心立方構造の α 相，体心立方構造の β 相，複雑な構造（γ 黄銅型）の γ 相，稠密六方構造の ε 相が順次形成される．1926 年，W. Hume-Rothery は β 相は 2 原子当たりほぼ 3 個の価電子（CuZn，Cu$_3$Al，Cu$_5$Sn）のときに形成されることから，ある種の金属間化合物は決まった電子/原子比（electron/atom ratio：e/a）のときに形成されると考えた．その後，Westgren と A. J. Bradley は詳細な研究を行い，β 相は $e/a=3/2$，γ 相は $e/a=21/13$，ε 相は $e/a=7/4$ のときに形成されることを示した．価電子濃度が結晶構造を支配しているので，これらの化合物は電子化合物と呼ばれる．このことに関し H. Jones は金属電子論に基づく説明を行った（1936 年）．その後，電子化合物は銅合金以外の合金系でも多数発見されるようになった．

1.9.6 そ の 他

X 線回折法は合金の状態図作成，相変態研究，格子定数の精密測定とそれに基づく合金組成の決定，応力測定，その他いろいろな研究に応用され，金属学と金属工業の進歩発展に非常に重要な役割を演じるようになった．線引や圧延した金属材料は繊維組織を持つことが発見されたことは金属加工技術に大きな影響を与えた．

1.10　電子の波動性の発見と電子回折

1908 年，A. Einstein は光の場合には波動性と粒子性とが共存していることを示したが，1923 年，L. V. de Broglie はこの概念をすべての粒子の場合に拡張し，粒子の運動量 p とその波長 λ は $\lambda = h/p$（h はプランク定数）の関係にあるとし，粒子の軌道を決める最小作用の原理と波の軌跡を定める「Fermat の原理」は同等であることを示した．また，粒子である電子は小孔で回折される可能性を示唆した．電子の波動性の考えは，1926 年の E. Schrödinger による波動力学誕生の基盤となった．

1919 年より C. J. Davisson（図 1-15）は米国電話電信会社（AT & T）の子会社であるウェスターン・エレクトリック社で電子管の研究をしていたが，1923 年に C. H. Kunsman の協力のもと，電子線のニッケル表面からの散乱電子の方向と強度とが原子中の電子殻の配置との間にある程度の相関があると発表した．しかし，ターゲット材料を変えても明確な相関が得られなかったので研究を中止し，Kunsman はこの研究計画から離れた．1925 年，L. H. Germer の協力を得てこの研究を再開したが，このとき有名な事故が起こった．すなわち，脱ガスのため電子管を加熱しているときに木炭トラップが壊れ，ニッケルのターゲットがひどく酸化してしまった．それで陰極

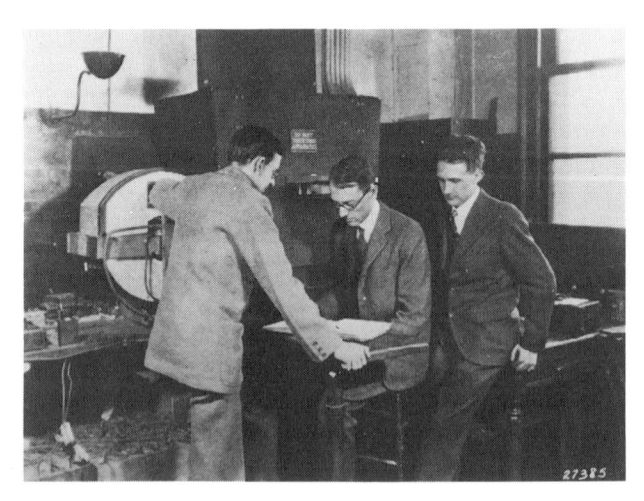

図 **1-15**　実験室での（左から）Davisson（46 歳），Germer（31 歳），Calbick（23 歳）．

1.10 電子の波動性の発見と電子回折

を真空や水素中で加熱して酸化膜を除去して実験を再開した．初めは先の Davisson-Kunsman の結果と同様の結果しか得られなかったが，1～2 週間後に散乱電子分布に強い方向性が現れた．それで電子管を切って顕微鏡学者の助けを借りてニッケル表面を調べたところ，最初は鏡面であったものが約 10 個のはっきりした結晶面の集まりになっていた．その結果から，散乱電子分布の方向性は原子内電子分布によるのではなく結晶内の原子の配列によると結論し，新たにニッケル単結晶を作り，ターゲット表面を (111) とする新しい装置を作って，1926 年から実験にとりかかった．しかし，以前の Davisson-Kunsman の結果を越えるような結果は得られず，散乱電子の方向性にも 6 回対称がかすかに見られる程度であった．この年の夏，Davisson は親戚訪問のため英国にわたった．そのついでに英国科学振興学会（BAAS）年会に出席したが，そのとき M. Born が「金属表面からの電子の反射に関する Davisson-Kunsman の実験は de Broglie の波動論と Schrödinger の波動力学によって予想される電子の回折の徴候であり，また電子のヘリウムとの衝突の E. G. Dymond の実験は電子の波動説の完全な証明である」との講演を聴いて非常に驚いた．ベル研究所（ウェスターン電気研究所の改名）に戻ってから Schrödinger の論文を Germer とともに勉強し，1926 年 12 月に新しい装置を作り，新入りの C. H. Calbick とともに実験を行い，その月末に 6 回対称性を明確に示す散乱電子の強度分布曲線を得た（図 1-16）．これにより電子の波動性が実証された．しかし，翌年，電子の加速電圧を変えたとき，回折

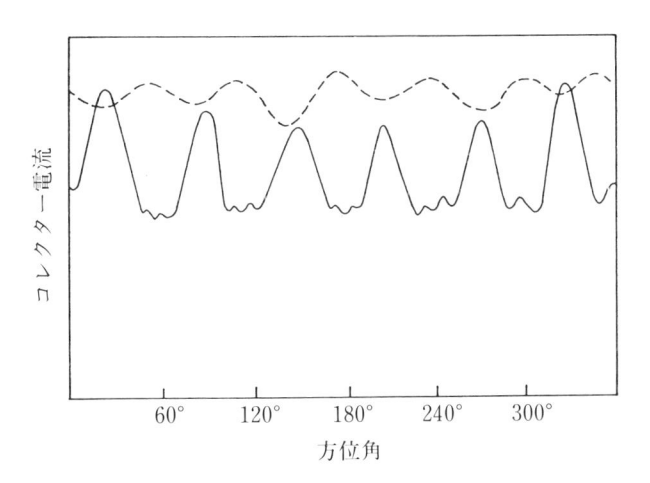

図 1-16 Davisson-Germer の得た Ni (111) 表面からの反射電子強度の方位角依存（実線は 1927 年 1 月に，点線は 1926 年に得られたもの）．

のピークは理論値の 78 ボルトと異なって，68 ボルトのところに現れた．彼らはこれを説明できなかったが，この事実は，1928 年，H. Bethe の動力学的電子回折理論により，平均内部電位による電子の屈折効果のためとして説明された．

英国のアバディーン大学の G. P. Thomson は陽極線の実験をしていたが，1926 年の夏の BAAS 年会の帰途，低速電子のヘリウムによる散乱実験をしていた Dymond を尋ねた．そのあとで，高速電子の固体による散乱実験を思いついた．そこで，A. Reid とともに，それまで用いていた放電管の極性を変えて陰極線を作り，試料にはセルロイド膜を用いて陰極線を当てた．すると，直ちにぼけたハローリングの写真が得られた．次いで，金属結晶による回折実験を志したが，当時は真空蒸着による薄膜作製法は知られていなかったので，研究室の主任機械工の C. G. Fraser にアルミニウム，金，白金の薄膜を作ってもらい，それで実験を行った．最初，アルミニウム，次いで金でやってみたところ，格子定数 4.06Å の面心立方構造から期待されるリング状の回折環が得られ（図 1-17），白金でも同様であった．こうした結果は de Broglie の理論を完全に実証するものであった（1927 年）．

G. P. Thomson

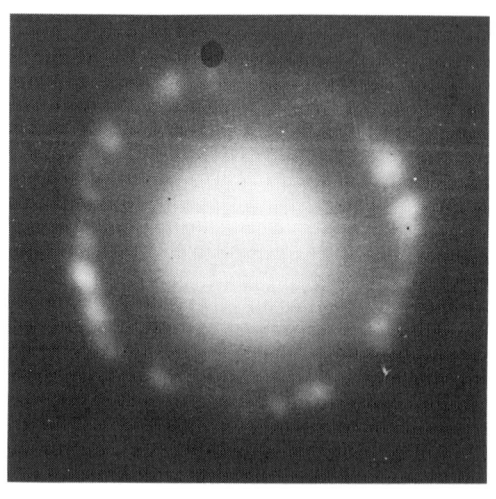

図 1-17 G. P. Thomson の得た初期の Al 多結晶薄片からの電子回折像．

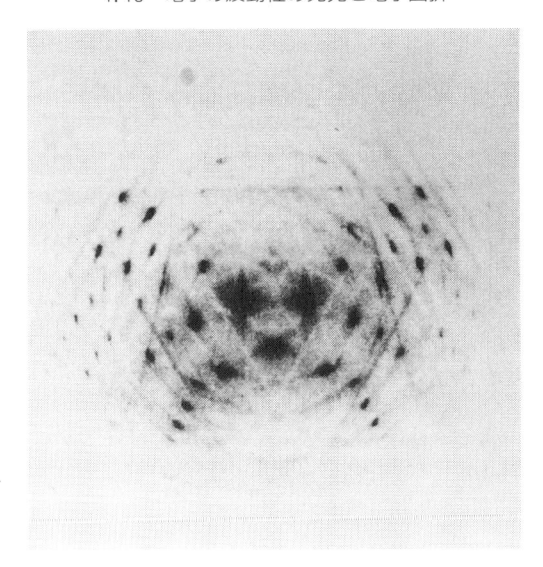

1.10 電子の波動性の発見と電子回折

図 1-18 菊池によるやや厚い雲母薄片からの電子回折像（電子加速電圧 65 kV）．

菊池正士

日本では，1928年，理化学研究所の菊池正士が，西川の指導のもとで電子回折の実験を始めた．彼は Davisson–Germer の論文を読み，低速電子回折の実験を試みた．しかし，うまくいかなかったので，まもなく G. P. Thomson の論文に従い高速電子の回折実験に切り変えた．彼のねらいは単結晶からの回折像を得ることであった．試料として雲母の薄片を用いたが，結果は極めて上々で，単結晶による斑点図形（N-模様）のほか，今日，「菊池線」，「菊池バンド」と呼ばれている非弾性散乱電子による線状，帯状の回折模様を得た（1928年）（図 1-18）．また，西川-菊池は電子線を方解石や閃亜鉛鉱の劈開面にすれすれに入射させて結晶表面からの反射回折像を得た（1928年）．これは，今日，反射高速電子回折法（RHEED, Reflection High Energy Electron Diffraction）と呼ばれている表面構造研究方法の最初の例である．

1.11 初期の電子回折の金属研究への応用

　Davisson-Germer による 100 V 程度のエネルギーの電子を用いた低速電子回折法は，非常によい真空（10^{-6} Pa 以上）を必要とするため，実験が困難であり，それによる表面構造研究は 1950 年代後半以後の超高真空技術の発達を待たねばならなかったが，Thomson による 30〜50 kV に加速した高速電子線回折法は比較的悪い真空（10^{-2} Pa 程度）でも実験が可能であったために，各国の研究者により取り上げられた．電子は物質との相互作用が X 線に比べると 10^3 倍も強いため，ごく少量の物質でも回折像が得られるが，逆に厚い試料（0.5〜1 μm）では回折像を得ることができない．したがって研究対象は透過法による薄膜の構造研究，反射法による表面構造の研究，気体分子の構造研究などに限られてくる．これらの研究のうち，金属に関する初期の研究は以下のごとくである．なお，G. P. Thomson と W. Cochrane は「電子回折の理論と実際」（G. P. Thomson and W. Cochrane : Theory and Practice in Electron Diffraction, 1939, London, Macmillan）を刊行し，1930 年代までの研究成果をまとめている．

　英国では，Thomson がニッケル真空蒸着膜に稠密六方構造のものが含まれていることを見出した（1929 年）．また，金属の機械研磨面の構造が研究対象となった．G. Beilby は研磨面は粘性液体の性質を持つと発表した（1921 年）が，R. C. French は研磨面の反射電子回折像上に 2 本のハローを認め，その位置は液体（あるいは非晶質固体）からの回折線の位置と同じであると発表した（1933 年）．これに対して，F. Kirchner は表面は微細な結晶粒からなると主張した（1932 年）．この見解は，Cochrane による研磨ニッケル表面上への薄い金蒸着膜の透過回折像によって支持された（1938 年）．しかし，一方では G. I. Finch が Beilby の見解を支持した．この問題は，今日でも完全には解決されていないように思われる．Finch のグループは精力的に電子回折を物質構造の研究に応用し，先駆的な研究を行った．例えば，エピタクシー現象の研究，相隣る結晶面間の回転すべり（rotational slip）の概念の導入（1937 年），下地単結晶表面上に異なる結晶が成長する場合，その結晶の格子定数は下地結晶の格子定数と等しくなるとする底面偽形（basal plane pseudomorphism）の考えの導入（G. I. Finch and A. G. Quarrell, 1933 年）などがあげられる．回転すべりは後年の電子顕微鏡像における回転モワレ像を与える構造に対応し，底面偽形の概念は F. C. Frank と van der Merwe の「結晶のエピタキシャル成長理論」（1949

年)のもととなった．

フランスではJ. J. Trillatが電子回折研究を行ったが，金属関係では，当時留学生として滞在していた桶谷繁雄とともに行った硫黄の薄膜や金箔の構造の研究（1938年）がある．後者は金属の加工の先駆的研究である．スウェーデンではG. Aminoffグループが，1932年以降，主として鉱物の研究に電子回折を用い，例えば閃亜鉛鉱ZnSの表面酸化物ZnOを研究した．

わが国では理化学研究所の西川グループで電子回折研究が進行したが，ここでは基礎的研究が中心で，金属研究への応用はあまり行われなかった．しかし，上田良二によるMoS₂単結晶劈開面上での金属蒸着膜の成長のその場観察（1942年）は，金属結晶の成長が，2次元的ではなくて，最初から3次元的（島状）に起こることを示したこと，用いた研究方法が世界最初の電子線その場観察法であった点で重要である．他方，東北大金研では西川研究室出身の三輪光雄が非晶質炭素膜や金属研磨面（ベイルビー層）の研究を行った（1934-35年）．

1.12　中性子回折と初期の金属研究への応用

X線や電子線が波動性と粒子性を合わせ持つことが明らかになった以上，中性子線も両方の性質を示すはずである．中性子の波動性は1936年にW. Elsasserによって予言され，同じ年にA. H. MitchellとA. H. Powers，およびV. HalbanとPreiswerkによってRa-Be中性子源を用いて実証された．しかし，結晶による回折実験には強い中性子源が必要なので実験は遅れた．1946年，オークリッジ国立研究所のC. ShullとE. O. Wollanは原子炉からの中性子線を単色化することにより初めて結晶による回折実験に成功した．そして，水素化物NaHと重水素化物NaDにおいて，HとDの原子核は散乱振幅（散乱長）と位相とが異なっていることを発見した．その後，各種の原子核の散乱長が測定され，その大きさはX線の電子による散乱振幅 2.8×10^{-5} Åと同程度だが，原子番号依存性はなく，しかも同位元素により異なる値をとることが知られた．このことは，X線回折では決定が困難な原子番号の近い原子の作る規則合金，例えばFeCo，CuZnなどの構造決定に用いられた．また，中性子は電荷は持たないが磁気モーメントを持っているので，磁性結晶によって回折される．1949年，ShullらはMnOの磁気構造の決定に初めて中性子の磁気散乱を利用した．

1.13　金属結晶構造研究の進展

　第二次世界大戦（1939-45年）のため物質構造の研究は全世界で中断を余儀なくされたが，1950年代以降になると研究は再び活発になった．X線源としては，それまでの開放型管球に代わって封入型管球の使用が一般化し，計測・記録方式も従来のフィルム法から計数管（ガイガー-ミューラー計数管など）などを用いる方法に代わっていった．また，強力なX線源として回転対陰極型のものも実用化されるようになった．需要の多い粉末X線回折のためにデフラクトメータが開発され，物質同定のためにASTM Index（X-ray Data File）が1949年より刊行されるに到った．さらに，電子計算機の進歩により，結晶構造解析にフーリエ解析法を適用するのが容易になり，複雑な構造の結晶の解析がより短時間で行えるようになった．こうした環境と研究者の充実により金属結晶の研究は非常に進展し，多種多様の結晶の構造が明らかにされた．特に，D. P. ShoemakerとG. Bergmanはσ相（Fe-Cr, Fe-Mo）の構造解析に成功し（1950-54年），G. J. DickinsらやJ. S. Kasperらはσ-CoMoの構造を明らかにした（1951年）．σ相は正方晶で，単位胞に30個の原子を含む極めて複雑な構造の結晶である．σ相と同様に複雑な構造のP相についてもC. Brink, D. P. Shoemaker, C. B. Shoemaker, F. C. Wilsonがその構造解析に成功した（1957年）．Mo-Ni-Crの場合，この相は単位胞中56個の原子を含む斜方晶系の結晶である．

　金属結晶が加工を受けると回折X線の幅が増加することは1930年にG. SacksとJ. Weertzによって指摘されていたが，1949年，W. H. Hallは，回折X線幅をβ，結晶の実効粒径をη，実効ひずみをε，X線の波長をλ，ブラッグ角をθとしたとき，$\beta \sin(\theta/\lambda)=1/\eta+\varepsilon \sin(\theta/\lambda)$の関係があることを示した．また，B. E. WarrenとB. L. Averbachは回折X線のプロフィールをフーリエ解析して結晶の内部ひずみを求める方法を開発した（1950年）．

　金属を高圧下におくと相変態することが1963年以降の研究で明らかにされた．例えば，体心立方構造のα-Feは，130 kbの圧力下では常温でも稠密六方構造となり，また，ダイヤモンド型のSiは，高圧下では，正方結晶の白色スズ型のものに変態する．

　1950年代から電子回折による結晶構造研究も試みられるようになった．ソ連のZ. G. Pinskerらは傾斜組織回折像（oblique texture pattern；織維組織を持つ薄膜に

対して斜めの方向から電子線を入射させる)の強度測定値からフーリエ法によって金属などの構造を決定し(1949-70年),東京工業大学の島岡公司と本庄五郎は低温試料法により立方晶氷をフーリエ解析し,水素原子の位置を定めた(1957年).電子線結晶構造解析で問題となるのは回折強度に及ぼす動力学的効果(多重回折の影響),すなわち,回折強度の減衰である.強度消衰の補正法として,北村則久と本庄は電子線波長変化法を発表し(1957年),また,東京工業大学の長倉繁麿は強度統計法を応用した補正法を考案し,フーリエ法によりNi_3C中の炭素原子位置決定に利用した(1957年).電子線構造解析法は,試料が少量で済むという利点はあるが,実際には試料薄膜作製の点で障害があった.反射電子回折法の応用としては,山梨大学の高橋昇による軸受合金の機械仕上げ面や銅や銅合金の電解研磨面の構造の優れた研究がある(1955年).さらに,金属・合金の表面酸化の問題が多数の研究者によって取り上げられた.

1960年代に入ると,電子顕微鏡が金属の研究に盛んに用いられるようになった.電子顕微鏡は1934年にM. KnollとE. Ruskaによって発明されたが,対物レンズの後焦平面に電子回折像が生じていることが1936年にH. Boerschによって示され,これに従って顕微鏡像と視野中の限られた領域の回折像とが得られる3段レンズ方式の電子顕微鏡が戦後になって開発された.このことと,W. Bollmanによる電解研磨による金属薄片の作製法の開発(1956年)とによって,それまでは表面のレプリカ観察に頼っていた金属の電子顕微鏡観察が結晶内部の直接観察と観察視野の電子回折とに拡張され,金属の研究を非常に進歩させた.特に,単結晶の得にくい金属結晶において単結晶回折像が得られるようになったことの意義は大きく,近年は,金属研究の分野では,電子顕微鏡・制限視野電子回折法がX線回折法以上に用いられるようになっている.電子顕微鏡発達の歴史は第7章に詳述されているほか,文献11)にも記述がある.

1.14 金属結晶学の発展に対するわが国の主要な貢献 —

1937年からの中国との戦争,1941年からの第二次世界大戦,1945年の無条件降伏,敗戦後の混乱はわが国の学術文化の発展に大きな障害をもたらした.西川によって,欧州に続いてスタートを切ったわが国の結晶学もその例外ではなかった.しかし,理研で西川の指導を受けた多数の研究者や東北大学で本多の指導を受けた多数の研究者が全国各地の大学・研究機関などにおいて若い研究者とともに結晶学を発展さ

せるべく努力したため，その復活は速やかで，1950年頃から力強く発展の道を歩み始め，その成果は理論・実験両面において，今日のわが国の結晶学を世界のトップレベルに押し上げたことに現れている．結晶学の多様な発展の中で，わが国の貢献は顕著であり，もちろん，金属結晶学の分野でもそうである．しかし，その貢献をすべて網羅し，記述することは実際上不可能である．やむなく，主要な貢献を筆者の知識の範囲で以下に記述する．もちろん，欧米各国においても優れた貢献は多々あるが，それらも割愛する．

1.14.1 規則合金の研究

　X線粉末回折法によって規則格子反射を検出し，その結晶構造を決定する研究が東京工業大学の高木豊研究室において行われ，平林真はAu-Cu系において規則相Au_3Cuが存在することを実証した（1951年）．また，東北大学金属材料研究所（東北大金研）において，可知祐次は規則合金Ag_2Mgを発見し（1955年），河野広志と長崎誠三は規則合金MnAlを発見（1958年）して，それらの結晶構造を決定した．

　1.9.3項で述べたように，JohanssonとLindeは，1936年に，Cu-Au系合金で長周期規則合金CuAu IIを発見していたが，東北大金研の小川四郎は門下の渡辺伝次郎，岩崎博，平林真らとともに長周期規則合金の構造研究を電子回折，電子顕微鏡，X線回折を用いて系統的に行った．小川と渡辺は真空蒸着法により岩塩劈開面上にCuAuの単結晶薄膜を作り，熱処理によってCuAu IIを得て電子回折法により研究し（1952年），日立中央研究所の渡辺宏と菰田孜の協力を得て，初めて周期的反位相境界の電子顕微鏡観察に成功した（1958年）．小川グループは，さらにCu_3Au型の規則合金の長周期相に対しても詳細な電子線・X線研究を行った（1955-82年）．研究対象となったのはCu_3Au II（31 at%Cu），Cu_3Pd（a''），Ag_3Mg，Au_3Mn，Pd_3Mn，$Au_{3+}Zn$，Au_3Cd，Cu_3Pt，その他Au-Mg系，Cu-Al系，Cu-Sn系などの長周期規則相である．そして，反位相境界がa軸，b軸の2方向に周期的に形成される場合があること（$Cu_3Pd(a'')$など）が発見された．

　回折像に現れる規則格子斑点の位置から求められる反位相境界の周期Mは基本格子の周期の整数倍ではなく，組成によって変化する．Mの非整数の原因は干渉領域内に異なる整数のMを持つ格子の混在にあることが証明された（藤原邦男，1957年）．その後，いろいろな結晶でこうした非整合構造が発見されたが，小川グループの研究は非整合構造研究の出発点となった．

　米国フォード研究所の里　洋とR. S. TothはCuAu IIに電子/原子比e/aを増減

させるような第3元素を固溶させ，それに伴う M の変化を電子回折像から測定し，長周期の成因をブリルアン帯とフェルミ面との相関に基づいて説明した（1961年）．立木と寺本も自由エネルギーの点から CuAu II の安定を論じた（1966年）．

1.14.2 金属間化合物

1.9.4項で述べた組成 AB_2 のラーベス相は各種の金属間化合物の中で最も数が多い．広島大学の小村幸友，北野保行らはこの相の構造の詳細な研究を X 線，電子顕微鏡を用いて行った．このグループでは特に $MgCu_2$-$MgZn_2$，$MgCu_2$-$MgNi_2$，$MgNi_2$-$MgZn_2$，$MgCu_2$-$MgAl_2$，$MgZn_2$-$MgAg_2$ などの疑2元系を取り上げ，構造変化を詳細に調べ，合金濃度の変化に伴い，ほとんど同じ電子/原子比 e/a のところに同じ構造が出現することを見出し，ラーベス相のフェルミ面はブリルアン帯と強い相関があること，また，構造中に六方型の積層が出現する比率は e/a の変化につれて階段的に変化することを明らかにした（1972-80年）．そしてさらに高分解能電子顕微鏡法によって，ラーベス相の構造欠陥を研究した．また，Fe-Cr の σ 相の構造研究も行った（1981年）．さらに，彼らは X 線回折法と高分解能電子顕微鏡法とを組み合わせた結晶構造解析を行う試みを Mn_5Ge_2 について行い，成果を上げた（1987年）．

東北大金研では，平林グループが Co_3V-Ni_3V 系規則合金などについて（1973年），また岩崎グループが Cu_3Sn（1983年）や Au_4Cr（1984年）などについて変調構造の詳細な研究を行った．電子顕微鏡観察では Co-Mo 系の μ 相や P 相について平賀賢二らの研究（1983年）がある．

1.14.3 強磁性金属と合金

Sm-Co 系合金は希土類を基とした強力磁石材料の一つであるが，強磁性なので電子顕微鏡観察には困難が伴う．小村らはこれと似た系で，しかも常温では常磁性である Sm-Ni 系を取り上げ，高分解能電子顕微鏡観察を行い，Sm_2Ni，Sm_5Ni_{19} において，従来知られていなかった多くの長周期積層構造の存在を見いだし，その構造を解析し，また積層不整，平行連晶，特異な構造欠陥などを観察した（1981-83年）．一方，東北大金研の平賀賢二らは，$SmCo_5$ と Sm_2Co_{17} を基本とした永久磁石材料を直接電子顕微鏡観察し，両成分の結晶粒の配向を調べ（1986年），また，わが国で発明された最強の永久磁石材料である Nd-Fe-B の電子顕微鏡観察を行い，母相の $Nd_2Fe_{14}B$ 粒界の平滑化と高い保持力との関連を明らかにした（1985年）．

強磁性体は磁区に分かれており，磁区の分布はローレンツ電子顕微鏡法やX線トポグラフ法によって観察できる．東北大学の渡辺(伝)らは前者の方法により強磁性金属薄片の磁区を観察し，東京工業大学の長倉・近浦吉則は後者の方法により鉄ひげ結晶や板状ニッケル単結晶における磁区の立体観察を行い，磁壁の像のコントラストを動力学回折理論により説明し，また，磁壁の方位に及ぼす磁歪の影響を論じた（1971-74年）．東京大学物性研究所の細谷資明らは反強磁性クロムにおける磁区観察をX線および中性子線トポグラフ法により行い，それまでの理論の誤りを指摘した（1971年）．

1.14.4 高圧下の相変態

東北大金研において岩崎らはMg_3Zn，$PdZn$，γ-$AgZn$，γ-$CuZn$などの金属間化合物に，小型のダイヤモンドアンビルを使って高圧をかけ，高圧下の粉末X線回折実験により合金の相変態を研究し，成果を上げた（1974-80年）．その後，この種の研究は筑波の放射光実験施設で行われた．

1.14.5 侵入型合金と化合物

1.9.1項で述べたように，軽元素H，D，C，N，OはⅣ族やⅤ族の遷移金属原子の作る格子間に侵入して侵入型合金や化合物を作るが，その結晶構造研究には侵入原子と金属原子との間で散乱能の差があまりない中性子の回折を用いるのが有利である．平林真，山口貞衛，小岩昌宏らは広い固溶限を持つTi-O，Zr-O，Hf-O，V-O系侵入型固溶体において，酸素原子は稠密六方に配列した金属原子の作る八面体隙間に位置するが，高温ではその分布は無秩序で，低温では特定の位置を選択的に占めるという侵入型合金における規則-不規則変態を見出した（1974年）．こうした規則-不規則変態はV-H，V-DやTa-H，Ta-D系などの金属水素化物に広く見出され（1981年），また，HとDの影響の差異（同位体効果）も研究された（浅野肇ら，1986年）．

遷移金属とCやNとは実用上の点から特別な関係にあり，古くから研究されてきたが，単結晶が得にくいこと，X線に対するCやNの散乱能が小さいことなどのため，詳細な研究は困難であった．電子顕微鏡・電子回折法の利用はこの困難をかなりの程度軽減する．東京工業大学の桶谷繁雄はフランスCNRSのTrillat研究室で鉄の真空蒸着薄膜をCOとH_2の混合ガスにより浸炭してθ-Fe_3Cやκ-Fe_5C_2薄膜を得て，電子回折法によって研究し（1948-50年），帰国後，長倉らとともにNi_3C，

ε-Fe$_{2-3}$C, κ-Fe$_5$C$_2$, θ-Fe$_3$C, Co$_2$C, Co$_3$C, Mo$_2$C, Ta$_2$C 薄膜を作り，その構造を解析した（1954-67 年）．また，米久孝志と長倉は高炭素濃度の六方晶炭化鉄 τ_1-FeC$_3$ および立方晶炭化鉄 τ_2-Fe$_2$C$_7$ を発見し，その構造を決定した（1995 年）．長倉らはNH$_3$ を用いる浸窒法によって γ'-Fe$_4$N, ε-Fe$_{2-3}$N, ζ-Fe$_2$N, Ni$_4$N, Mn$_4$N 薄膜を作製し，その構造を調べるとともに，電子回折強度測定によって，炭化物や窒化物においては侵入原子は負の電子状態にあることを示した（1966-75 年）．また，Mn$_5$N$_2$ の相変態（1977 年）や不定比化合物 Ti$_x$N（$x<1$），規則相 Ti$_{0.61}$N の構造解析を行った（1977 年）．Ti-N 系の化合物の電子回折像には特異な形状の散漫散乱が見られるが，同様なものが急冷した V$_2$C, Nb$_2$C, Ta$_2$C にも見られる．平賀らはこれを C 原子の短距離秩序配列に基づいて解析し，その安定性を原子対相互作用モデルによって説明した（1977 年）．高橋実らは，窒素雰囲気中で作製した鉄の蒸着薄膜は巨大飽和磁化を示すとし，その原因を窒化鉄 α''-Fe$_{16}$N$_2$ の生成に帰したが（1972 年），田中啓文と長倉らは α''-Fe$_{16}$N$_2$ の電子回折精密構造解析を行い（1997 年），その結果に基づいて田中らはこの侵入型化合物は巨大飽和磁化を持たないことを理論的に証明した（1998 年）．

炭素鋼を高温の γ 相（オーステナイト，面心立方構造）から急冷すると C を強制固溶したマルテンサイト（α' 相，体心正方構造）に変態し，これを焼き戻していくと種々の構造変化をへて，最終的には α-Fe 中に θ-Fe$_3$C 粒子が分散した 2 相混合のものになる．この過程，すなわち鋼の熱処理は鋼に有用な機械的性質を与えるので極めて重要だが，構造変化が原子的尺度で起きるのでその詳細は明確ではなかった．東京工業大学の長倉，弘津禎彦，白石和男，豊島美智子，中村吉男らは電子顕微鏡・電子回折法により詳細な研究を行い，-100℃付近で形成された新鮮マルテンサイトの軸比 c/a は室温での値よりも小さいこと，室温付近では格子間炭素原子の分布は一様ではなくてクラスターを形成していること，100℃付近では母相と整合的に微細な斜方晶の η-Fe$_2$C 粒子が析出すること，200℃以上になると θ-Fe$_3$C 薄層と κ-Fe$_5$C$_2$ などの高次炭化鉄の薄層とがマイクロシンタクティック成長している θ' 粒子が析出し，300℃以上になるとその表面に新たな θ-Fe$_3$C 粒子の析出・成長が起こり，これが最終の炭化鉄粒子となることを示した（1962-86 年）．また，焼き入れた鋼の中に残留している γ 相の分解（ベーナイト変態）についても詳細な研究を行った（1986 年）．鋼の焼き戻しの研究は大阪大学産業科学研究所（阪大産研）の清水謙一グループ，鳥取大学の岡宗雄グループ，住友金属工業(株)の大森らによっても行われた．

1.14.6 マルテンサイトと形状記憶合金

マルテンサイト変態の研究は阪大産研の西山グループを中心として行われた．最初は，電子顕微鏡レプリカ法により研究され，Fe-C，Fe-Ni合金のマルテンサイト結晶内に格子不変変形が起きていることが確認され（1956年），その後，直接観察法によってマルテンサイト結晶内に微細な内部双晶や多数の転位の存在することが発見された（1962年）．電子顕微鏡観察と制限視野電子回折法とを駆使することにより，複雑な構造をもつ Cu-Al 合金のマルテンサイトが調べられ，それが多数の積層欠陥を含んだ 18 R 型長周期積層の斜方結晶であるとし，その変態機構を論じた（1963年）．また，Ti や Cu-Sn，Fe-Al-C 合金についても研究が行われた（1965-69年）．西山の後を次いだ清水謙一は，大塚和宏，唯木次男らとともにマルテンサイトの研究を推し進め，形状記憶合金が熱弾性型のマルテンサイト変態を基本としていることを提案し（1970年），Ti-Ni 形状記憶合金を始めとして，貴金属基その他各種の形状記憶合金のマルテンサイト変態を詳細に調べ，また，結晶構造および形態に及ぼす静水圧や磁場の効果を調べ，さらには形状記憶合金の開発にも寄与した（1971-86年）．北海道大学では，やはり西山門下の佐藤進一は竹沢知義らとともに銅系の形状記憶合金の構造研究を行った．

マルテンサイト変態機構の研究は，1980年以降，筑波大学の鈴木哲郎，東京大学

図 **1-19** 西山善次（向かって左）と Kurdjumov．

物性研究所（東大物性研）の山田安定，奈良女子大学の永沢耿，甲南大学の中西典彦などにより行われ，形状記憶合金のマルテンサイト相の結晶構造と変態過程の研究が大阪大学の藤田英一ら，鉄系合金のマルテンサイトの形態と方位関係が京都大学の田村今男ら，および東京工業大学の森勉らによって行われた．さらに，形状記憶合金のX線トポグラフ法による研究がIn基合金に対して東京工業大学の入戸野修と小山泰正らによって行われた（1975-88年）．

1.15 新しい金属材料の構造研究

　通常，金属・合金の融液を凝固することによって金属材料は製造されているが，それ以外の方法によって製造することにより材料に特殊の機能を付与することができる．先端金属材料，機能性金属材料，あるいは新金属材料などといわれるものがそれである．近年，その研究・開発が進展するとともにそれらの構造研究も活発になってきている．以下，主要のものについて略述する．

1.15.1 超微粒子と薄膜

　岩塩劈開面などの単結晶表面上に金属を真空蒸着して薄膜を作ると，膜形成の初期においては結晶は島状に形成され，平均膜厚が100Å程度以上にならないと連続膜とはならないことは，1.11節で述べた上田の初期の電子回折研究以来わが国ではよく知られている．こうした薄膜を作る微結晶の構造は塊状の結晶の構造と同じなので，膜の形成の最初にできる微粒子結晶の構造も塊状のものと同じであると思われていた．ところが，1967年，東北大金研の井野正三は超高真空中で清浄な岩塩劈開面上に金を少量蒸着すると5回対称を持つ粒子が形成されることを電子顕微鏡・電子回折により見出し，それが(111)面で囲まれた5個の四面体が，図1-20のように，互いに双晶関係を持つように接着したものであることを明らかにし，こうした粒子を多重双晶粒子と呼んだ．そして，双晶境界面は歪んでいるけれども，粒子が小さい間はこうした形態が熱力学的に安定な金の結晶形態であることを示した．同じ頃，名古屋大学の美浜和弘も多重双晶粒子を発見している．

　1968年，名古屋大学の紀本和男は，上田の示唆に従い，金属を10^2〜10^4 Paの低圧希ガス（Ar，Heなど）中で蒸発させ，金属の超微粒子の作製に成功した．ガス中蒸発法と呼ばれるこの超微粒子作製法はわが国で発明された新技術である．そして，作られた金の微粒子中に多重双晶粒子が存在することや，δ-Crと呼ばれる新しいCrの

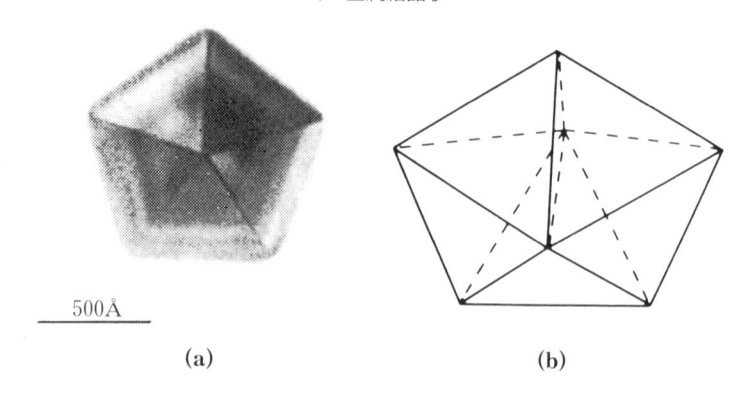

図 1-20 多重双晶粒子．（a）電子顕微鏡像，（b）透視図：(111) 面で囲まれた四面体が 5 個互いに双晶を作るように結合して十面体粒子を形成している．

結晶相の存在が発見された．ガス中蒸発法より合金その他の物質の超微粒子の作製・構造研究やその応用研究が各所で行われている．

　異なる種類の物質を順次蒸着して多層膜（人工超格子）を作る研究は，特に半導体分野で盛んである．金属の場合には磁気的特性発現のために研究されている．金属の場合，合金化のために多層膜作製には若干の困難が伴うが，Co/Pt, Fe/Cr 多層膜については D. B. McWhan, 大阪大学の藤井保彦が（1987-90 年），また Au/Ni 多層膜については京都大学の新庄輝也らが研究を行っている（1990 年）．

1.15.2　ひげ結晶

　いろいろな固体から細いひげ状の結晶（ホイスカー，whisker，ひげ結晶）が成長することは昔から知られていたが，注目されるようになったのはベル電話会社における電話回線事故がメッキ（鍍金）したコンデンサー電極の表面より成長した Sn や Cd のひげ結晶による短絡が原因となっていることが判明した 1948 年以降である．その後，S. S. Brenner はハロゲン化銅を水素還元することにより人工的にひげ結晶を育成することに成功した（1956 年）．ひげ結晶の成長には根元成長と先端成長とがあるが，その機構は十分には明らかにされていない．しかし，1965 年，R. S. Wagner と W. C. Ellis はシリコン結晶表面上に金の細粒をおき，これを四塩化珪素（$SiCl_4$）と水素の混合ガス中で加熱還元したとき，先端成長するシリコンのひげ結晶が常にその先端に金とシリコンの合金液滴をのせていたことを発見し，これに基づき，シリコ

ンひげ結晶は Si で過飽和になった Au-Si 合金液滴から Si が析出して形成されるという VLS（Vapor-Liquid-Solid）成長機構を発表した．それ以後，先端に合金粒をのせているひげ結晶は VLS 機構によって成長したものと考えられている．ブレンナー法によってハロゲン化銅や鉄から成長した銅や鉄のひげ結晶も先端成長するが，この場合には先端に合金液滴は存在していない．しかし，東京工業大学の入戸野修，長谷川博理，長倉は銅ひげ結晶の育成を中絶・急冷して観察し，その先端に原料の沃化銅細粒が存在していることを観察し，この場合は CuI 液滴が VLS 機構における合金液滴の役割を演じていることを示した（1977 年）．また，X 線トポグラフ観察から，ほとんどの銅ひげ結晶は無転位の完全結晶であることを示した（1969 年）．さらに，入戸野は銅ひげ結晶の完全性を利用し，X 線トポグラフその場観察法によりリューダース変形帯の伝搬機構を解明した（1971 年）．一方，近浦吉則と長倉は無転位の鉄ひげ結晶中の磁区の X 線トポグラフ観察を行い（1971 年），さらに磁壁の方位に及ぼす磁歪の影響を論じた（1973 年）．銅や鉄のほか，銅合金や炭化珪素，炭化チタンのひげ結晶や Ni, Zn, Cd, Sn などの無転位結晶薄板の育成と構造研究も行われ（1972-86 年），物性研究や複合材料としての利用が計られている．

1.15.3 アモルファス金属と合金

　グラファイト，シリコン，ゲルマニウムなどを室温の基板状に真空蒸着して作った薄膜の電子回折像はハロー図形を示し，原子配列が無秩序なことを示すが，金属の薄膜は微細な結晶粒より構成されている．しかし，1955 年，W. Buckel と R. Hirsch は極低温基板状への Bi 蒸着膜はハロー回折像を与えることを示し，1966 年には東北大金研の藤目智は液体ヘリウム温度のコロジオン膜上に Bi, Ga, Pb-12%Bi, Be を真空蒸着して電子回折その場観察を行い，膜はアモルファス化していること，温度が上昇すると膜は結晶化することを示した．一般に，純金属のアモルファス化には基板を極低温にしておく必要があるが，合金にすると基板温度をある程度上昇させることができる．

　アモルファス合金の薄膜は，気相からは真空蒸着法，スパッタ法，気相化学反応法（Chemical Vapor Deposition；CVD），溶液からはメッキ法，固相からは合金薄膜を粒子線で衝撃する方法によって得ることができるが，液体合金を急冷すればアモルファス合金薄帯を得ることができる．こうした方法で液体合金を急冷凝固する試みは，1960 年，米国の P. Duwez らによって試みられ，さらに，高速回転する銅円筒上に落下させる（ロール法）などの方法により固溶限の拡大や合金のアモルファス化の起

こることが示された．液体急冷法により作製したアモルファス薄帯は，機械的強度が大きく耐食性に優れているので，工業的見地から着目されている．また，鉄系金属のアモルファス薄膜は磁気的特性が優れているので，この点からも注目を集めている．また，鉄系金属のアモルファス薄膜は磁気的特性が優れているので，この点からも注目を集めている．

アモルファス金属・合金の示すハロー状の回折像は液体の示す回折像と類似しているけれどもわずかな差異がある．回折像の強度分布を説明するためいろいろな構造模型が提出されたが，現在最も一般的に受け入れられているのは，1959年，J. D. Bernal が液体の構造に対して提案した概念に基づく DRP（Dense Random Packing）模型で，これは不規則な形状をした容器に剛体球をできるだけ密に詰め込んだときに生ずる構造で，それは 1967-70 年に，Bernal と J. L. Finney や G. D. Scott と D. M. Kilgour によって調べられた．この構造では原子配列に短距離の秩序はあるが長距離の秩序はなく，大多数の原子は正四面体およびそれがわずかに歪んだ四面体を形成するように配列しており，空間充塡率は 63% である．現在はこうした構造を出発点として電子計算機による構造模型を作製し，その回折強度分布が実際のものと一致するようモデルの精密化が進められている．

わが国では，液体急冷法などによる各種のアモルファス合金の構造研究が，1970年代以降，主として東北大学の早稲田嘉夫らのグループおよび鈴木謙爾らのグループによって X 線回折法，中性子回折法を用いて行われている．しかし，回折法によって得られる情報は平均的なものであって，局所的なものではない．したがって，実際に作製したアモルファス合金が全領域にわたってアモルファス化しているか否かを知るには高分解能電子顕微鏡による観察が必要である．長岡技術科学大学の弘津禎彦らは液体急冷法による Fe-B，Pd-Cu-Si，Pd-Si 合金薄帯の構造を観察し，電子回折像は典型的なハロー図形であるにもかかわらず，いずれの場合においても大きさ 1 nm 程度の範囲で原子が規則配列した領域（中範囲規則構造）がアモルファス化した領域中にかなりの頻度で分布していることを発見した（1984-90 年）．このことは液体急冷によっては必ずしも完全なアモルファス合金が得られないことを示すものである．

1.15.4 準 結 晶

並進対称性と回転対称性の両立という制約から，結晶の対称軸は 1, 2, 3, 4, 6 に限られ，それ以外のものは存在しない．しかし，1984 年秋に，イスラエルの D.

1.15 新しい金属材料の構造研究

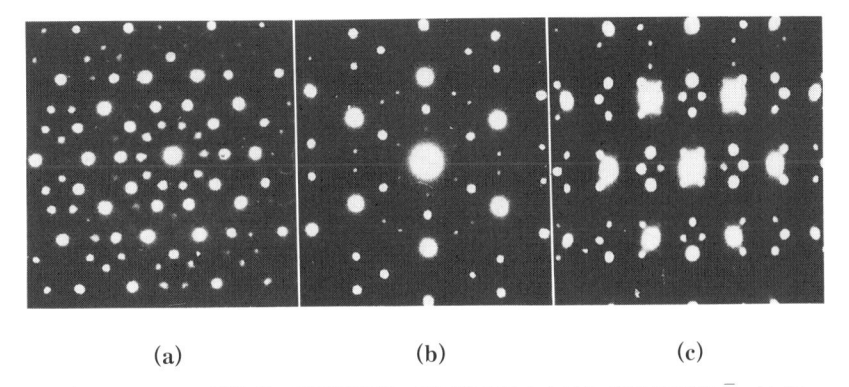

(a)　　　　　　　(b)　　　　　　　(c)

図 1-21　Al-Mn 準結晶の電子回折像．電子線入射方向は（a）5回回映軸 $\bar{5}$，（b）3回回映軸 $\bar{3}$，（c）2回対称軸 2 に平行．

Shechtman, I. Blech, D. Gratias, J. W. Cahn は液体より急冷した Al-Mn 合金の電子回折像が 5 回，3 回，2 回対称の鋭い斑点を与え，しかも直線上での斑点の間隔は非周期的（$\tau^{-1} : 1 : \tau : \tau^2 : \tau^3 : \cdots ; \tau = (1+\sqrt{5})/2 = 1.61803$ は黄金比）であることを発見した（図 1-21）．彼らは回折像の示す対称性が正二十面体の対称性と一致することから，この相を正二十面体相と名づけた．これが準結晶の実在を示した初めての研究である．その後，相次いで 2 次元準結晶（一方向には周期性がある準結晶）である正十二角形相（石政勉ら，1985 年），正十角形相（L. Bendersky, 1985 年），正八角形相（郭可信ら，1987 年）が発見された．理論的には，R. Penrose が 1974 年に2 種類の菱形（黄金菱形，図 1-22(b)）を用いた 5 回対称のタイル張り構造（ペンローズ格子，図 1-22(a)）を考案しており，また 1981 年には A. L. Mackay が図 1-23 に示す 2 種類の菱面体（鋭角黄金菱面体，prolate rhombohedron；鈍角黄金菱面体，oblate rhombohedron）を用いた正二十面体対称を持つ空間充填構造を考案して準格子（3 次元ペンローズ格子）の概念を提案している．

　準結晶の発見はそれまでの結晶学の概念を覆すものであり，固体科学の各分野に大きな衝撃を与え，精力的な研究によって，30 以上の準結晶相が発見されている．その中には $Al_{80}Mn_{20}$ や $Al_{84}Cr_{16}$ のような急冷法によって作られる準安定相以外に，Al_5Li_4Cu や $Al_{65}Cu_{20}Fe_{15}$ のような安定相も含まれている．そして安定相では mm，cm 程度の大きさの五角十二面体や斜方三十面体の単準結晶も作られている．準結晶の構造の研究も進展し，それぞれの準結晶における原子配列が明らかにされつつある．そこでは，構造研究が 6 次元空間で並進対称性を持つ結晶の 3 次元空間へ射影が

(a)

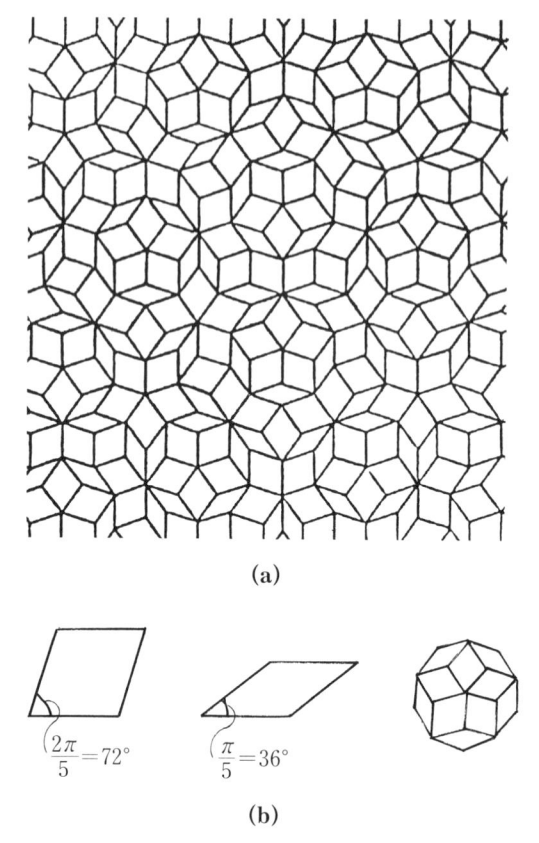

$\dfrac{2\pi}{5}=72°$ $\dfrac{\pi}{5}=36°$

(b)

図 1-22 (a)ペンローズのタイル張り構造,(b)2種類の単位胞(黄金菱形)とそれから作られる5回対称の正十角形.(a)ではこれが各所に見られる.

準結晶の構造を与えるという立場で行われている.わが国では東京大学生産技術研究所(東大生研)の七尾進らや奈良女子大学の松尾欣枝らにより X 線回折による研究が,東北大金研の平賀らによって高分解能電子顕微鏡による研究が進行している.

1.16 むすび

本章では金属結晶の構造解析の立場から金属結晶学の発展の道をたどってみた.ところで,結晶の原子的構造の解析とは物質を1億倍に拡大して観察することに相当す

1.16 むすび

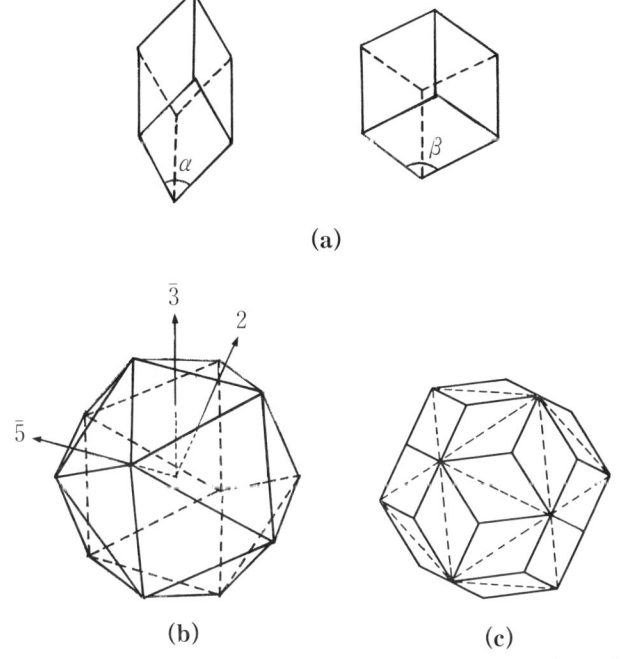

図 1-23 （a）2種類の単位胞（鋭角黄金菱面体（$\alpha=\tan^{-1}2=63.43°$）と鈍角黄金菱面体（$\beta=\pi-\alpha=116.57°$）），（b）正二十面体，（c）黄金菱面体から作られる正三十面体，対称性は正二十面体（破線）と同じ．

る．かつては限られた専門家が長時間かけて行っていたこの仕事も，現在は強力なX線源（回転対陰極型強力X線発生装置，放射光（SR光，SOR光，electron synchrotron orbit radiation）），高性能X線回折計と高精度測定機器，大型電子計算機の利用，強力中性子源と実験設備，分解能1Åに達する電子顕微鏡などの発達によって，結晶構造に関する基礎的知識を持つ人ならば，それを比較的容易にしかもかなり短時間で行えるようになった．その一方，学術・産業の進歩・発展に伴って新しい材料が次々と出現し，こうした材料の機能発現のために原子レベルでの構造制御が要請されている．それ故，多種多様な材料の構造を正しく観察・解析し，材料物性の制御に反映させることは研究者・技術者にとって極めて大切なことになってきている．

　現在，物質の原子的構造の解析を目的とする結晶学は大別して二つの方向に向かって進んでいる．一つは複雑な構造を持つ物質の構造解析である．その代表は蛋白質の構造解析であり，これは生体機能を明らかにするのに本質的に重要な役割を演じてい

る．もう一つは結晶内の電子分布の解明である．本章で述べてきた物質の原子的構造での原子としては，暗々裡に，原子の種類に応じて異なった半径を持つ剛体球を考えていた．しかし，原子が凝集して結晶を作る場合，凝集力は構成原子の外殻電子（価電子）が互いに入り交じり，影響を及ぼし合うことから生まれる．したがって，結晶内での原子の電子分布は孤立しているときの原子の電子分布とは違ってくる．このことは配位数に応じて原子半径が異なったり，中性原子の半径とイオン半径とが異なっていることに現れている．しかし，原子半径やイオン半径の概念は近似的なものであって，結晶内での電子分布を正確に表現するものではない．ところで，X線が物質によって回折される基本的要因はX線の電子による散乱である．したがって，結晶からのX線回折強度の解析から得られるものは結晶内での電子分布である．それゆえ，回折強度を精密に測定し，解析すれば，結晶内での正確な電子分布が分かり，それから原子間結合に関する最も直接的な知識が得られることとなる．現在，SiやGe結晶では結合方向に沿っての電子の局在が認められ，共有結合の実在を裏づけているが，こうした研究例はまだ数少なく，特に金属結晶の場合はその例を見ない．卑近な例として，稠密六方構造のZnやCd結晶の軸比 c/a は理想値1.633より著しく大きいが，それはいかなる電子分布を反映したものなのか，という問題がある．金属結晶の場合，価電子は結晶全体に共有されており，局在化の程度は少ないと思われるが，測定精度，解析精度を一段と向上させることによって，電子分布を直視できるようになることが期待される．

　（追記）

　上では，ほぼ1990年前後までの金属結晶学の発展を概括したが，以下には，筆者の知る範囲で，それから2002年までの間の主要な発展について簡単に記述する．

　X線結晶学分野では，播磨地区に放射光施設Spring-8が完成し，筑波のそれと並んで超強力なX線の使用が容易になり，また，ダイナミックレンジが著しく広いイメージングプレート（IP）が回折斑点強度の測定やトポグラフ撮影などに一般に用いられるようになって，結晶研究の発展に大いに寄与するに至った．また，電算機の進歩に伴い，粉末結晶構造解析にリートベルト法（A. Rietveld，1996年）が広く利用されるようになり，単結晶の得難い複雑な結晶の構造解析に貢献している．一方，結晶内電子分布研究にはマキシマム・エントロピー法（MEM）の適用（坂田誠，1988年）がなされ，面心立方構造と稠密六方構造との電子分布の差異などが研究された．

1.16 むすび

電子線関係分野では,高分解能電子顕微鏡による結晶内原子配列の直接観察が一般化し,また,nm以下の径の細束電子ビームを利用する電子顕微鏡(分析電子顕微鏡,走査透過電子顕微鏡)や収束電子回折法(田中通義,1983年)が発展し,さらに,Ωフィルターなどのエネルギーフィルターを具備した電子顕微鏡も市販され,結晶構造研究への電子線の利用が一般化してきた.B-A効果の実証で成果を収めた高干渉性電子線を利用する電子線ホログラフィ(外村彰,1976年)の応用も磁束を電束の観察,超伝導研究などに用いられるようになっている.

表面科学分野では,走査トンネル顕微鏡(STM)の発明(G. Binnig, H. Rohrerら,1982年)以後,原子間力顕微鏡(AFM)その他の探針で表面を走査する方式の顕微鏡(走査プローブ顕微鏡 SPM と総称される)も出現し,表面構造研究に多用されるようになった.

金属系のものよりも超伝導遷移温度 T_c の高い La 系酸化物超伝導体が発見され(G. B. Bednorz, K. A. Müller, 1986年),次いで $T_c \sim 90\,\mathrm{K}$ の Y 系のもの(M. K. Wuら,1987年), Bi 系のもの(前田弘ら,1988年)が相次いで発見され,それらの結晶構造が X 線,電子線により研究された.また,金属系では従来の $T_c \sim 18\,\mathrm{K}$ の Nb_3Sn などよりも $T_c \sim 40\,\mathrm{K}$ と転移温度が著しく高い MgB_2 が発見され(秋光純ら,2001年),実用化が期待されている.

超微粒子の作製と物性および応用研究は着実に進んだが,特に炭素材料では,六角網状と五角網状の原子配列の組み合わせよりなるサッカーボール状やラグビーボール状の形態をもつフラーレン分子が発見され(H. E. Kroto, J. R. Hearthら,1985年),こうした分子の作る結晶の構造が研究された.さらに,六角網状構造の炭素原子層が細い円筒を形成しているカーボンナノチューブも発見され(飯島澄男,1991年),その応用研究が進行している.また,金の1原子鎖やナノワイヤも作られた(高柳邦夫ら,1997年).こうしたナノサイズの物質の研究はナノテクノロジー時代をリードするものである.

水素は多少なりともすべての材料に含まれている.水素の利用を図るために水素吸蔵合金が開発されつつある.また,少量の水素の含有も物性に影響を及ぼす.それで,物質中の水素分布を知るのは重要だが,水素原子の直接観察はまだ成功していない.

参考文献

1) P. P. Ewald (ed.) : "Fifty Years of X-ray Diffraction", Published for IUCr by N. V. A. Oosthoek's Uitgeversmaatschappij, Utrecht, The Netherland (1962).
2) P. Goodman (ed.) : "Fifty Years of Electron Diffraction", Published for IUCr by D. Reidel Publishing Co., Dordrecht, Holland (1981).
3) 日本結晶学会「日本の結晶学」出版編集委員会 (委員長桜井敏雄) : "日本の結晶学―その歴史的展望", 日本結晶学会 (1989).
4) 西川先生記念会 (実行委員長篠原健一) 編 : "西川正治先生 人と業績" (1982).
5) W. L. ブラッグ著, 永宮健夫訳 : "結晶学概論" (The Crystalline State, Vol. I : A General Summary, by Sir Lawrence Bragg (1949)), 岩波書店 (1953).
6) 仁田勇監修 : "X線結晶学 (上, 下)", 第5版, 丸善 (1975).
7) 増本健・深道和明編 : "アモルファス合金", アグネ (1981).
8) 超微粒子 (固体物理金属物理セミナー別冊特集号), アグネ技術センター (1984).
9) 日本金属学会報 (小特集・準結晶の構造と物性), **25**, 2 (1986).
10) 日本金属学会報 (特集・準結晶研究の発展), **29**, 10 (1990).
11) 長倉繁麿 : "透過型電子顕微鏡の発達小史", 材料科学, **34**(3), 156-162 (1997).

　本章は上記の参考文献に基づいて書かれている. 貴重な文献を長期間にわたり貸与してくださった東京大学理学部床次正安教授 (文献1), 東京工業大学理学部八木克道教授 (文献2), 同工学部入戸野修教授 (文献5), 貴重な御意見を寄せられた長岡技術科学大学工学部弘津禎彦教授, 以上の各氏 (当時) に厚く感謝の意を表する.

金属学のルーツ

拡 散

2.1 はじめに

　一般に物質中でその物質を構成する粒子（イオン，原子，分子など）が熱運動によって互いに位置交換して移動する現象を"拡散"と呼び，混合系の場合には濃度分布の変化として観察される．例えば，水の中にインクを滴下するとインクの粒子が水中に散らばってゆき，最終的には均一な希薄水溶液になる．このように濃度が均一でない静止混合流体を一様な温度に保持した場合，濃度が次第に一様分布に近づいてゆく現象を表す語としての"拡散"（diffusion）は"核拡散"と同じ意味を持つ．ただし，物質中の粒子の拡散の場合には，巨視的に濃度が均一化された後でも粒子の位置交換としての微視的拡散は停止しないことに注意しなければならない．なぜならば構成粒子の熱運動に起因する移動は濃度変化と関係なく起こり続けるためである．濃度が均一化された後に拡散が停止するのではなく，ただ測定することができなくなるにすぎない．完全に均一な濃度の混合系，あるいは純粋な単体物質中での拡散過程は放射性同位元素を用いて追跡することができ，これは"自己拡散"と呼ばれる．

　液体および気体系においては拡散の概念は問題なく，早くから受け入れられている．1855 年にはすでに拡散の基本原理である"Fick の法則"が A. Fick によって確立されている[1]．すなわち，x 方向に 1 次元の拡散が起こる場合，x 方向の拡散流束 J_1（物体中のある点 x において単位断面積を単位時間に x 方向に通過する拡散物質（原子種 1 とする）の正味の量，例えば原子数）はその点における原子種 1 の濃度 C_1（単位は mass・L^{-3}）の x 方向の勾配に比例する．比例係数 D_1 を拡散係数（L^{2}S^{-1} の次元を有する．ただし，L はメートル，S は秒の単位）と呼ぶ．すなわち，

$$J_1 = -D_1 \frac{\partial C_1}{\partial x} \qquad (1)$$

現在では気体，液体，固体における拡散は Fick の法則に基づいて解析され，この

法則によって定義された"拡散係数"が物質の拡散のしやすさを表す目安として用いられている。(1)式は経験的法則として得られたものであるが，これを一般的な線形輸送現象方程式の一つの形と見れば，拡散の駆動力（機械的な力ではなく，一般的な力）は見かけ上濃度勾配である。しかし，これは必ずしも正しい法則ではないことが1940年前後から議論され始めた[2]。

1946年に I. Prigogine ら[3] によって体系化された不可逆過程の熱力学に基づく現象論的取り扱いを拡散過程に適用すると，拡散の駆動力 F_1 は原子種1の濃度勾配ではなく化学ポテンシャル μ_1 の勾配であり，真の拡散方程式は

$$J_1 = -M_1 \frac{d\mu_1}{dx} \qquad (2)$$

と表示される。ここで，M_1 は拡散の輸送係数と呼ばれる。また，原子種1の移動度を B_1 とすると

$$J_1 = B_1 F_1 C_1 = -B_1 C_1 \frac{d\mu_1}{dx} = -M_1 \frac{d\mu_1}{dx} = -D_1 \frac{dC_1}{dx} \qquad (3)$$

さらに

$$D_1 = B_1 \frac{d\mu_1}{d \ln C_1} = B_1 \frac{d\mu_1}{d \ln N_1} = B_1 RT \left(1 + \frac{d \ln \gamma_1}{d \ln N_1}\right) \qquad (4)$$

なる関係が成り立つ。ここで，N_1 は原子種1の原子分率濃度，γ_1 は原子種1の活量係数である。希薄溶体や理想溶体中での溶質原子の拡散，あるいは放射性同位元素の自己拡散の場合には

$$D_1 = B_1 RT \qquad (5)$$

となり，(1)式で定義される拡散係数が(2)式の移動度に比例するので，拡散の実験結果の解析に(1)式を適用しても問題を生じない。しかし，高濃度溶体や非理想溶体中での溶質原子の拡散の場合には(1)式は適用困難となり，(2)式によらねばならなくなる。ただし，拡散実験では試料中の濃度の変化を追跡することが普通であり，(2)式を実験結果に直接的に適用することはほとんど不可能である。合金の相互拡散の場合のような高濃度勾配下の拡散に対しては，濃度変化の測定によって得られる相互拡散係数（異なった拡散速度で移動する各成分の拡散が総合されて濃度変化を生ずる場合，濃度変化の速度の目安となる見かけ上の拡散係数，濃度に依存する）を(4)式によって定義される真の拡散係数（各成分の固有拡散係数，それぞれ濃度に依存する）と結びつける理論的解析法が1948年に L. S. Darken によって考え出された[4]。

固体系に対しては原子の拡散という概念はなかなか受け入れられなかった。固体は硬く，形は一定であり，原子が結晶格子を形成しているという概念からすれば固体中

2.2 固体中で原子は拡散するか？

で原子が拡散移動するということは考え難いことだった．しかし，過去約50年間における固体中の拡散の研究の進歩によって極めて多くの問題が解明された．これは二つの要因によるものと思われる．第一の要因は金属を始めとする固体中の拡散は材料の開発，製造，応用にかかわる多くの問題と密接に関係しているため，原子力材料や電子材料などの急速な発展に対応する拡散の研究が必要となったことである．第二の要因は測定機器の急速な進歩によって高精度な微小局部分析や材料の高分解組織観察が可能となり，拡散の研究を促進したことである．

本章では金属の固体結晶中での原子の拡散に焦点を絞って進歩のルーツを辿る．

2.2 固体中で原子は拡散するか？

固体の鉄に炭素を侵入させる浸炭法は数百年前から経験的に応用されてきた重要な技術であり，固体中に原子が侵入，移動，すなわち，拡散することを示唆するものであった．それにもかかわらずこの現象は拡散という視野から見すごされてしまった．これは「物質は液体にあらざれば移動することなし」という古いローマのマクロな現象の命題が人間の思想をあまりにも強く支配してきたためであろう．

もちろん，R. Boyle のような先覚者は1684年の著書[5]ですでに固体中の拡散の可能性に言及し，「固体中の拡散はポロシティの存在によって起こり，ポロシティは密度を測定すれば検出できるだろう」と述べている．しかし，誰からも注目されなかったようである．Boyle のいう"ポロシティ"なるものを原子的スケールのもの，すなわち現在知られている"空孔"（vacancy）で置き換えると大変おもしろいことになるのであるが，それは258年後のH. B. Huntington と F. Seitz[6] による研究まで待たなければならなかった．その"空孔"の概念さえも1950年頃までは疑惑の眼で見られていたのである．人間の頭が固体と同じように大変硬く，思想が縦横に"拡散"するのに時間がかかることを示す一例であろう．

上記のローマの命題を最初に疑ったのは J. L. Gay-Lussac といわれているが，それは1846年のことであった[7]．しかし，1896年の W. C. Roberts-Austen の論文[8]によれば，1820年に M. Faraday と J. Stodart は成分

W. C. Roberts-Austen
（1895年頃）

金属でできた針金を束ねたものを焼鈍すると合金化することを報告しているという．これは上述のローマの命題がミクロには正しくなく，固相中で原子が入り交じって合金が生成したことを最初に示したものといえよう．固体における拡散に伴う反応をさらにはっきりと観察したのは W. Spring[9]（1880年）である．彼はウッド合金（Bi-Pb-Sn-Cd 系 4 成分易融合金）およびローゼ合金（Bi-Pb-Sn 系 3 成分易融合金）の成分金属の粉末を混合して圧縮した固形物を加熱すると，各成分金属自体の融点よりも遥かに低い温度で熔融し始めることを見出した．これは個々の金属粒の接触面において，融点の低い合金薄層が成分金属の固体中での拡散反応によって形成されることを示すものである．同じような現象は 1881 年に A. Colson[10] によっても報告されている．このようにして，19 世紀の終わり頃になって，ようやく固体金属中でも原子が拡散することが認識され始めた．

2.3　固体金属中の拡散研究の始まり

隕石や鉱石の研究のために発展してきた組成分析や顕微鏡観察の手法に物理化学の

H. C. Sorby（1875 年頃）　　　　　　J. E. Stead[*1]

[*1]　英国の金属組織学開拓者の一人．民間会社の経営者，研究者として活躍，Iron and Steel Institute の理事，会長として学会の発展にも貢献した．
　Arnold が鉄鋼中の炭素は Fe_3C 分子として拡散すると主張したのに対し，炭素原子として拡散することを実験によって示した．

2.3 固体金属中の拡散研究の始まり

手法が導入され,金属学が金相学(metallography)から metal science(金属科学)へと発展を始めたのは 19 世紀末期から 20 世紀初頭にかけてである.この時期が"日本の産業革命"(1886-1909 年とされている;後に八幡製鉄所となった官営製鉄所は 1901 年に発足)の時期とほぼ一致しているのは興味深い.また,日本におけるその後の金属学が欧米先進国のそれに並んで発展することができた理由の一つとも考えられる.日本の産業革命が英国のそれに 100 年以上も遅れて行われたのにもかかわらずである.

G. Tammann[*2]

19 世紀末期から 20 世紀初頭にかけて金属学が科学化され始めた時期に活躍した学者としては,フランスの Floris Osmond, Henry Le Châtelier および André Le Châtelier,米国の H M Howe と Albert Sauveur,英国の H. C. Sorby, Roberts-Austen, Thomas Andrew および John E. Stead,ロシアの Dimitri K. Tschernoff,ドイツの Adolf Martens などがあげられる.当時のドイツの金属学者は実用面に捕われすぎていたため,金属学の科学化にやや立ち遅れたといわれている.しかし,1903 年に Gustav Tammann がゲッチンゲン大学の無機化学教授に就任して精力的に金属の研究を始め,これによってドイツは立ち遅れを急速に取り戻した.後に東北帝国大学の金属材料研究所を創設した本多光太郎が留学して Tammann の指導を受けたのは 1907-11 年であり,京都帝国大学の無機化学講座を担当した近重眞澄教授も Tammann のところに留学して指導を受けている.近重教授の Tammann 研究室への留学は日本における拡散研究の発展に大きな影響を与えたものと推察されるが,これについては後述する.

固体金属中の拡散の本格的かつ系統的な研究が始まったのは 19 世紀末期から 20 世紀初頭にかけてであり,上記の学者のうち,Roberts-Austen と Tammann の寄与が大きい.Tammann 教授は金属中の拡散現象に大きな関心を持っていたようで,彼の研究室からは 1909 年の G. Masing[11] の論文(上述の Spring の研究結果を再確認したもの)を皮切りに 1920 年頃までにかけて拡散に関する研究結果が続々と発表された.

[*2] ドイツの無機化学者,1903 年よりゲッチンゲン大学教授.1907 年に同大学に留学した本多光太郎を指導した.

19世紀末期から1930年頃にかけて主として2成分系を対象として行われた多くの研究のうち，定量的な拡散研究（拡散係数を決定した研究）のルーツと認めてよいと思われるものを挙げてみよう．

これらの研究では一定温度での2成分系（例えば溶媒2の中に溶質1が拡散）の1次元拡散に対するFickの拡散方程式(1)，あるいは(1)式に連続の方程式（流体力学と同じ）を適用して導出される

D_1 が濃度に依存しない場合： $\dfrac{\partial C_1}{\partial t} = D_1 \dfrac{\partial^2 C_1}{\partial x^2}$ (6)

D_1 が濃度に依存する場合： $\dfrac{\partial C_1}{\partial t} = \dfrac{\partial}{\partial x}\left(D_1 \dfrac{\partial C_1}{\partial x}\right)$ (7)

に基づいて，拡散係数 D_1 が決定されている．ここで，x は拡散方向の座標（試料中の位置），t は拡散時間，C_1 は成分元素1の濃度である．(1)式がFickの第1法則と呼ばれるのに対して，(6)および(7)式はFickの第2法則と呼ばれる．

この時期において，拡散は異なった原子が互いに直接的に位置を交換することによって起こるという考えが当然のことのように受け入れられており，各成分原子の拡散速度は同じと考えた．したがって，拡散係数が濃度に無関係な定数であると考えても不思議に思う者はいなかったようである．1879年にM. J. Stefan[12]はFickの拡散方程式(6)を解き，これを1861年にT. Graham[13]が溶液中の拡散を測定した結果に適用して拡散係数を決定した．これが"拡散係数"に関する世界最初の論文ではないかと思われる．実験条件によって定まる初期ならびに境界条件のもとで，D_1 を C_1 に依存しない定数として(6)式を解いて得られる濃度-距離（C_1-x）理論曲線を実際に測定される C_1-x 実験曲線と比較することによって拡散係数 D_1 を決定している．しかし，後述するように D_1 の濃度依存性が拡散研究の中心的問題となるのは1930年代になってからである．

2.3.1 非鉄合金系の拡散研究のルーツ

Roberts-Austen[14]は1896年に固体の鉛の中での金の拡散に関する実験結果を発表している．これは固体中で拡散が起こることを確定したばかりでなく，極めて正確に拡散係数を決定していることは特筆すべきであろう．しかし，当時としては新しい分野に挑戦したこの研究はほとんど注目されなかったようである．

G. BrumiとE. Meneghini[15]は1911年に金の中での銅の拡散を調べ，E. Rüst[16]は1909年に銅および真鍮の中での亜鉛の拡散係数を決定した．銀中の拡散の研究はや

や遅れて行われ，1921年に W. Fränkel と H. Houben[17]，さらに，1922年に H. Weiss と P. Henry[18] によって銀中の金の拡散係数のデータが発表されている．

2.3.2 鉄中の炭素の拡散研究のルーツ

炭素粒あるいは高温で炭素を発生する物質中に鉄を密封して高温度で長時間加熱すると，炭素が鉄の表面から鉄の内部に侵入する．このことは早くから知られており，工業的に重要であるため，多くの研究が行われてきた．鉄中の炭素の拡散という観点からの最初の研究報告は1897年に G. P. Royston[19]，続いて1899年に英国の J. O. Arnold と A. A. McWilliam[20] によってなされている．特に Arnold らの研究は極めて先駆的である．Arnold らは"The Diffusion of Elements in Iron"と題する論文で，固体の鉄

J. O. Arnold*[3]（55歳のとき）

中への C，P，S，Ni などの拡散挙動を調べた実験結果を報告している．軟鉄の丸棒に孔をあけて円筒鞘としたものに拡散を調べるべき元素を含有した合金鉄の丸棒を芯として打ち込み，これを真空中で 950～1050℃に10時間保持して拡散させ，鉄中での種々の元素の拡散の難易を調べた．鞘と芯の間の接合状態などから見て実験誤差がかなり大きいようであるが，固体の鉄中で移動しやすい合金成分と移動しにくい合金成分とがあることを示した．すなわち，炭素，硫黄，リン，ニッケルは移動しやすい元素であり，クロム，アルミニウム，タングステン，ヒ素，銅は移動しない元素であるとした．もちろん，現在ではこれらの元素は難易の差はあれ，すべて鉄中で拡散することが分かっているのである．鉄中で原子が拡散することの可能性さえ疑問視されていた当時において，このように元素によって拡散挙動に差があることを示したことと，浸炭法によらずに固体を接合した拡散対試料を用いて実験を行い，鉄中の炭素が移動しやすいことを明らかにしたことは高く評価すべきであろう．Arnold らは鉄中の炭素は Fe_3C（セメンタイト）のような分子として拡散すると考えていたが，J. E.

---

*[3] 英国シェフィールド大学の前身シェフィールド工業学校時代から金属工学科主任教授．1899年に鉄中の諸元素の拡散に関する論文を発表した（1858-1930）．

Stead[21]は鉄と鋼を接合したものを焼鈍したときに鋼から鉄に移動するのは炭化物ではなく炭素原子であることを実験によって確認し，Arnoldらの考えを修正している．

鉄中の炭素の拡散係数を最初に決定したのはI. Runge[22]（1921年）である．彼は鉄線に表面から半径方向に炭素を浸炭法によって拡散させ，電気抵抗を測定した．電気抵抗の増加量を鉄線中の平均炭素濃度の増加量の尺度として拡散係数を求めた．

その後，浸炭法による鉄中の炭素の拡散の測定はTammannら[23]（1922年），Bramleyら[24]（1926年）など多くの研究者によって行われた．ただし，実験結果には表面反応の影響が出ていて信頼性が低いようである．浸炭法による拡散実験において表面反応の影響を取り除くことができるようになったのは1930年代になってからである．

2.3.3　鉄中の窒素の拡散研究のルーツ

鉄中の窒素の拡散係数を最初に決定したのはA. Bramleyら[25]（1928年）である．アンモニアによる窒化法を用いているため表面反応の影響は除かれていないが，鉄中の窒素の拡散が炭素と同様に他の合金成分の拡散に比べて異常に速いことを明らかにしていることは評価しなくてはならない．

2.3.4　鉄中の種々の合金成分の拡散研究のルーツ

鉄中の合金元素の拡散挙動を明らかにすることは工業的に極めて重要であるが，盛んに研究されるようになったのは1930年以後である．1920年代に行われた先駆的研究としてはわずかにA. Fry[26]によるSi, Mn, Niの実験（1923年）とG. Grubeら[27]によるWの実験（1927年）が挙げられる．しかも，拡散温度は1,2点のみであり，極めて不十分である．鉄中の合金元素の拡散の実験は極めて難しく，拡散係数の信頼性の高いデータが得られるようになったのは1960年代になってからである．

2.3.5　放射性同位体による拡散係数決定のルーツ

放射性同位体をトレーサー（追跡子）とし，これを使って自己拡散係数や不純物拡散係数を測定する方法は現在では拡散研究の標準的手法として不可欠となっている．これは主として1955年に米国のアイゼンハウアー大統領が「原子力の平和利用」を宣言して研究情報を開放したことによって，世界各国で放射性同位元素の製造や使用が不自由なくできるようになってからのことである．

天然放射性核種の放射性同位体による拡散係数の測定に最初に成功したのはI.

2.4 拡散係数の温度依存性

図 2-1 1943 年にノーベル化学賞を受賞した G. Hevesy の功績をたたえるため 1983 年にスウェーデンで発行された記念切手（オートラジオグラフを画く，Hevesy の肖像切手はまだ発行されていない）．

Groh および G. von Hevesy[28]（1920 年）（図 2-1）である．彼らは放射性鉛（^{212}Pb，天然放射性核種で ThB とも表示，半減期 10.6 時間）を通常の鉛（質量数 207.2）の中に拡散させ，α 線計測によって ThB の濃度分布を調べて鉛の自己拡散係数を決定した．さらに，von Hevesy[29] は Tl 中の ThB の拡散を同様な方法で決定した．

1923 年には M. L. Wertenstein と H. Dobrowolska[30] が天然放射性核種 ^{210}Po（RaF とも表示，半減期 138.4 日）を用いて Ag 中のポロニウムの拡散係数を決定している．彼らは次いで Au, Ag, Pt 中の ^{214}Pb（RaB）および ^{214}Bi（RaC）の拡散係数を決定した．

人工放射性同位体を用い，Au の自己拡散係数が初めて決定されたのはさらに後のことである（1937 年，ロシアの A. Sagrubskij[31] による）．米国では J. Stiegman ら[32]（1939 年）や W. A. Johnson[33]（1941 年）が同様な研究を行っている．わが国では，1942 年に仁科芳雄ら[34] が Ni の放射性同位体を用いて Cu 中の拡散係数を決定した．こうして，放射性同位体の入手が容易になり，計測機器の急速な進歩によって，金属の自己拡散や不純物拡散の研究が世界各国で競って行われるようになった．こうして，1950 年以後には信頼性の高い拡散データが続々と得られるようになった．

2.4 拡散係数の温度依存性

2.4.1 拡散係数のアレニウス式のルーツ

金属中の拡散の速度が温度によって著しく変化し，温度を上げると拡散係数が著しく増大することは早くから知られていた．拡散が熱活性化過程の一つであり，拡散係数と温度との関係が原子の位置交換過程と密接に関係していることは現在では極めて

明白なことである．それ以前の拡散の原子的機構がまったく不明であった時代から，多くの研究者によって拡散係数と温度の関係を与えるための実験式や理論式が提唱されてきた．

現在，アレニウス式と呼ばれて一般的に受け入れられている式に類似した指数関数実験式はすでに von Hevesy（1920年）[35]，Tammann ら[36]（1922年），および Weiss[37]（1923年）によって与えられているが，拡散が活性化過程の反応であり，拡散係数の温度依存性がアレニウスの式，

$$D = D_0 \exp\left(-\frac{Q}{RT}\right) \tag{8}$$

に従うことを最初に示したのは S. Dushman と I. Langmuir（1922年）のようである．（8）式において D_0 および Q は定数，T は拡散温度（K），R は気体定数である．

ここではアレニウス式そのもののルーツについては後で述べることにして，まず（8）式の D_0 および Q の意味について1920年頃の研究者はどのように考えていたのかを辿ってみよう．

Dushman（1922年）は拡散を単分子反応として取り扱うことができるという前提のもとに，自ら提唱していた反応定数に対する半実験式[39]と拡散係数を次のように結びつけた[38]．

$$K = \frac{Q}{Nh} \exp\left(-\frac{Q}{RT}\right) \tag{9}$$

ただし，K は反応定数，N はロシュミット数，h はプランク定数である．拡散における単位過程は原子が原子面間距離 d だけ飛躍することであるとすれば，単位時間に原子面の間でこのような飛躍が起こる頻度は K に等しいので，拡散係数 D は $d^2 \cdot K$ で与えられる．したがって，これを（9）式を代入すると

$$D = d^2 \cdot K = \frac{Qd^2}{Nh} \exp\left(-\frac{Q}{RT}\right) \tag{10}$$

となる．鉛の自己拡散および鉛中の Au および Ag の拡散係数の実験値を用いて(10)式から飛躍距離 d を計算するとほぼ格子定数に等しい値が得られる．また，一つの温度に対する拡散係数 D の実験値を用いて Q を計算してみると，$\log D$（実験値）と $1/T$ の関係から求めた Q にかなりよく一致する．拡散原子が比較的長い距離を飛躍するのではなく，飛躍距離 d がほぼ格子定数程度にすぎないこと，このように d が小さくても拡散が速い（D が大きい）のは Q が小さいことによる，という結論に達したことは先駆的といえる．

拡散における原子の位置交換過程に対する熱振動の重要性を考慮して拡散係数の温

度依存性を導き出そうとしたのは H. Braune[40] (1924 年) である．彼はある最小エネルギー E を持った原子だけが位置交換することができると仮定した．総原子数 N に対して位置交換をすることができる原子の数 $\mathrm{d}N$ の割合は

$$\frac{\mathrm{d}N}{N} = \exp\left(-\frac{E}{RT}\right) \tag{11}$$

D は位置交換をすることができる原子の数に比例するから

$$D = Ae^{-E/RT} = A\exp\left(-\frac{Q}{RT}\right) \tag{12}$$

となる．

ここで，Braune は F. A. Lindemann の融解の理論[41] (1910 年) を適用して次のように Q と融点 T_s とを結びつけている．Lindemann は温度が上がって原子振動の平均振幅がある値 r_s になると融解が始まると考えた．また，位置交換のエネルギー E に相当する振幅を r_0 とすると，E は r_0^2 に比例し，r_0 は r_s に比例するので

$$E = a^2 \cdot r_0^2 \tag{13}$$

$$r_0 = b \cdot r_s \tag{14}$$

が得られる．さらに，融点におけるエネルギーは $a^2 \cdot r_s^2$ に等しく，これは $3kT_s$ にも等しいとしてよいので，結局

$$Q = 3b^2 T_s R \tag{15}$$

が導かれる．このようにして Q が T_s に比例するという結論が得られたが，これは多くの実験結果によってほぼ正しいことが示されている．

Braune の理論は 7 年後に J. A. M. van Liempt[42] (1931 年) によってさらに改良され，次式が得られている．

$$D = \frac{\pi\nu d^2}{6}\exp\left(-\frac{3b^2 T_s}{T}\right) \tag{16}$$

ここで，d は原子間隔，ν は原子の特性振動数である．

一方，M. Polanyi と E. Wigner[43] の単分子反応の式 (1928 年) からも同様な式が得られる．すなわち，

$$D = \frac{2\nu Q d^2}{RT}\exp\left(-\frac{Q}{RT}\right) \tag{17}$$

この式によれば，(12)式の前指数項 A は温度に依存することになる．

位置交換の機構をさらに具体的に考慮して拡散係数の温度依存性を追及したのは J. Frenkel[44] (1926 年) である．彼によれば位置交換はまず一つの原子が格子点から格子間の準安定位置に飛躍し，そこに暫時停滞した後，空いている格子点の位置に移行

することによって起こり，D の温度依存性は次式によって与えられ

$$D = \frac{d^2}{6\sqrt{\tau_g \tau_z}} \exp\left(-\frac{Q_g + Q_z}{2RT}\right) \tag{18}$$

ここで，τ_g, τ_z は二つの位置における原子の停滞時間，Q_g は原子が格子点から格子間の準安定位置に飛躍するための活性化エネルギー，Q_z は格子間の準安定位置から空いている格子点の位置に移行するためのエネルギーである．

上述のように，1920年頃から1930年頃にかけての約10年間に拡散係数のアレニウス型温度依存性に関してかなり突っ込んだ議論がなされた．(8)式の前指数項 D_0 を頻度因子あるいは振動数項と呼ぶ理由は(16)式や(17)式などを見れば分かるであろう．一方，Q を活性化エネルギーと呼ぶのは次に述べるように化学反応の反応速度の温度依存性を論じたアレニウスの「活性化分子仮説」(1889年) に端を発しているようである．

その後，拡散係数の温度依存性の問題が大きく取り上げられたのは，1960年以後になって拡散係数の"非アレニウス型温度依存性"や"アレニウス型温度依存性からのずれ"，すなわち"拡散係数のアレニウス・プロットの曲がり"が実験的に見出されてからである．

2.4.2 "アレニウス式"と"活性化エネルギー"のルーツ

1884年にオランダの化学者 J. H. van't Hoff (当時32歳) (図2-2) は質量作用の法則における定容反応の平衡定数 K の温度依存性を表す次式を導出した[45]．

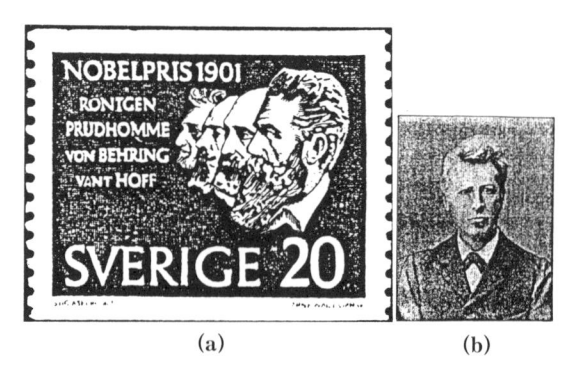

(a) (b)

図2-2 (a)スウェーデンの切手 (1961年発行)．van't Hoff (最左) が第1回ノーベル賞を受賞した四人の学者の一人として画かれている．(b) J. H. van't Hoff．

2.4 拡散係数の温度依存性

$$\frac{d \ln K}{dT} = \frac{E}{RT^2} \tag{19}$$

これはファント・ホッフの定容反応式と呼ばれる有名な式であるが,彼は反応速度 k に対しても同型の式,

$$\frac{d \ln k}{dT} = \frac{E}{RT^2} \tag{20}$$

が成り立つ場合があることを示している.一方,1889年にスウェーデンの化学者S. A. Arrhenius(当時30歳)(図2-3)は「酸によるショ糖化の反応速度」という題名の論文を発表した[46].その中で,やや強引に(20)式が常に成立すると主張し,(20)式の k をショ糖と活性ショ糖との間の平衡定数と見なせば(19)式の k と同型の温度依

図 2-3 (a)スウェーデンの切手(1963年発行).S. A. Arrhenius(最左)が第3回ノーベル賞を受賞した三人の学者の一人として画かれている.(b) Arrheniusと電解質研究のための装置を画くコートジュボアール共和国(旧フランス領象牙海岸)の切手(1978年発行).(c)1903年にノーベル化学賞を受賞したArrheniusの功績をたたえるため1983年にスウェーデンで発行された記念切手(電解槽を画く).Arrheniusは「電解質理論による化学の進歩への貢献」によりノーベル化学賞を受賞した.(d)1959年はArrhenius生誕100年に当たるのでスウェーデンは記念切手を発行した.

存性を有することを説明できるという結論に到達した．したがって，現在われわれが"アレニウス式"と呼んでいる式のルーツは van't Hoff にあり，"ファント・ホッフの式"と呼ぶのが妥当であろう．しかし，反応が活性分子を経由するという考えのルーツは Arrhenius にあるから，(20)式の E は"アレニウスのエネルギー"と呼んでもよいであろう．E を"活性化エネルギー"と最初に呼んだのは M. Trautz（1916年）といわれており，この用語が定着したのは 1930 年代になってからである．それまでは"臨界エネルギー"など，いろいろに呼ばれていたようである[47]．

2.4.3 拡散係数のアレニウス・プロットの曲がり[48]

拡散係数 D をいろいろな温度で測定し，その対数 $\log D$ を温度 T（K）の逆数に対してプロットしたものをアレニウス・プロットという．もし，活性化エネルギー Q と振動数項 D_0 がともに温度に依存しない定数であれば直線となり，(8)式の正しいことが分かる．また，アレニウス・プロットの直線の勾配から Q の実験値が求められ，直線を外挿して $1/T=0$ に対する $\log D$ の値を求めるとそれは $\log D_0$ であるから，D_0 の実験値が求められる．

事実，1960 年頃までの拡散の実験研究において，アレニウス・プロットが直線となるのは当然のこととされ，直線に近いほど優秀なデータと見なされていた．そして，直線から決定される D_0 や Q の値について考察や理論的解析をするのが普通であった．その頃までの拡散の実験では，拡散係数の決定のための濃度分布の測定には旋盤や研磨紙によるセクショニング法を主として用いていた．したがって，決定できる拡散係数の範囲は高々 10^{-12} から 10^{-15} m^{2}s^{-1} までの 3 桁程度であり，アレニウス・プロットはほとんど直線からずれることはなかった．しかし，それまであまりなされていなかった体心立方格子構造の高融点金属の自己拡散の研究が，1950 年代の後半から盛んに行われるようになった結果，3 桁程度の拡散係数の範囲の測定でもアレニウス・プロットが，全温度範囲にわたって上向きに著しく曲がることが報告されるようになった[49]（図 2-4）．すなわち，1958 年の γ-U[50,51] を皮切りに，1964 年までに β Ti[52]，β Zr[53]，β Hf[54] についてアレニウス・プロットの上向きの曲がりが確認された．この現象は体心立方金属以外では見られないものであり，D_0 あるいは Q の値が普通の金属の値に比べて異常に小さいことと，当初その原因が不明であったため，"体心立方金属の拡散の異常性"[49] と呼ばれた．同じ体心立方金属でも Cr，Eu，Na，Nb，Ta，V，および W ではこのような異常性が見られないので，これらは"正常な体心立方金属"として区別されている．その後，セクショニング法の技術が

2.4 拡散係数の温度依存性

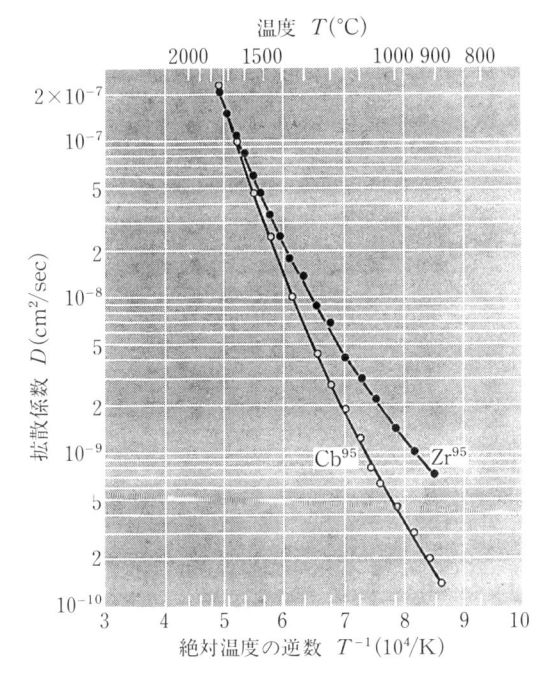

図 2-4 "アレニウス・プロットの曲がり"を示す実験結果の例. Zr 中の Zr^{95} および Cb^{95}（Nb^{95}）の拡散係数の温度依存性（Federer ら[49]による）.

進歩して拡散係数の値を 9 ないし 10 桁の範囲で測定できるようになった結果, "異常性を示す体心立方金属"以外の多くの面心立方および体心立方金属においても, 特に融点近くの温度領域で, アレニウス・プロットがわずかながら上向きに曲がることが検出されている[55]。

アレニウス・プロットの曲がりの原因として一般に考えられるのは, 低温領域（$T_M/2$ より低い温度, ただし T_M は融点の絶対温度）における転位拡散や粒界拡散, 不純物の存在による過剰空孔拡散などが正常な拡散（単一空孔機構による拡散）に加算されることである. しかし, 上記の異常性はこれらの影響とは無関係であることが多くの実験によって示されている. したがって, 解明すべき現象は"体心立方金属の拡散の異常性"と"面心立方金属および正常体心立方金属における高温領域でのアレニウス・プロットの上向きの曲がり"の二つということになる.

一般にアレニウス・プロットの曲がりについては二つの考え方がある. 一つの考え

方では，拡散は全温度範囲にわたって単一な機構（単一空孔機構）によって起こるが，D_0 あるいは Q のいずれか，または両方が温度に依存すると考えるものである．もう一つの考えは二つあるいはそれ以上の異なった機構（D_0 と Q が異なる）による拡散が同時に重なって起こり，それぞれの D_0 と Q は温度に依存しないとするものである．

単一空孔機構による拡散において D_0 や Q が温度に依存するかどうかについては，1970年頃から二三の研究によって熱力学的諸関数の温度依存性の問題として理論的に検討された[56]．しかし，実験によって示されている"体心立方金属の拡散の異常性"や"正常金属における高温領域でのアレニウス・プロットの上向きの曲がり"を説明できるほどのものではないことがその後明らかになった．

"面心立方金属における高温領域でのアレニウス・プロットの上向きの曲がり"に対しては1965年に A. Seeger ら[57]が二つの拡散機構の重なりという立場から空孔-複空孔モデルを提唱して，Ni の自己拡散の実験結果がうまく説明できることを示した．これは単一空孔機構による拡散と複空孔機構による拡散が重なって起こるとするもので，彼らの解析結果によれば，融点近傍の高温では複空孔機構による部分が実験で測定される程度の大きさになる．複空孔機構拡散の寄与の存在の有無は拡散における同位元素効果係数の温度依存性を調べることによって確かめることができる．これは面心立方金属でも体心立方金属でも複空孔機構に対する同位元素効果係数が単一空孔機構に対するそれの約50％ないし60％であることが理論的に示されているためである．空孔-複空孔モデルを支持するような同位元素効果係数の実験結果が面心立方の Co[58]，Cu[59]，Al[60] などにおける自己拡散や不純物拡散に対して得られている．

正常な体心立方金属とされている α-Fe および δ-Fe についても空孔-複空孔モデルを支持するような自己拡散係数や同位元素効果係数の温度依存性に関する実験結果が得られている[61]．

"体心立方金属の拡散の異常性"については，まず，複数拡散機構説に属するオメガ・エンブリオ説が1975年に J. M. Sanchez ら[62]によって提唱され，1983年に単一拡散機構説に属するフォノン・ソフニング説が Herzig ら[63]によって提唱された．

オメガ・エンブリオ説は拡散の異常性を示す体心立方金属がすべて同素変態をすることに着目したものである．Ti, Zr, Hf は体心立方格子構造を有する高温相（β 相）から稠密六方格子構造を有する低温相（ω 相）へと変態する．Sanchez らによれば β 相領域の温度でも変態点に近い低温になると体心立方格子の中に ω 相のエンブリオが形成されている．これは体心立方格子の(111)面上のオメガ・エンブリオの原子配列は体心立方格子中の拡散原子が拡散ジャンプ途中のサドルポイントにあると

きの原子配列（活性化状態の原子配列）と同一である．このため，オメガ・エンブリオは低温領域において高速拡散路を提供することになる．したがって，これらの金属ではオメガ・エンブリオが少ない高温では正常な単一空孔機構による拡散が起こる．オメガ・エンブリオが存在するような低温領域では，単一空孔機構による拡散とオメガ・エンブリオによる高速拡散とが重なって起こる．

拡散の異常性を示す体心立方金属において，拡散の活性化エネルギーの温度依存性が特定方向の格子振動モード（フォノン・モード）の温度依存性（低温領域におけるソフニング）と密接に関係していることに着目したフォノン・ソフニング説は，拡散係数のアレニウス・プロットの曲がりをフォノン・スペクトルのデータに基づいて定量的に説明することに成功した．

オメガ・エンブリオ説とフォノン・ソフニング説は同一の現象を異なった面から論じているようにも思われるが，現実性，および実験結果との一致の点ではフォノン・ソフニング説に軍配が挙がったようである．

2.4.4 拡散に及ぼす磁気変態の影響

体心立方格子構造を有する α-Fe の温度範囲は $0.65 T_M$ 以下であるため（T_M は Fe の融点，1811 K），拡散が遅く，実験は容易ではない．また，磁気変態点（キュリー点）は 1043 K（$=0.52 T_M$）とさらに低いので，強磁性 α-Fe の拡散の実験はさらに難しく，1960 年頃まではキュリー点近傍の温度領域における拡散のデータは確定されていなかった．

当時の実験技術では，1000 K 以下での α-Fe の拡散係数を決定することは極めて困難であった．しかし，1000 K から 1180 K までというごく限られた温度範囲での実験ではあったが，キュリー点を挟んだ温度範囲，すなわち，強磁性状態から常磁性状態までの温度範囲における α-Fe の自己拡散のデータが確定し始めたのは，1960 年から 61 年にかけてである．そして，α-Fe の自己拡散係数のアレニウス・プロットが磁気変態の影響を受けて曲がることが，B. J. Borg ら[64] および K. Hirano, F. S. Buffington ら[65] によって初めて示された．しかし，実験温度範囲がまだ十分とはいえず，自己拡散の活性化エネルギーに及ぼす磁気変態の影響などの理論的検討のためには実験データに曖昧さが残っていた．その後，約 20 年を経て，拡散試料のセクショニング法や放射能計測法の格段の進歩によって α-Fe の中の拡散係数の測定可能最低温度も 1000 K から 750 K（$=0.43 T_M$）まで下げられ，実験データの信頼性も著しく高められた．このようにして，α-Fe の自己拡散に及ぼす磁気変態の影響に関する

68   2 拡 散

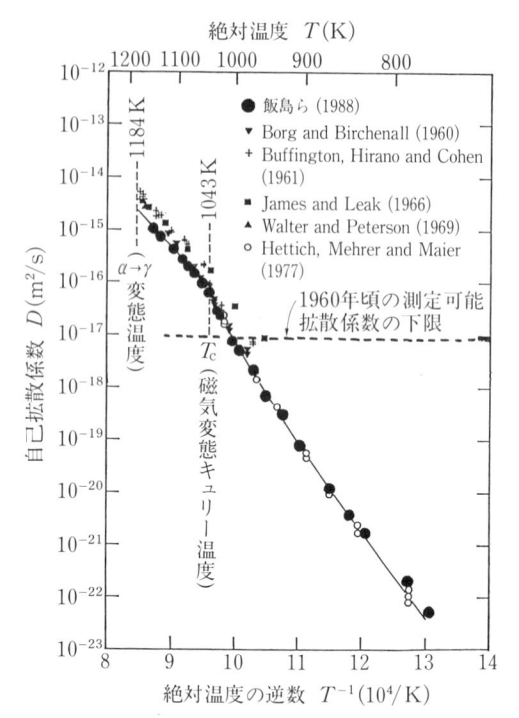

図 2-5 α-Fe（体心立方格子）の自己拡散係数の温度依存性．

実験データは 1977 年の Hettich ら[66]の研究，および 1988 年の飯島ら[61]の研究によって確定された（図 2-5）．また磁気変態によるアレニウス・プロットの曲がりは空孔の形成および移動エネルギーの磁気変態による変化，すなわち自己拡散の活性エネルギーの自発磁化の温度依存性に起因する変化によって定量的に説明できることが飯島ら[61]によって示された．

拡散に及ぼす磁気変態の影響は α-Fe の自己拡散ばかりでなく，Co の自己拡散[58]，Fe 中の不純物拡散[67,68]，Fe-Co 合金[69,70]，Co-Ni 合金[71]中の自己拡散についても実験によって確認されている．

2.5 拡散係数の濃度依存性

1930 年頃までの拡散の研究においては実験結果から拡散係数を計算する際，拡散

係数が濃度に無関係であると仮定され，(6)式を用いるのが普通であった．当時の研究は未知の拡散係数の概略値が求められればよいというものであり，また，拡散係数と濃度の関係を問題にできるほどの実験精度も高くなかった．このため，拡散係数の濃度依存性には注意が払われなかった．濃度を低くして実験すれば実験結果は大体において(6)式に当てはまったのである．

高濃度合金における拡散係数を決定するためには，全濃度範囲で固溶体を形成するような二つの金属を選んでそれらを接合した拡散対，あるいは交互にメッキを繰り返して作った多層積層膜を試料として相互拡散を行わせるのが最も好都合である．このことに着目した本格的な研究が1930年前後に世界の多くの研究室でほぼ同時に，互いに独立に始められていたことは極めて興味深い．拡散試料中の濃度分布をいかにしてより高い精度で測定するかが当時の相互拡散実験の課題であったが，X線回折や電気抵抗測定が役に立つことも分かってきた．C. F. Elam[72]はX線ラウエ斑点の解析によってCu-Zn系の拡散を調べ，田中ら[73~76]および俣野[77~79]はX線デバイ・リングの解析（格子定数測定）および電気抵抗測定によってAu-Cu系，Cu-Ni系およびAu-Ag系の拡散係数を決定している．田中らが決定したAu-Ag系の拡散係数はW. Jost[80]が化学分析によって決定したものとよく一致している．しかし，これらの研究においては相互拡散係数の温度依存性のみに関心が集中されていて濃度依存性はまったく無視されている．

その頃，相互拡散係数の濃度依存性に対する関心を呼び起こした研究がドイツと日本で行われていた．ドイツではG. GrubeとA. Jedele[81,82]がCu-Ni系などの接合拡散対試料による実験を進めていた．一方，日本では俣野仲次郎が[77,79]CuとNiを交互にメッキした多層膜を試料としてX線デバイ・リングの解析（格子定数測定）によって相互拡散を追跡していた．

2.5.1 GrubeとJedeleの研究

拡散係数に対する濃度の効果を確かめるためには，全濃度範囲で固溶体を形成するような二つの金属を選び，それらを接合した拡散対を作って相互拡散を行わせるのが最も好都合である．このことに初めて着目したのはGrubeとJedeleである．彼ら[81,82]は1932年から1933年にかけてCu-Ni，Au-Pt，Au-Pd，Au-Niなど相互拡散対について実験を行っている．

図2-6は彼らの実験によって得られた濃度-距離曲線（C_1-x曲線）の一例である．これを見るとAu中のNiの拡散はNi中のAuの拡散より速いことが認められる．

このような結果は合金中の拡散係数が濃度によって大きく変化することを示しており，もはや(6)式は適用できず，代わりに(7)式を用いなければならないことを示している．しかし，(7)式を解くことがまったく不可能であったため，Grube らは次

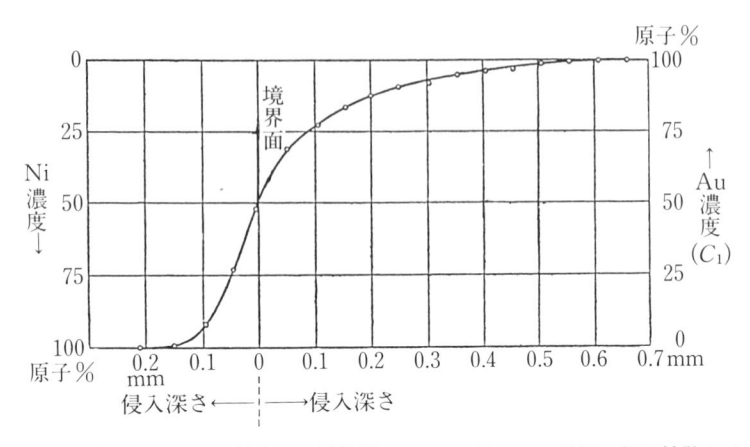

図 2-6 金とニッケルを接合して拡散対として 900°Cにて 5 日間，相互拡散させた場合の濃度-距離曲線（C_1-x 曲線）（Jedele による）．

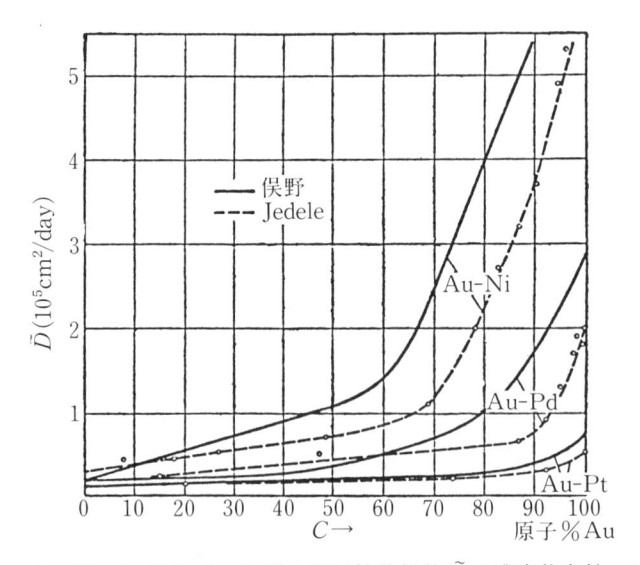

図 2-7 Au-Ni，Au-Pd，Au-Pt 系の相互拡散係数 $\bar{D}$ の濃度依存性，Jedele が(21)式によって求めたものと俣野解析によるものとの比較（俣野による）．

2.5 拡散係数の濃度依存性

のような近似法を用いた．まず，両成分の濃度が50%であるような，拡散方向に垂直な面を，二つの拡散空間の境界面と定義した．この面からの各濃度 C_1 とその濃度の位置と境界面との距離，すなわち，濃度 C_1 の侵入深さ x の関係が(6)式の解である次式に従うとして，その濃度に対する拡散係数を決定する．

$$C_1 = \frac{100}{2}\left[1 - \phi\left(\frac{x}{2\sqrt{Dt}}\right)\right] \tag{21}$$

ここで，$\phi(\xi)$ は誤差積分である．また，図2-6の場合，C_1 は Au 濃度（原子%）である．

図2-7は Jedele[82] の研究の結果を示したもので，拡散係数が著しく濃度に関係していることが分かる．しかし，この結果は拡散係数が濃度に依存しないことを前提とする(6)式の解である(21)式を用いているため，拡散係数が濃度に依存すること自体が自己矛盾ということになる．Jedele が決定した拡散係数は定量的には大きな誤差を含んでいるが，拡散係数が濃度に依存することを定性的ではあるが初めてはっきりと示した点では意味がある．

2.5.2　俣野仲次郎の研究とそのルーツである田中晋輔らの研究

2種の金属の交互メッキ多層膜を試料とする相互拡散の研究をわが国で初めて行ったのは田中晋輔（1920年：京都帝国大学理学部物理学科卒，1929年：大阪工業大学教授に就任）と篠田軍治（1926年：同理学部物理学科卒）の二人[73]であり，研究は大阪高等工業学校が昇格して発足（1929年）したばかりの大阪工業大学理科教室物理学講座において行われた（同教室は1933年に大阪工業大学が大阪帝国大学に編入された際，同大学工学部応用理学教室となった）．二人は Au と Cu を各50層交互にメッキして作成した多層膜の相互拡散を電気抵抗測定ならびに X 線デバイ・パターンの解析によって調べた．その結果は「金属の拡散に就いて」と題して1930年に発表されている[73]．この研究は実験法の妥当性を示すことが主目的であったようで，まだ，拡散係数の濃度依存性については検討されていないが，その後の田中晋輔と俣野仲次郎（1929年：京都帝国大学理学部物理学科卒，同年より大阪工大助手，1933年より大阪帝大工学部助手）による一連の研究への発展の端緒を開いたもので，まさにわが国の拡散の研究のルーツということができる．田中晋輔と俣野仲次郎は同じような研究を Au-Cu，Au-Ag，Cu-Ni，各合金系について精力的に行って，それらの結果を1930年から31年にかけて3編の共著論文[74~76]として発表している．この時点ではまだ拡散係数の濃度依存性についてはまったく触れていない．

JAPANESE JOURNAL OF PHYSICS

TRANSACTIONS

8. On the Relation between the Diffusion-Coefficients and Concentrations of Solid Metals (The Nickel-Copper System).

By Chujiro MATANO.

(Contribution from the Physical Laboratory, the Osaka University of Engineering, Received Jan. 16, 1933)

Abstract.

The coefficient of diffusion D being considered as a function of the concentration c, Grube and Jedele's results with regard to the Ni-Cu system at 1025°C were analysed by Boltzmann's method. The conclusion is that from the value of above 8×10^{-5} cm²./day at $c = 0$ of Ni, D decreases rapidly to about 1×10^{-5} cm²./day at $c = 30\%$ of Ni and then keeps its value when c increases to 100% of Ni.

From the investigations[1] which have been carried out on the diffusion of solid metals, it is evident that, even in the case of solid solutions, the coefficient of diffusion D depends not only upon the temperature T, but also upon the concentration c of the components. There is, however, no study in which D is treated as a function of c in the case of solid metals, when D and c satisfy the differential equation

$$\frac{\partial c}{\partial t} = \frac{\partial}{\partial x}\left(D\frac{\partial c}{\partial x}\right)$$

given by Fick[2], where t is the time and x is one of the coordinates. In fact, in nearly all cases, this equation can scarcely be solved. However, when the initial and boundary conditions are given by

---
(1) G. Grube and F. Lieberwirth, Zs. f. anorg. Chem., **188** (1930), 274.
G. Grube and A. Jedele, Zs. f. Elektrochem., **38** (1932), 799.
G. v. Hevesy and W. Seith, Zs. f. Elektrochem., **37** (1931), 528.
W. Seith and J. G. Laird, Zs. f. Metallkde., **24** (1932), 193.
(2) A. Fick, Pogg. Ann., **94** (1855), 59.

図 2-8 俣野の名前を世界的に有名にした論文[83] の第 1 頁.

その後の研究は俣野仲次郎が単独で進めたようで，1931 年から 1934 年にかけて発表された Ni-Cu, Ag-Au, Cu-Zn, Cu-Al, Cu-Mn, Cu-Pd, Cu-Sn, Cu-Pt についての 7 編の論文[77~79),83~86] はすべて俣野仲次郎（C. Matano）著として単独で発表されている．

これらの研究成果の中に (7) 式の解法として後に世界的に知られるようになった"俣野の解析"を示した 1933 年の論文[83] が含まれている．俣野が拡散係数の濃度依存性について関心を持ち始めたのは Ni-Cu などについての Grube らの研究[81] に触発

2.5 拡散係数の濃度依存性

されたためと思われる．

俣野は共著3編[74~76]，単著7編[77~79],[83~86]，合計10編の論文として発表された研究成果を理学博士学位論文「銅固溶体内拡散のX線による研究」としてまとめ，1934年10月10日に京都帝国大学理学部に提出，翌1935年8月31日（9月2日ともいう）に学位を授与されている．記録によれば俣野は学位論文完成半年後の1935年4月8日付で大阪帝大助手を辞職，"依願免本官"となり，当時創設されたばかりの鐘紡武藤理化学研究所に転職している．俣野が正式に新しい職についたのは阪大を辞職した直後なのか，しばらく間をおいてからなのか不明であるが，1988年刊行の『鐘紡百年史』[87]によれば鐘紡武藤理化学研究所の創設は1934年であり，1940年における研究組織を見ると俣野は第二部部長となっている．その後の俣野の消息ははっきりしないが，日本物理学会会員名簿の1941年版には勤務先鐘紡武藤理化学研究所として記載されており，1950年の名簿では会員として継続されていない．この間に俣野の身辺に"何か"があったように思われる．俣野が鐘紡武藤理化学研究所に就職してから何を研究していたのかもまったく不明である．

ちなみに田中晋輔研究室での拡散の研究のその後はどうであろうか．田中晋輔は1929年に大阪工大教授となり理科教室物理学講座を担当，1933年に同大学が大阪帝大に編入されて工学部となった後は応用理学教室第二講座（物理学）を担当，1939年に大阪帝大に精密工学科が開設された折，応用理学教室第二講座は精密工学第二講座担当となり，後に工学部長を務めている．『大阪大学25年史』によれば，田中晋輔教授担当の研究室の研究内容として「X線，電子回折，放射線同位元素ならびに真空技術の応用に関する研究，…」とあり，X線の応用の項に「加工，熱処理，疲労，腐食，摩耗，拡散，残留応力などを問題とする金属材料科学的研究を主として行っている．固体金属間の拡散については前に拡散機構および拡散係数の決定を精密に行った…」という記述がある．これらから推察すると田中晋輔の拡散に関する研究活動は篠田軍治との共著論文1編[73]，俣野との共著論文3編[74~76]の発表で終わり，その後はやっていないようである．

わが国の拡散研究のルーツといってもよい田中晋輔，篠田軍治，俣野仲次郎の三人が拡散を研究テーマとして採り上げた動機を知りたいのであるが，よく分からない．三人がいずれも京都帝国大学理学部物理学科の出身であることに何か手掛かりがあるような気もする．『京都帝国大学史』によれば当時，理学部化学科の無機化学講座に近重眞澄教授が在籍している．同教授は当時，拡散の研究を盛んに進めていたドイツのTammann教授のもとに留学しており，帰国後には"金相学"という用語を創出

したことで知られているが,『京都帝国大学史』には「同教授の講座およびその後に設けられた金相学講座では金属の拡散の研究を行っていた」という記述がある.しかし,誰がどのようなテーマで研究を行っていたのかは不明である.田中晋輔,篠田軍治,俣野仲次郎が近重教授からドイツ留学中の Tammann 研究室やヨーロッパの研究状況の話を聞いて拡散に興味を持つようになったか,あるいは近重教授から何らかの示唆や指導を受けた,という可能性も考えられる.

俣野がその論文のほとんどすべてにおいて吉田卯三郎教授（1923年より京都帝大,理学部物理学科第一講座担当）に対して謝辞を述べていることから推測すると,田中晋輔,篠田軍治,俣野仲次郎の三人はそれぞれ助教授,助手,学生として吉田研究室に所属していて,大阪工大が発足した1929年に三人揃ってそれぞれ教授,助教授,助手として京大から転出したのではないかと思われる.

2.5.3 俣野の解析[83]

相互拡散の実験結果に(7)式を適用して決定される拡散係数は相互拡散係数と呼ばれ,$\tilde{D}$ と表示される.すなわち,(7)式は

$$\frac{\partial C_1}{\partial t} = \frac{\partial}{\partial x}\left(\tilde{D}\frac{\partial C_1}{\partial x}\right) \tag{22}$$

と書き直される.

実験で得られる C_1-x 曲線から $\tilde{D}$ を濃度の関数として決定したいのであるが,最大の難関は(22)式が解析的には解けないことである.したがって,特別の方法によって実験結果を処理して(22)式に適合する $\tilde{D}$ の値を各濃度に対して決定しなければならない.この重要問題を初めて解決したのが俣野である[83]（1933年）.

相互拡散の実験では,2種の金属の丸棒あるいは角棒を突き合わせたものを拡散対とすることが多い.拡散が起こる距離に比べればそれぞれの棒は半無限長と見なすことができるので,(22)式に対する初期ならびに境界条件は

$t=0$ において $x<0$ なる範囲では $C_1=1$

$x>0$ なる範囲では $C_1=0$

$x=\pm\infty$ おいて $\partial C_1/\partial x=0$

である.Boltzmann[88] に従い $x/\sqrt{t}=\lambda$ として変数変換をすると(22)式の偏微分方程式は

$$-\frac{\lambda}{2}\cdot\frac{dC_1}{d\lambda} = \frac{d}{d\lambda}\left(\tilde{D}\cdot\frac{dC_1}{d\lambda}\right) \tag{23}$$

2.5 拡散係数の濃度依存性

となって，常微分方程式となる．この場合，すべての濃度に対して x が t の1次関数となっているかどうかを実験的に確かめておく必要がある．俣野はまずこのことを確かめた上，解析を進めた．(22)式を上記の初期，境界条件の下に解けば

$$\tilde{D} = -\frac{1}{2} \cdot \frac{d\lambda}{dC_1} \int_0^{C_1} \lambda dC_1 \qquad (24)$$

拡散時間 t は一つの C_1-x 曲線に対しては定数であるから，変数を元に戻すと

$$\tilde{D} = \frac{1}{2t} \cdot \frac{dx}{dC_1} \int_{C_1}^{1} x dC_1 \qquad (25)$$

ここで，

$$\int_0^1 x dC_1 = 0 \qquad (26)$$

なる条件が成り立つ．このことは，(22)式を適用する場合，座標原点，すなわち両側の拡散空間の境界として $C_1/2$ である面を採らずに，拡散する物質の一方へ移動する量と他方へ移動する量とが等しいような面を採らなくてはならないことを意味する．すなわち，図2-9において面積 A と B が等しくなるように $x=0$ の位置を定めなくてはならない．数学的には(25)式以上には進まないので，$\tilde{D}$ を計算するには dx/dC_1 および $\int_{C_1}^{1} x dC_1$ を C_1-x 曲線の図から求めなくてはならない．dx/dC_1 を決定するには求めようとする濃度に相当する点において C_1-x 曲線に接線を引いて，その勾配を求める．$\int_{C_1}^{1} x dC_1$ の積分の値を求めるには図中に斜線で影を施した部分 A_1 の面積を $x \cdot C_1$ の単位で測定すればよい．これらの値を(25)式に入れて，接線の位置に相当する濃度に対する相互拡散係数 $\tilde{D}$ が得られる．このようにして，1本の C_1-x 実験曲線からその温度における濃度に対する相互拡散係数を決定することができる．これが"俣野の解析"あるいは"Matano-Boltzmann の解析"と呼ばれている方法である．なお，(26)式で定義される界面（$x=0$）は"俣野界面"と名づけられている．

前掲の図2-7には，3種の Au 合金についての Jedele の実験結果に(21)式を適用して決定した拡散係数と，同じ実験結果を俣野解析による(25)式を適用して決定したものとが比較して示してある．俣野の方法によるものの方が正しいことはもちろんである．俣野解析は直ちに世界の研究者の注目するところとなり，広く用いられるようになった．

Cu-Zn 系の拡散，特に α-Brass 中の拡散の研究は 1923 年の H. Weiss[89] による研究以来，第二次世界大戦直前までの時期に J. S. Dunn[90]（1926 年），S. L. Hoyt[91]（1928 年），W. Köhler[92]（1928 年），Elam[72,93]（1931 年），俣野[78]（1932 年），W. S.

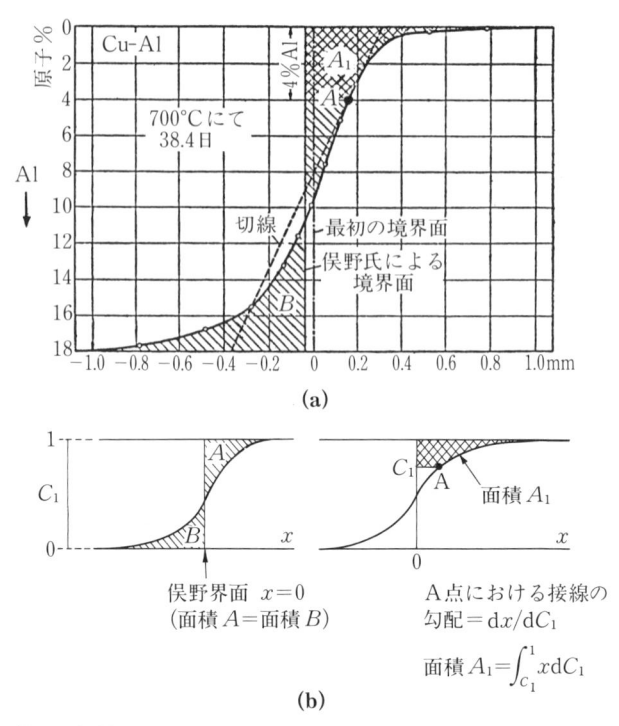

図 2-9 俣野の解析.
(a) Cu-Al 系の相互拡散の濃度-距離曲線への俣野解析の適用（Rhines ら による），(b) 俣野解析の図解.

Bugakov ら[94]（1934 年），F. N. Rhines[95]（1937 年）など各国で多くの研究者によって行われてきた．しかし，得られた拡散係数は研究者によって 7 桁も異なっており確定されていなかった．当時の米国における拡散研究の第一人者であった R. F. Mehl が Rhines[96] とともに俣野解析を初めて Cu-Zn 系に適用した．これによって相互拡散係数が濃度の関数として決定され，混乱状態に終止符が打たれた．彼らは Cu-Zn 系ばかりでなく，Cu と Al，Be，Cd，Si，Sn との 2 元素における相互拡散係数も俣野解析によって決定し，その濃度依存性を明らかにした．

2.5.4　Kirkendall の研究とカーケンドール効果の発見

第二次世界大戦直前の米国で，Mehl らとはまったく独立に α-Brass の拡散の実験

2.5 拡散係数の濃度依存性

に取り組んでいたのはミシガン大学の大学院生 E. O. Kirkendall である。彼は実験結果が研究者によって大きく食い違っていた α-Brass（Cu-Zn 系面心立方格子固溶体）の拡散係数をまったく新しい方法によって確定しようと試みた。

彼は，β-Brass に純 Cu を電気メッキしたものを拡散試料とし，拡散によって形成される α-Brass 中の濃度分布を，X 線による格子定数測定によって求め，拡散係数を決定した。拡散温度において Cu で飽和するような組成の β-Brass を用いれば，β-Brass は Cu に Zn を供給するだけで，β-Brass の中では拡散が起こらないというのがこの方法の特徴である。また，β-Brass（Cu-Zn 系体心立方格子中間相）と純 Cu の間の初期界面の位置ならびに拡散後の β-Brass と α-Brass の間の界面（最終界面）の位置を顕微鏡組織観察によってはっきりと測定することができることもこの方法の特徴である。初期界面の位置を原点として濃度-距離曲線をプロットする場合，距離の単位として初期界面と最終界面との距離を用いると，異なった拡散時間に対する濃度-距離曲線が1本の曲線に乗る。これをマスター曲線とすることによって濃度-距離曲線の精度を高めている。初期界面の両側で濃度-距離曲線が占める面積が等しいことから同数の Cu と Zn の原子が互いに位置交換をしたと断定し，界面位置での濃度勾配を用いて Fick の第1法則によって拡散係数を算出した。このようにして三つの温度における拡散係数を決定した。界面位置での濃度の差異を無視してそれらをアレニウス・プロットすると1本の直線に乗ることを示しているが，拡散係数そのものはそれまでの他の研究者によるものと大きく異なっている。

Kirkendall はこの研究によって 1938 年に博士の学位を取得し，指導教官 C. Upthegrove 教授らとの連名の論文[97]を 1939 年に発表した。ここで奇妙に思われるのは，この論文に俣野の 1934 年の論文[86]（俣野の最後の論文であり，Cu-Al 系など 10 種の希薄 Cu 合金に純 Cu を電気メッキした拡散試料の濃度分布を X 線回折によって測定して拡散係数を決定し，拡散の活性化エネルギーを求めたり，拡散中の再結晶の影響を調べている。ただし拡散係数の濃度依存性についてはまったく触れていない）を引用しているにもかかわらず，俣野解析を提示した俣野の論文[83]（1933 年）や俣野解析の正当性を示した Mehl ら[96]の論文（1938 年）をまったく無視していることである。この頃はまだ，合金においては溶質原子と溶媒原子の拡散係数は等しく，相互拡散係数は合金濃度に無関係であるという先入観が Kirkendall や Upthegrove 教授を強く支配していたようである。

Kirkendall はミシガン大学で博士の学位を取得した後，Wayne 大学の講師となってからも α-Brass の拡散に対する興味を持ち続け，X 線回折装置を自作して濃度測

定の精度を上げて，β-Brassと純Cuの拡散対による相互拡散の研究を行った．ここで極めて重要なことは，初期界面が拡散によって移動することを発見し，そして，界面の移動量が α-Brass中でのZn原子とCu原子との拡散速度の差（Zn原子の方がCu原子よりもずっと速く拡散する）以外の原因では説明できないことを見出したことである．Kirkendallは拡散係数の決定よりもこの問題を追求することが重要と考え，初期界面の移動現象を重点的に示した単著論文を1942年に発表している[98]．この論文の結論において，「少なくとも一つの置換型合金において，溶質原子と溶媒原子が互いに独立に異なった速度で拡散することを示す証拠が得られた」ことを強調している．この結論は1939年の論文の結論[97]とは正反対であり，Kirkendallの洞察力が大きく飛躍したことを示している．これが後に"カーケンドール効果"と呼ばれる現象を発見した研究をする動機となった．

　Kirkendallは Wayne大学の助教授に昇進した後も α-Brassの拡散の研究を続け，「置換型合金において溶質原子と溶媒原子が互いに独立に異なった速度で拡散する」ことをさらにはっきり示す証拠を得るために新しい実験法を考案し，それによる実験結果を学生だったA. D. Smigelskasとの連名で1947年に発表した[99]．

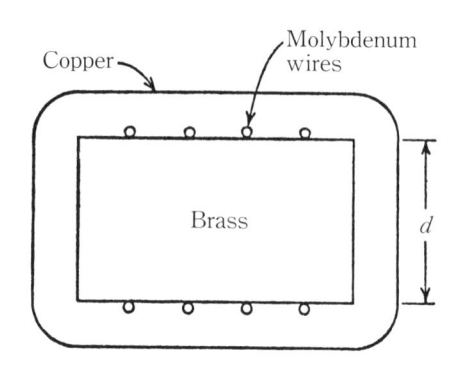

図2-10　Kirkendallが考案した実験試料の断面．

　図2-10は彼が考案した拡散試料の断面を示したものである．α-Brassの角棒にMoの細線を巻き付けた後，純Cuを電気メッキして拡散対とした．MoはCuや α-Brassには固溶しないので α-BrassとCuの間の初期界面の位置を示すマーカーの役割を果たす．このようにして，彼は向かいあったMoマーカー間の距離 d が拡散時間とともに単調に減少することを発見した．d の減少は濃度変化による体積変化（格子定数の変化）では説明できないほど大きいことが分かった．これをマーカー位置の

面を通り過ぎて外側に向かう Zn 原子の拡散流束が同じ面を通り過ぎて内側に向かう Cu 原子の拡散流束よりも大きいことに起因すると結論した．そして，これは合金中で溶質原子と溶媒原子の拡散速度が等しくないことを示す証拠であると主張した．このように拡散対中に埋め込まれたマーカーが拡散によって移動する現象は後に"カーケンドール効果"と名づけられ Kirkendall の業績を不朽のものとすることになった．ただし，論文が発表[99]された当初は二三の拡散分野の権威者から半信半疑の眼で見られた．当時，常識的とされていた考え方は合金中の原子の拡散の素過程が直接交換機構，すなわち，隣接する 2 個の原子が同時に動いて互いに位置を交換することであり，この機構ではカーケンドール効果を説明することができなかったためである．

　Smigelskas 嬢が Wayne 大学へ理学士卒業論文として提出した論文を要約したものが，指導教官であった Kirkendall との連名で AIME（当時の米国採鉱冶金学会）に送られたのは 1946 年 4 月であったが，6 ヵ月たってから同学会の Metals Technology 誌 10 月号に論文番号 2071 として掲載され，翌月の同学会アトランティックシティー大会で講演発表することが認められた．論文公表が受理後 6 ヵ月も遅延したのは，直接交換機構に固執していた学界の大御所 R. F. Mehl 教授（カーネギー工科大学金属研究所長）が差し止めていたためであるといわれている．

2.5.5　Kirkendall らの論文に対する賛否両論

　当時の AIME の慣例通りに講演発表に対する質疑応答の詳細が議事録の形で付け加えられたものが正式の論文として機関誌 Trans. AIME に掲載されたのは 1947 年の初めであった．本文 5 ページに対して賛否両論のコメントが約 6 ページ，著者の回答が約 1.5 ページ，合計 7.5 ページと異例のページ数となっている．この論文に対する研究者の関心の高さを示している．質疑応答の文面を読む限り Mehl 教授の反論はそんなに強いものではなく，むしろ，Kirkendall らがまったく無視していた俣野解析の重要性を指摘して，「合金中の拡散は俣野解析によって決定される拡散係数一つだけで記述され，それの濃度依存性によって Kirkendall らの実験結果は説明できるのではないか．そのためには Kirkendall らの実験を再確認すべく自分の研究室で実験を進めている．戦争が終わった今こそ（1946 年 10 月の時点），拡散のような基礎研究を推進しなければならない」というような大御所的な発言をしているのはさすがである．その後，Mehl は 1948 年に AIME から出版した "A Brief History of The Science of Metals"[100] の中で「金属中の拡散の機構をはっきりさせることはまだ難しいが，斯界の趨勢は空孔機構に傾きつつある」と述べているように，直接交換機構

への固執をあきらめたようである．

　Kirkendall らの実験結果を否定する観点を述べているのは意外にも C. S. Smith 教授（当時，シカゴ大学金属研究所長，その後 MIT 教授）であった．彼は Kirkendall らの実験結果は合金の濃度変化による格子定数の変化，Zn の蒸発，酸化，あるいは表面拡散のためではないかという反論を 2 ページ近くにわたって述べている．

　逆に Kirkendall らの結論は正しいとして祝意と賛意を述べたのは L. S. Darken 博士（U. S. Steel 研究所）であり，2.5 ページにわたって Ag_2O や FeO の結晶中での陽イオンと陰イオンの拡散速度が異なっているという既知の事実と，合金固溶体でも溶質原子と溶媒原子の拡散速度が異なるのは当然であると述べている．さらに，拡散の駆動力が原子の化学ポテンシャルの勾配であり，拡散係数は原子の移動度と駆動力の積に比例するとする現象論的取り扱いによって Cu-Zn 合金固溶体中の Cu 原子と Zn 原子の移動度を計算して，それらにかなり大きい差があることを示している．

2.5.6　Darken の解析

　Kirkendall らの結論の正当性を認めた Darken[4] は現象論的取り扱いによってカーケンドール効果が理論的に説明できることを示した．成分元素 1 および 2 よりなる 2 元合金固溶体の各成分原子の温度 T における固有拡散係数（2.1 節を参照）をそれぞれ D_1 および D_2 とすると，これらは(4)式と同様に

$$D_1 = B_1 RT \left(1 + \frac{\mathrm{d}\ln\gamma_1}{\mathrm{d}\ln N_1}\right) \tag{27}$$

$$D_2 = B_2 RT \left(1 + \frac{\mathrm{d}\ln\gamma_2}{\mathrm{d}\ln N_2}\right) \tag{28}$$

で与えられる．このとき，D_1 と D_2 が一般に等しくないことは当然である．

　Darken は固有拡散係数 D_1 と D_2 の意味，これらが実験的には決定できないものであること，これらと俣野解析によって決定される拡散係数（相互拡散係数）$\widetilde{D}$ との関係，さらにカーケンドール・マーカーの移動速度 v（拡散時間と無関係に一定であることは実験的に確認されている）との関係を明らかにした．

　D_1，D_2 および $\widetilde{D}$ のすべてが合金組成（$N_1 = 1 - N_2$）に依存するが，ここではマーカー位置における組成に対するものを考える．カーケンドール効果の実験では試料結晶中をマーカーが移動するように見えるが，実際にはマーカーを移動させる駆動力は存在しないのであるから，マーカーは初めの位置に静止したままでいて試料結晶の方が動いたと考えなくてはならない（実際には D_1 と D_2 の差によってマーカーの付近

2.5 拡散係数の濃度依存性

に見かけの原子流が発生する)．これは一定速度で流れている川の流れにのって動いている舟の上にいる人が川に2種のインクをたらして川水の中に拡散させたものを，舟の上にいる人が観測するのと，川岸に立っている人が観測するのとでは結果がどのように異なるかを考えるのに類似している．川の流れと同じ速度で動いている舟から見れば川水は停止しているのと同じであるから，インクの拡散は停止している舟から停止している水の中に拡散させた場合（真の拡散）と同じである．これが固有拡散係数 D_1 および D_2 に相当する．一方，川岸に立っている人にとってはインクの真の拡散に川水の流れが加わったものが観測される．これが相互拡散係数 $\widetilde{D}$ に相当する．実際には人間がマーカーの付近の結晶格子に乗って拡散の実験をすることは不可能であるから，固有拡散係数 D_1 および D_2 を測定することはできない．一方，俣野解析によってマーカー位置の合金組成に対する相互拡散係数を測定することができる．

Darken は D_1 および D_2 を与える座標と $\widetilde{D}$ を与える座標の間の関係を解析することによって次式を導出した．

$$\widetilde{D} = N_1 D_2 + N_2 D_1 \tag{29}$$

$$v = (D_1 - D_2)\frac{\partial N_1}{\partial x} \tag{30}$$

ただし，D_1，D_2 および $\widetilde{D}$ はマーカー位置における組成（原子分率 N_1，$N_2 = 1 - N_2$）に対するものである．固有拡散係数 D_1 および D_2 は実験的には決定できないが，(29)式と(30)式に $\widetilde{D}$ および v の実験値を入れて連立方程式として解けば，これらを求めることができる．

成分原子の放射性同位元素をごく微量だけ合金中に拡散させて測定されるトレーサー拡散係数を D_1^* および D_2^*（合金中の各成分の自己拡散係数ともいう）とすれば

$$D_1 = D_1^*\left(1 + \frac{d \ln \gamma_1}{d \ln N_1}\right) \tag{31}$$

$$D_2 = D_2^*\left(1 + \frac{d \ln \gamma_2}{d \ln N_2}\right) \tag{32}$$

が得られ，さらに $d \ln \gamma_1 / d \ln N_1 = d \ln \gamma_2 / d \ln N_2$（Gibbs-Duhem の関係式から導出される）であるから，(29)式は

$$\widetilde{D} = (N_1 D_2^* + N_2 D_1^*)\left(1 + \frac{d \ln \gamma_1}{d \ln N_1}\right) \tag{33}$$

となる．(27)式～(33)式は "Darken の式" と呼ばれている．全率固溶体を形成する Au-Ni 合金系などにおいて(33)式の左辺と右辺の実験値がほぼ等しいことが B. L. Averbach ら[101]によって確かめられている．

Darken の理論においては拡散の原子的機構として特定のものを想定していないので，どの拡散機構に対しても適用できる．しかし，直接交換機構では $D_1=D_2$ であり，$v=0$ となってカーケンドール効果は起こり得ない．

空孔機構の場合には，空孔を合金成分の一つと見なして 3 成分系拡散を現象論的に解析することができる．この場合，拡散領域のすべての位置において空孔濃度が熱力学的平衡値になっていると仮定すれば，Darken の式はそのまま成り立つ．

2.5.7 相互拡散解析の精密化

前項で述べた Darken の解析では，拡散（濃度変化）に伴う体積変化はないものと仮定している．相互拡散の測定技術の向上によって精度が高いデータが得られるようになると体積変化を考慮した解析が必要になる．この問題の基本的解析は 1960 年に R. W. Balluffi[102] によってなされ，相互拡散係数を決定するための俣野の式，ならびにマーカー移動速度に対する Darken の式に対する補正式が与えられている．

カーケンドール効果は現在までに多数の合金系で確認されており，空孔機構の有力な実験的証拠の一つと見なされている（図 2-11）．

カーケンドール効果が著しく起こるような拡散対においては，大きな D_1 と D_2 の差によって空孔流も大きくなり，すべての位置において空孔濃度が熱力学的平衡値になっているという仮定は成り立たなくなる．この場合には空孔と各成分原子との位置

図 2-11 1991 年 10 月の TMS シンシナティー大会の際にカーケンドール効果発見 50 年記念シンポジウムが開かれ，Kirkendall の功績がたたえられた．写真はシンポジウム企画人の一人である J. R. Manning 博士（引用文献[103]参照）から記念の額額を渡される Kirkendall 博士．Manning 博士の左側の女性はカーケンドール効果発見時の学生だった A. D. Smigelskas 女史．

交換頻度を考慮した解析が必要となる．この問題を最初に詳しく解析したのは J. R. Manning（1961年）[103]であり，上記の Balluffi の解析をさらに補正するための式が与えられている．

2.5.8 相互拡散による空洞の発生

相互拡散対で固有拡散係数が大きい成分に富んだ側に空洞（porosity，または void）が形成されることが知られている．この現象は D_1 と D_2 の差によって生ずる空孔流によって拡散対の一方側で過飽和になった空孔が析出するためである．これを最初に指摘したのは F. Seitz（1953年）[104]であり，析出した空孔が集まって観測できる大きさの空洞になるために必要な過飽和度を求めるための理論式を提案した．拡散領域のどの位置に空洞が最も形成されやすいかを理論的に予測する試みも W. Seith（1952年）[105]などによってなされているが，結論は研究者によって異なり，まだ不明な点が多い．

2.6 拡散の原子的機構

2.6.1 空孔機構と直接交換機構

図2-12は固体結晶中で可能性があると考えられている拡散機構を図解したものである．（a）は空孔機構であり，原子の隣に空孔が存在すると，原子と空孔が位置を交換する確率が生まれ，次々に空孔との位置交換をして結晶中を移動していく．（c）は直接交換機構であり，隣接する2個の原子が同時に協調的に移動して互いの位置を交換するというもので，1940年代の終わり頃までは金属結晶中の拡散機構として最も有力と考えられていた．

空孔機構においては，一つの原子に空孔が隣接して存在する確率は空孔の熱力学的平衡濃度に比例し，その温度依存性は空孔形成エネルギーによって定まる．一方，空孔と原子の位置交換の頻度の温度依存性は空孔移動エネルギーで定まる．したがって，空孔機構による拡散係数の温度依存性を与える活性化エネルギーは空孔形成エネルギーと空孔移動エネルギーの和で与えられる．

1934年に G. I. Finch[106]はこの機構が主要な役割をすることを提唱したのにもかかわらず，ほとんど注目されなかった．さらに，1942年に H. B. Huntington と F. Seitz[6]が Cu 中の自己拡散の活性化エネルギーを図2-12(b)の準格子間原子機構（自己格子間原子機構とも呼ばれる），直接交換機構，ならびに空孔機構に対して電子

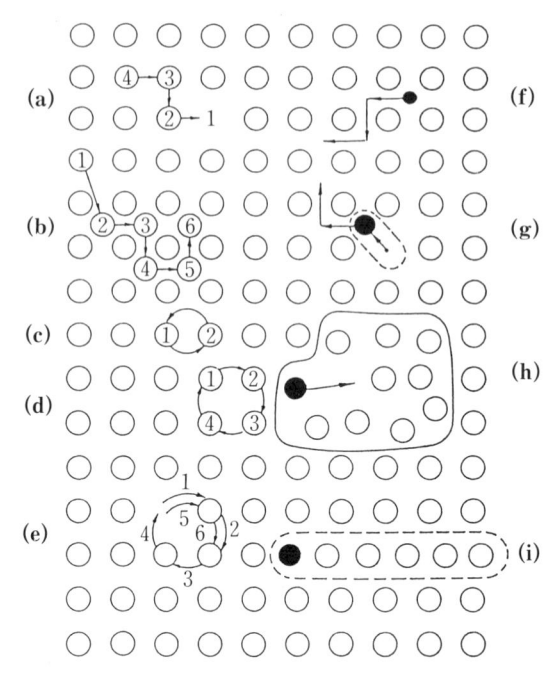

図 2-12　結晶中の原子の拡散機構.
　　　（a）空孔機構，（b）準格子間原子機構，（c）直接交換機構，（d）4リング機構，（e）空孔6回ジャンプ・サイクル機構，（f）格子間原子機構，（g）解離拡散機構，（h）緩和空孔機構，（i）密集イオン機構.
　　　実際にはこのように2次元的な平面上で拡散するとは限らないが，簡単化して平面上に示した.

論的に計算して比較した．この三つの機構の中で活性化エネルギーが最も低い空孔機構が最も支配的な拡散機構であることを示したが，直接交換機構が圧倒的に信じられていた当時ではあまり注目されなかった．

　その後，カーケンドール効果が多くの研究者の実験によって種々の合金系で確認された．1950年頃，面心立方格子構造金属の放射性同位元素を用いた自己拡散や不純物拡散の実験結果は空孔機構に最もよく適合することが明らかになった．そして，直接交換機構の影が薄くなっていったのであるが，完全に影を消すまでにはさらに10年を要している．

　表2-1に体心立方格子構造を有する α-Fe の自己拡散の活性化エネルギー Q，およ

2.6 拡散の原子的機構

表 2-1 α-Fe（体心立方格子）の自己拡散の測定値の歴史的変化.

発表年	D_0 (cm²/sec)	Q (kcal/mol)
1948	34,000	77.2●
1950	2,300	73.2●
1955	530	67.1●
1960	118	67.2●
1961*	1.9	57.2○
1966	2.0	57.5○
1972	0.22	61.3○
1988*	2.8	59.9○

* 平野らによる
● 直接交換機構を支持する値
○ 空孔機構を支持する値

び振動数項 D_0 の実験値の歴史的変化を示す．1960年までのデータがどちらかといえば直接交換機構に適合するものであったのに対し，1960年以後のデータは空孔機構に最もよく適合するものとなっている．鉄鋼材料学の権威者であった R. F. Mehl 教授が直接交換機構を唱えていた時代のデータ（主として彼の弟子たちによる）が直接交換機構に好都合なものとなっているのは，いささか人間臭い感じがする．実際には，試料の純度がよくなかったこと，実験精度がよくなかったことなどにも原因があると思われる．ちなみに1961年のデータは筆者が MIT の M. Cohen 教授のもとで行った実験の結果[65]であるが，α-Fe の自己拡散が空孔機構によって起こることを示す先駆けとなったようである．

2.6.2 その他の拡散機構

図2-12(d)は4個の原子が協調してリングを作って回転するもので，原子1は2の位置へ移動することができる．リング機構と直接交換機構は空孔の媒介を必要としない機構である．原子間力の性質から見る限りでは4原子リング機構の方が直接交換機構よりも可能性が高いが，複数個の原子が協調的に動かなければならない点では4原子リング機構の方が可能性が低い．直接交換のような無理な機構が1950年頃まで金属の拡散機構の主流となっていたのかは不可解である．

（e）の空孔6回ジャンプ・サイクル機構は規則格子合金中の拡散機構として1958年に E. W. Elcock ら[107]によって考え出されたもので，空孔は6回のジャンプよりな

るサイクル運動をすることにより合金の規則度を保ったまま移動するというものである．

（f）の格子間原子機構では寸法の小さい原子が寸法の大きい原子からなる結晶格子の格子間位置のみを通って移動していく．拡散機構としては最も簡単なもので Fe 中での C や H の不純物拡散に典型的な例が見られる．

（g）の解離拡散は半導体である Si や Ge 中の Cu など，貴金属元素や遷移金属元素の不純物拡散が極めて高速であること（例えば，700°Cにおける Ge 中の Cu の拡散係数は Ge の自己拡散係数の 10^9 倍）を説明するための拡散機構の一つであり，1956 年に F. C. Frank ら[108]によって提唱された．置換型溶質として母相の格子点に入った不純物原子が格子間位置に移動すると占めていた格子点は空孔となる．すなわち，置換型不純物原子が侵入型不純物原子と空孔とに解離する．不純物原子はその空孔と離れて格子間位置を次々に伝わって高速で移動していくが，どこかで別の空孔に遭遇するとそれと合体して始めの状態に戻る．このような過程を繰り返して高速で拡散する．これに対して，侵入型位置に入った不純物原子と空孔が離れずに対になって一緒に拡散していくという機構（I-V ペア機構）が 1969 年に W. Miller[109]によって提唱されている．その他，侵入型不純物原子が正規の格子間位置から離れて母相原子と密着してそのまわりを回転しているうちに別の母相原子に移っていくとする機構が W. K. Warburton ら[110]によって提唱され Diplon 機構と名づけられている．

ちなみに，高速拡散の研究ルーツは W. C. Roberts-Austen[14]であり，彼は 1896 年に Pb 中の Au の拡散が極めて高速であることを示している．この問題が著しく注目されるようになったのは 70 年後の 1960 年代後半である．

（h）の緩和空孔は 1 個の空孔が 1 個の格子点の位置に局在せずに多数の格子点（図では 11 個）に分散された形をとっているもので，エネルギー的には緩和されている．実線で囲まれた 10 個の原子が少しずつ移動するだけで緩和空孔の状態が結晶中を拡散していくことができる．実線で囲まれた部分が局部的に非晶質あるいは液体状態になっていると見なすこともできる．

（i）は格子間原子が一直線上に緩和されたもので，拡張格子間原子と呼んでもよい．

2.7　短回路拡散

これまで述べてきた議論はすべて原子が結晶格子点あるいは格子間位置を通って移

2.7 短回路拡散

動していく場合，すなわち体拡散に関するものであったが，実在の結晶には原子が体拡散とは異なった速度で拡散する別の道筋が三つ存在する．それらは表面，結晶粒界，ならびに転位である．これらの道筋による拡散は一般に体拡散より速いので高速拡散あるいは短回路拡散と呼ばれている．短回路拡散（short-circuiting diffusion）という用語のルーツは C. Zener（1950年頃）といわれている．一般には表面，結晶粒界，ならびに転位に関与する原子の数は結晶格子を作っている原子の数に比べて圧倒的に少ないので，試料の準備に注意して適当な温度で実験を行えば体拡散係数測定に及ぼす影響を無視できるほどに減らすことができる．一方，短回路拡散係数を分離して決定するためには特別な実験と解析が必要である．

2.7.1 表面拡散研究のルーツ

1925年に M. Volmer ら[111]はガラスの表面の一部にベンゾフェノンの薄層を付着させた試料において，ベンゾフェノンが薄層のない部分に向かって拡散していくことを観察した．さらに，1930年には W. Gerlach ら[112]はスズ箔の上に水銀の滴を落としてスズ箔の表面および内部に向かってアマルガムが進行していく過程を調べて，スズ箔の表面上での水銀の拡散がスズ箔の内部への体拡散に比べて高速であることを示した．これらの実験が表面拡散研究のルーツと思われる．

さらに，1929年から35年にかけてタングステン表面での種々の元素の拡散の実験が独，英，米の研究者によって行われた．特にタングステン表面でのトリウムの拡散については I. Langmuir[113]によって表面拡散係数の温度依存性が調べられ，かなり正確なアレニウス式が得られている．放射性同位元素追跡子による表面拡散係数の測定を最初に試みたのは R. A. Nickerson ら（1950年）[114]と思われるが，彼らの Ag 多結晶についての実験結果はその後の他の方法による結果と比較してみると信頼性に問題がある．1960年前後から1970年代にかけて表面の切欠き傷や粒界溝の周辺の形状変化を追跡して表面拡散係数を決定するための解析法[115]，電界イオン顕微鏡による針状試料先端の形状変化の観察から表面拡散係数を決定する方法[116]，などが開発されて表面拡散の研究が活発となり，得られた豊富なデータに基づいて表面拡散機構の理論的検討[117]が盛んに行われた．

2.7.2 粒界拡散研究のルーツ

1927年に P. Clausing[118]はタングステン中のトリウムの拡散挙動を調べて，単結晶試料では拡散がまったく起こらないのに，多結晶試料では著しく起こることを見出

し，これを粒界拡散のためであると主張した．1928年には A. E. van Arkel[119] がタングステンの単結晶と多結晶におけるモリブデンの拡散係数を比較して粒界拡散の寄与を明らかにしている．

1951年，J. C. Fisher[120] は双結晶試料の粒界に垂直な表面に付着させた拡散源からの拡散（体拡散と粒界拡散が同時に進行する）を解析し，粒界拡散係数を決定するための拡散方程式の近似解を得た．これをきっかけとして，粒界拡散の研究が盛んに行われるようになった．その後，同じ問題の厳密解を定常拡散源に対して R. T. Wipple（1954年）[121] が，また，薄層拡散源に対して T. Suzuoka（1961年）[122] が得た．これらにより，粒界拡散係数の実験値の精度は極めてよくなり，粒界拡散の研究はますます盛んになった[123]．粒界面の方位，粒界の両側の結晶の方位，粒界偏析など粒界拡散に影響を与える因子が複雑多岐であるため，粒界拡散の原子的機構を明らかにすることは容易ではなく，現在でも研究課題として残されている．

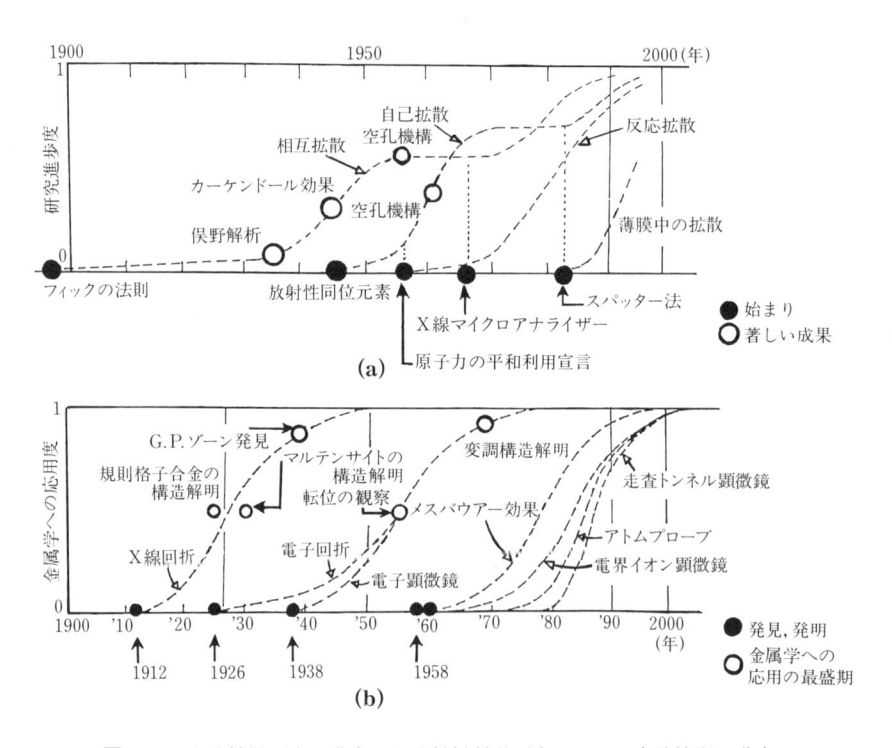

図 2-13　（a）拡散研究の進歩，（b）材料科学研究のための実験技術の進歩．

2.7 短回路拡散

表 2-2 拡散係数を測定するための実験技術.

実 験 法	濃度分析可能な深さの分解能 Δx	測定可能な拡散係数の最低限度 D (cm²/sec)*
旋盤による切削	0.1~250 μm	10^{-15}~10^{-6}
研削	0.1~250 μm	10^{-15}~10^{-6}
マイクロトーム	1~10 μm	10^{-13}~10^{-8}
化学的剝離	10 μm	10^{-11}~10^{-8}
電気化学的剝離	50 nm	10^{-16}~10^{-13}
スパッタリング	5~100 nm	10^{-18}~10^{-13}
変調構造測定	0.5~100 nm	$\geq 10^{-22}$
SIMS	1~100 nm	10^{-19}~10^{-13}
X線マイクロアナライザー	≥ 2 μm	10^{-12}~10^{-8}
ラザフォード後方散乱	50 nm	10^{-16}~10^{-13}
放射化分析	20~100 nm	5×10^{-17}~10^{-12}
核磁気共鳴		10^{-16}~10^{-5}
中性子非弾性散乱		10^{-7}~10^{-5}
メスバウアー効果		10^{-11}~10^{-7}
電気伝導度（イオン結晶）		10^{-13}~10^{-6}
電気抵抗（半導体）		10^{-16}~10^{-8}
弾性余効		10^{-21}~10^{-17}
内部摩擦		10^{-16}~10^{-11}
磁気異方性		10^{-21}~10^{-17}

* 拡散時間 t を 10^3 ないし 10^6 秒, 拡散侵入深さを $4(Dt)$ として少なくとも 13 回の切削をした位置（試料表面からの深さ $13\Delta x$）における濃度が表面濃度の 100 分の 1 になっていれば拡散係数が十分な精度で決定できるものとして算定した.

2.7.3 転位拡散研究のルーツ

金属では，よく焼鈍した単結晶でも 10^6~10^7 本/cm² 程度の転位が存在する．転位は高速拡散路の一つと考えられるので，体拡散として測定された拡散係数でも転位拡散の寄与が含まれていると考えられる．放射性同位元素を追跡子として Ag 双結晶試料を用い，Fisher の粒界拡散解析法を転位拡散に適用して転位拡散係数を定量的に決定したのは D. Turnbull ら（1954 年）[124] である．E. Hart[125] は 1957 年に単結晶中に転位が無秩序に網目を作って存在すると仮定して，通常の方法で測定される見かけの体拡散係数 D に含まれている転位拡散の寄与 D_d が次式で推定できることを示した．

$$D=(1-f)D_f+fD_d \tag{34}$$

ここで，D_f は真の体拡散係数，f は転位拡散の中に位置している格子点の体積分率である．f は極めて小さいので(34)式は

$$D = D_f + fD_d \tag{35}$$

と書くことができる．転位拡散の原子的機構について提案されている種々の機構の中では，空孔機構が最も有力と考えられている．

2.8 あとがき 拡散研究のための実験技術の進歩

　他の多くの物性研究と同様に拡散の研究は実験技術の進歩に負うところが大きい．図2-13は材料科学において用いられている実験法の進歩と拡散研究の進歩を対応させて示した歴史年表である．物質中の原子の拡散挙動を解明するためには実験技術の役割がいかに大きいかが分かる．

　拡散研究の中心的課題はいかにして精度高く拡散係数を決定するかにあり，表2-2にそれぞれの実験技術によって決定できる拡散係数の大きさの範囲を示す[126]．測定可能な拡散係数の最小限度が小さければ小さいほど，より低い温度での拡散実験が可能となる．

　実験技術の進歩をルーツとして，今後も拡散の研究がますます発展していくことを期待して本稿の結びとしたい．

参 考 文 献

1) A. Fick : Pogg. Ann., **94**, 59 (1855).
2) L. S. Darken : Trans. AIME, **150**, 157 (1942).
3) I. Prigogine : "Introduction to the Thermodynamics of Irreversible Processes", 3rd ed. (1967) Wiley (Interscience), New York.
4) L. S. Darken : Trans. AIME, **175**, 184 (1948).
5) R. Boyle : "Experiments and Considerations about the Porosity of Bodies", (1684) Saint Paul's Churchyard, London.
6) H. B. Huntington and F. Seitz : Phys. Rev., **61**, 315 (1942).
7) J. L. Gay-Lussac : Ann. Chim. et. Physic, **17**, 221 (1846).
8) W. C. Roberts-Austen : Proc. Roy. Soc. London, **59**, 288 (1896).
9) W. Spring : Bull. Acad. Belg., **49**, 323 (1880).
10) A. Colson : Compt. Rend., **93**, 1075 (1881).
11) G. Masing : Z. anorg. Chem., **62**, 265 (1909).
12) M. J. Stefan : Wien Acad. Ber., **79**, 161 (1879).
13) T. Graham : Phil. Trans. Roy. Soc., **A152**, 163 (1861).
14) W. C. Roberts-Austen : Phil. Trans. Roy. Soc. London, **A187**, 404 (1896).
15) G. Brumi and E. Meneghini : Rend. Acad. Lincei, Roma, **202**, 927 (1911).
16) E. Rüst : Naturwiss., **4**, 265 (1909).
17) W. Fränkel and H. Houben : Z. anorg. Chem., **116**, 1 (1921).
18) H. Weiss and P. Henry : Compt. Rend., **175**, 1402 (1922).
19) G. P. Royston : J. Iron Steel Inst., **1**, 166 (1897).
20) J. O. Arnold and A. McWilliam : J. Iron. Steel Inst., **55**, 85 (1899).
21) J. E. Stead : Comment to the paper by J. O. Arnold[20].
22) I. Runge : Z. anorg. Chem., **115**, 293 (1921).
23) G. Tammann and K. Schönert : Z. anorg. Chem., **122**, 27 (1922).
24) A. Bramley and A. Jinkings : Iron steel Inst. Carnegie School Mem., **15**, 127, 155 (1926).
25) A. Bramley and G. Turner : Iron Steel Inst. Carnegie School Mem., **17**, 23 (1928).
26) A. Fry : Stahl u. Eisen, **43**, 1039 (1923).

27) G. Grube and K. Schneider : Z. anorg. Chem., **168**, 17 (1927).
28) I. Groh and G. von Hevesy : Ann. Physik, **65**, 216 (1920).
29) G. von Hevesy : Nature, London, **115**, 674 (1925).
30) M. L. Wertenstein and H. Dobrowolska : J. Phys. et. Rad., **4**, 324 (1923).
31) A. Sagrubskij : Phys. Z. Sowjet, **12**, 18 (1937).
32) J. Stiegman, W. Shockley and F. C. Nix : Phys. Rev., **56**, 13 (1939).
33) W. A. Johnson : Trans. AIME, **143**, 107 (1941).
34) 仁科芳雄ら : 理研講演会 (1942).
35) G. von Hevesy : Sitzber. Akad. Wiss. Wien, Math-Matr. Klasse, **11a**(129), 1 (1920).
36) G. Tammann and K. Schönert : Z. anorg. Chem., **122**, 27 (1922).
37) H. Weiss : Ann. Chim., **20**, 131 (1923).
38) S. Dushman and I. Langmuir : Phys. Rev., **20**, 113 (1922).
39) S. Dushman : J. Amer. Chem. Soc., **43**, 397 (1921).
40) H. Braune : Z. phys. Chem., **110**, 147 (1924).
41) F. A. Lindemann : Physik. Z., **11**, 609 (1910).
42) J. A. M. van Liempt : Z. anorg. allgem. Chem., **195**, 366 (1931).
43) M. Polanyi and E. Wigner : Z. phys. Chem., **A139**, 439 (1928).
44) J. Frenkel : Z. Phys., **35**, 652 (1926).
45) J. H. van't Hoff : "Etudes de Dynamic Chimiqu" (1884).
46) S. A. Arrhenius : Z. phys. Chem., **4** (1889).
47) 慶伊富長, 小野嘉夫 : "活性化エネルギー", 共立出版 (1985).
48) 飯島嘉明 : 日本金属学会報, **21**, 705 (1982).
49) ASM (米国金属学会) 編 : "Diffusion in Body Centered Cubic Metals", ASM, Metals Park, Ohio (1965).
50) A. A. Bochvar et al. : Second Geneva Conf., Paper 2306 (1958).
51) S. J. Rothman et al. : Trans. AIME, **218**, 605 (1960).
52) J. F. Murdock et al. : Acta Met., **12**, 1033 (1964).
53) J. I. Federer and T. S. Lundy : Trans. AIME, **227**, 592 (1963).
54) F. R. Winslow and T. S. Lundy : Trans. AIME, **233**, 1790 (1965).
55) 例えば, Ag の自己拡散, J. Bihr et al. : Phys. Status Solidi (a), **50**, 17 (1978).
56) H. M. Gilder et al. : Phys. Rev. B, **11**, 4916 (1975).
57) A. Seeger et al. : Phys. Status Solidi, **11**, 363 (1965).

58) C. G. Lee, Y. Iijima and K. Hirano : Defect and Diffusion Forum, **98**, 723 (1993).
59) K. Hoshino, Y. Iijima and K. Hirano : Point Defects and Defect Interactions in Metals, Proc. Yamada Conf., Kyoto Univ. (1982) p. 562.
60) 牛野俊一, 藤川辰一郎, 平野賢一 : 軽金属, **41**, 433 (1991).
61) Y. Iijima, K. Kimura and K. Hirano : Acta Met., **36**, 2811 (1988).
62) J. M. Sanchez et al. : Phys. Rev. Lett., **35**, 227 (1975).
63) Chr. Herzig and U. Köhler : Mater. Sci. Forum, **15-18**, 301 (1987).
64) B. J. Borg, C. E. Birchnall : Trans. AIME, **218**, 980 (1960).
65) F. S. Buffington, K. Hirano and M. Cohen : Acta Met., **9**, 434 (1961).
66) G. Hettich, H. Mehrer and K. Maier : Scripta Met., **11**, 795 (1977).
67) K. Hirano, B. L. Averbach and M. Cohen : Acta Met., **9**, 440 (1961).
68) C. G. Lee, Y. Iijima and K. Hirano : Mater. Trans. JIM, **31**, 225 (1990).
69) K. Hirano and M. Cohen : Trans. JIM, **13**, 96 (1972).
70) C. G. Lee, Y. Iijima and K. Hirano : Defect and Diffusion Forum, **66-69**, 433 (1989).
71) K. Hirano et al. : J. Appl. Phys., **33**, 3049 (1962).
72) C. F. Elam : J. Inst. Metals, **43**, 73 (1930).
73) 田中晋輔, 篠田軍治 : 水曜会誌, **4**, 361 (1930).
74) S. Tanaka and C. Matano : Mem. Coll. Sci., Kyoto Imp. Univ., **13**, 343 (1930).
75) S. Tanaka and C. Matano : Proc. Phys. -Math. Soc. Japan, **12**, 279 (1930).
76) S. Tanaka and C. Matano : Mem. Coll. Sci., Kyoto Imp. Univ., **14**, 59 (1931).
77) C. Matano : Mem. Coll. Sci., Kyoto Imp. Univ., **14**, 123 (1931).
78) C. Matano : Mem. Coll. Sci., Kyoto Imp. Univ., **15**, 167 (1932).
79) C. Matano : Mem. Coll. Sci., Kyoto Imp. Univ., **15**, 351 (1932).
80) W. Jost : Z. phys. Chem., **9**, 73 (1930).
81) G. Grube and A. Jedele : Z. Elektrochem., **38**, 799 (1932).
82) A. Jedele : Z. Elektrochem., **39**, 691 (1933).
83) C. Matano : Japanese J. Phys., **8**, 109 (1933).
84) C. Matano : Mem. Coll. Sci., Kyoto Imp. Univ., **16**, 249 (1933).
85) C. Matano : Proc. Phys. -Math. Soc. Japan, **15**, 405 (1933).
86) C. Matano : Japanese J. Phys., **9**, 41 (1934).

87) 鐘紡株式会社社史編纂室："鐘紡百年史"（1988）.
88) L. Boltzmann: Wien Ann., **53**, 959 (1894).
89) H. Weiss: Ann. Chimie, **19**, 21 (1923).
90) J. S. Dunn: J. Chem. Soc., **129**, 2973 (1926).
91) S. L. Hoyt: Trans. AIME, **128**, 1 (1928).
92) W. Köhler: Zentr. Hutten Walzwerke, **31**, 650 (1928).
93) C. F. Elam: J. Inst. Metals, **43**, 217 (1931).
94) W. S. Bugakov and B. Ssirotkin: Tech. Phys. USSR, **1**, 329 (1934).
95) F. N. Rhines: R. F. Mehlが J. Appl. Phys., **8**, 174 (1937). 中に引用.
96) F. N. Rhines and R. F. Mehl: Trans. AIME, **128**, 185 (1938).
97) E. Kirkendall, L. Thomassen and C. Upthegrove: Trans. AIME, **133**, 186 (1939).
98) E. O. Kirkendall: Trans. AIME, **147**, 104 (1942).
99) A. D. Smigelskas and E. O. Kirkendall: Trans. AIME, **171**, 130 (1947).
100) R. F. Mehl: "A Brief History of Science of Metals", AIME (1948).
101) J. E. Reynolds, B. L. Averbach and M. Cohen: Acta Met., **5**, 29 (1957).
102) R. W. Balluffi: Acta Met., **8**, 871 (1960).
103) J. R. Manning: Phys. Rev., **124**, 470 (1961).
104) F. Seitz: J. Phys. Soc. Japan, **10**, 675 (1955).
105) W. Seith and A. Kottmann: Angew. Chem., **64**, 379 (1952).
106) G. I. Finch et al.: Proc. Roy. Soc., **45A**, 676 (1934).
107) E. W. Elcock and C. W. McCombie: Phys. Rev., **109**, 605 (1958).
108) F. C. Frank and D. Turnbull: Phys. Rev., **104**, 617 (1956).
109) W. Miller: Phys. Rev., **188**, 1074 (1969).
110) W. K. Warburton and D. Turnbull: "Diffusion in Solids—Recent Development—", Academic Press, New York (1975) p. 171.
111) M. Volmer et al.: Z. phys. Chem., **115**, 239 (1925).
112) W. Gerlach: Ber. München Math. Nat. Abt., 223 (1930).
113) I. Langmuir: Z. angew. Chem., **46**, 719 (1933).
114) R. A. Nickerson and E. R. Parker: Trans. ASM, **42**, 376 (1950).
115) W. W. Mullins: J. Appl. Phys., **28**, 333 (1957).
116) J. P. Barbour et al.: Phys. Rev., **117**, 1452 (1960).
117) G. Neumann and G. M. Neumann: "Surface Self-Diffusion of Metals",

参 考 文 献

　　　Diffusion Information Center, Ch-Solothurn, Swiss (1972).
118) P. Clausing : Physics, Haag, **7**, 193 (1927).
119) A. E. van Arkel : Metallwirtsch., **7**, 656 (1928).
120) J. C. Fisher : J. Appl. Phys., **22**, 74 (1951).
121) R. T. Wipple : Phil. Mag., **45**, 1225 (1954).
122) T. Suzuoka : J. Phys. Soc. Japan, **20**, 1259 (1965).
123) I. Kaur and W. Gust : "Fundamentals of Grain and Interphase Boundary Diffusion", Ziegler Press, Stuttgart (1988).
124) D. Turnbull and R. E. Hoffman : Acta Met., **2**, 419 (1954).
125) E. Hart : Acta Met., **5**, 597 (1957).
126) J. Philibert : "Atom Movements-Diffusion and Mass Transport in Solids" (Translated from French by S. J. Rothman), Les Editions Physique (1991) p. 362.

金属学のルーツ

転位論 3

3.1 転位論の始まり

　転位論が提案されたのは，1934年G.I.Taylor[1]（図3-1，図3-2），E.Orowan[2]（図3-3），M.Polanyi[3]（図3-4）によってdislocationという概念が導入されたときである．それまでの結晶塑性の研究はすべて巨視的な現象論によって取り扱われてきた．転位論の出現によって，塑性の分野に初めて原子的な視野の見方が導入された．その点でこの1934年という年は記念すべき年である．もっとも，このときの転位論は一つの仮説として述べられたにすぎない．

　転位が考えられた根拠は次の通りである．（a）この欠陥が動くと結晶の上半分が下半分に対して結晶格子の1原子距離だけずれる．（b）この欠陥を動かす剪断応力は欠陥のない結晶をずらす応力より千分の1も小さい．（c）この欠陥を含む領域は結晶格子の中を動くことができる．

　これをもとにTaylorが考えた転位は図3-2ようなものである．上の図では，結晶の左の端から転位が導入されて，それが右へ動くことによって1原子間隔の格子の喰い違い（すべり）が完成されることを示している．下の図はその反対に結晶の右の端に転位ができる場合を示している．中央の図が結晶格子中に存在する転位を示し，3次元の結晶格子では，転位が紙面に垂直に直線状につながっている（図3-5）．この模型では転位が結晶格子の端から発生するように描かれているが，実際には，このような部分が結晶の中に存在している．このような機構で少しずつ原子を動かすことによって，全体の原子の位置を変えることができる．したがって，小さい力で結晶を変形することができる．

　Taylorはこの初めの論文で，今日，刃状転位と呼ばれる欠陥の形を示したのみならず，転位のまわりの応力を表す式を与えた．ただし，残念ながらこの式は間違っており，後で修正された．また，これをもとに転位の間の力の関係を求め，さらに多数

3 転位論

```
362
The Mechanism of Plastic Deformation of Crystals.
            Part I: Theoretical
    By G.I.Taylor,F.R.S., R.S.Yarrow Professor.
            (Received Feb. 7, 1934)


    Experiments on the plastic deformation of
single crystals, of metals and of rock salt have
given results which differ in detail but possess
certain common characteristics.

    In general the deformation of a single crys-
tal in tension or compression consists of a shear
strain in which sheets of the crystal parallel to
a crystal plane slip over one another, the direc-
tion of motion being some simple crystallographic
axis. The measure of this strain, which will be
represented by s, is the ratio of the relative
lateral movement of two parallel planes of slip
to the distance between them. Thus it is defin-
ed in the same way as the shear strain consider-
ed in the theory of elasticity.
```

図 3-1　Taylor の論文の冒頭部分[1].

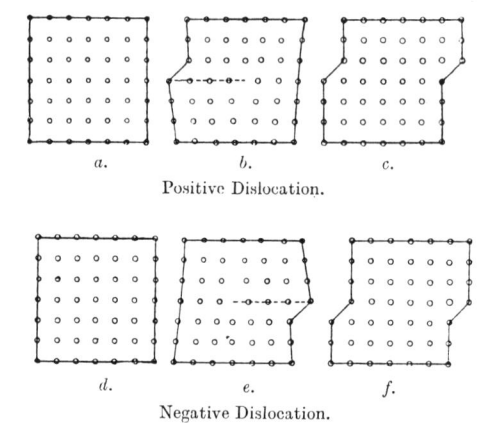

a.   *b.*   *c.*
Positive Dislocation.

d.   *e.*   *f.*
Negative Dislocation.

FIG. 4.—Positions of atoms during the passage of a dislocation.

図 3-2　Taylor の転位の模型[1].

3.1 転位論の始まり

> 634
>
> **Zur Kristallplastizität. III.**
> **Über den Mechanismus des Gleitvorganges.**
> Von E. Orowan in Budapest.
> Mit 9 Abbildungen. (Eingegangen am 5. April 1934.)
>
> Durch geeignete Vorbehandlung von Zinkkristallen konnte ihre Dehnungskurve in eine *sprunghafte* übergeführt werden; dabei kommt oft vor, daß eine nach gewisser Erholung aufgenommene Dehnungskurve — entgegen den bisherigen Vorstellungen über Verfestigung und Erholung — *bei höherer Spannung beginnt oder auch durchweg bei höherer Spannung verläuft*, als die höchste Spannung des vorherigen Dehnungsversuchs war. Diese Erscheinung, wie die sprunghafte Dehnung überhaupt, beruht auf einer Schwierigkeit bei der Entstehung der ersten „lokalen Gleitung"; sie ähnelt den Keimbildungsschwierigkeiten bei Phasenübergängen, da das Eintreten geringster Gleitungen ein sich lawinenartig beschleunigendes Gleiten hervorruft. In einem Fall konnte der Kristall mehrere Minuten lang 30% über seine (sonst gut reproduzierbare) Streckgrenze belastet werden, ohne daß Spuren bleibender Dehnung beobachtet werden konnten. Aus diesem und aus bereits bekanntem Versuchsmaterial werden Schlüsse gezogen über die Entstehung und Ausbreitung des Gleitvorganges sowie über das Verhältnis, in dem die makroskopische Abgleitung zu den physikalisch einheitlichen „elementaren" Gleitvorgängen steht. Schließlich wird eine zusammenfassende Darstellung der neuen Vorstellungen über die Kristallplastizität gegeben.
>
> Fig. 2.   Fig. 3.
> Fig. 2. Schematisches Bild einer lokalen Gleitung; Schnitt in der Gleitrichtung senkrecht zur Gleitebene. Das Netz war vor der Beanspruchung geradlinig und orthogonal; die Versetzungszonen sind umkreist. Das Netz läßt die hohen Schubspannungen in der Gleitebene innerhalb der Versetzungszonen nicht erkennen.
>
> Fig. 3. Schematisches Bild einer lokalen Gleitung: Ansicht eines Gleitebenenufers. Vor der Beanspruchung waren die Kreise konzentrisch. Zwischen den Kreisen A und B die Versetzungszone.

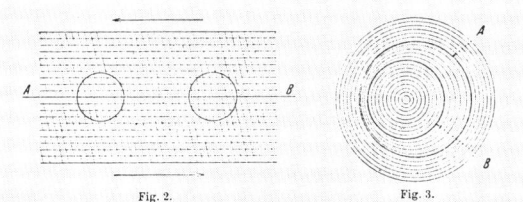

図3-3 Orowan 論文の冒頭と転位模型[2].

の転位が規則正しく並んだときの力を求めた．これを加工硬化の原因として説明している．いずれも粗い近似であるが，ねらいは正しい．転位論は Taylor によって始まった，といってよいであろう．

ところで，わが国における転位論の普及は意外に遅く，第二次世界大戦前の文献にはほとんど見られない．岩波書店発行の物理学講座の第13回発行（昭和14年）の「可塑性論」（谷安正著）第6章にすべりの伝播機構として転位論が紹介されたのが最初であろう（図3-6）[4]．また，転位という訳語を用いたのも谷が最初であろう．戦前には，Taylor のこれだけ詳しい紹介は見当たらない．

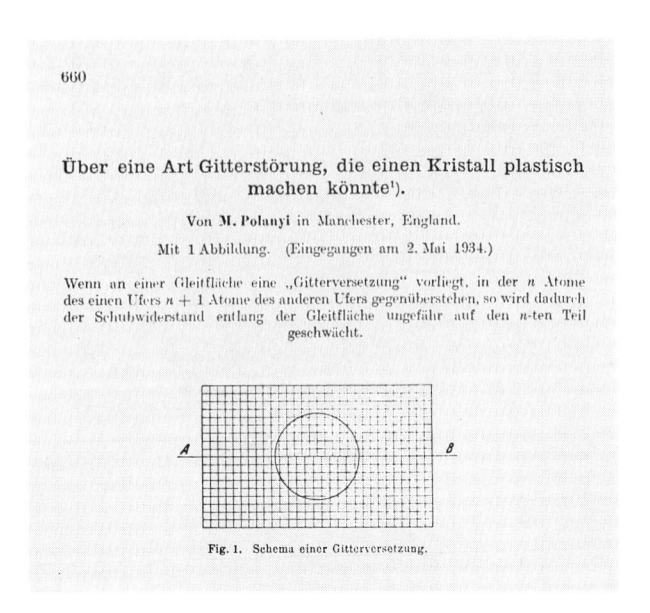

図 3-4　Polanyi 論文の冒頭と転位模型[3].

　すべり変形は，図 3-7 のような転位の移動で考えることもできる．これは J. M. Burgers[5] が初めて提唱したもので，バーガース転位，またはらせん転位という．らせん転位という名称は，この型の転位の原子配列が図 3-7(b)のように結晶の中心軸に対してらせん状に結晶格子の食い違いが生じており，この中心軸，すなわち転位線のまわりを 1 回まわると，一つ上または一つ下の原子面にくるような，らせん階段状の構造になっていることに由来する．したがって，この型の転位には，ねじのごとく，右巻きと左巻きがある．
　以上，刃状とらせんの 2 種の転位は基本的なものであるが，図 3-8 のように転位が角から発生し広がってゆくような型のものも考えることが可能である．このとき，Aではらせん状，C で刃状になっているが，その途中は両者の合の子になっている．これを混合転位というが，これが実際に見られる転位の一般的なものである．

図 3-5 谷の総合報告の表紙[4].

3.2 転位らしきもの

1934年に転位の模型がTaylorによって初めて発表されたが,それより5年前に山口珪次[6,7]によって転位らしき図が発表されている.山口は銅の単結晶の塑性変形を延伸加工で調べ,すべり面およびすべり方向を観察し,X線でラウエ斑点の変化を調べた.その結果,すべりの結果として,図3-9のようなすべり面の湾曲が生じ,そのためラウエ斑点が伸び,それによって硬化が生ずると結論している.明らかに刃状転位が描かれている.塑性変形して初めてこのようなものが生じ,初めから結晶中に欠陥として含まれているとは考えなかった.また,これをTaylorのようにさらに深く検討しなかった点が惜しまれる.

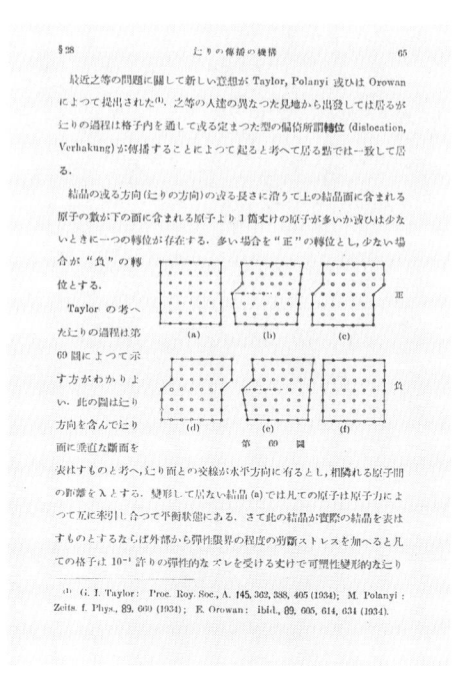

図 3-6 谷の総合報告中の転位の紹介[4].

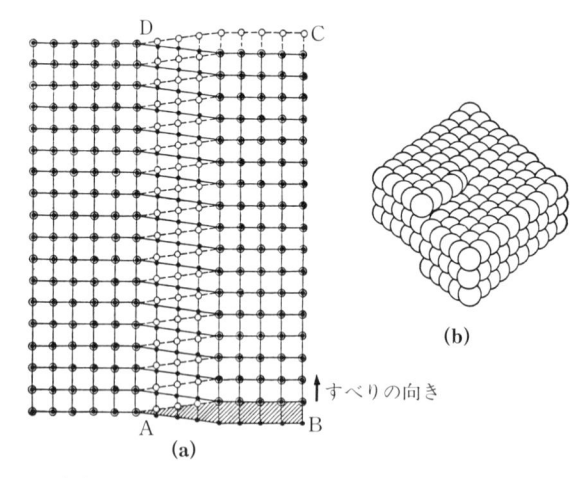

図 3-7 らせん転位．（a）らせん転位における原子配列の乱れ，○すべり面の上の原子，●すべり面の下の原子 (Read)．（b）立体模型．

3.2 転位らしきもの

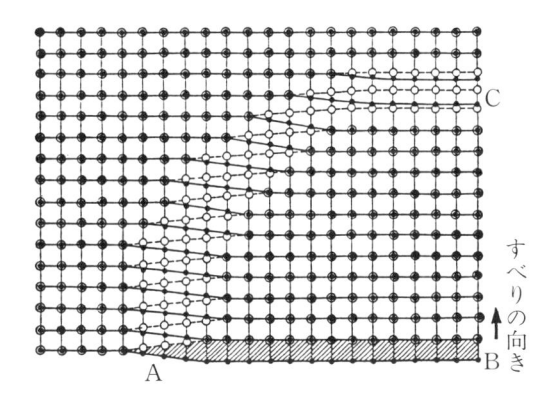

図 3-8 混合転位における原子配列の乱れ，○すべり面の上の原子，●すべり面の下の原子（Read）．

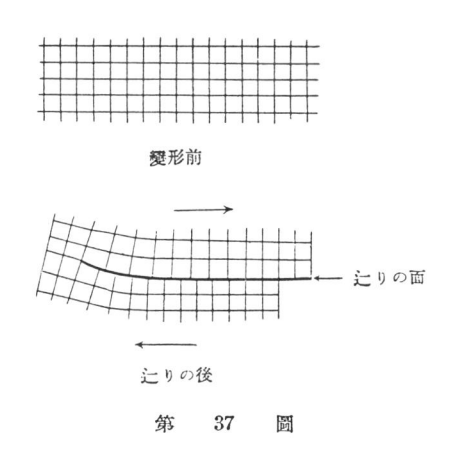

變形前

辷りの面

辷りの後

第 37 圖

図 3-9 山口の報告[7]中の転位らしきもの．

3.3 初期の2冊の教科書

2冊の優れた本が転位論を啓蒙するための教科書として発行されたのは，1953年のことである．一つは Bell Telephone Laboratoris の W. T. Read, Jr. による "Dislocations in Crystals"[8] (図 3-10) で，他は Birmingham 大学の A. H. Cottrell による "Dislocations and Plastic Flow in Crystals"[9] (図 3-11) である．それまで単行本で転位論を著したものはなかったので，世界中の研究者から大層歓迎された．Read のものは当時確実と考えられる理論をもとに推論を避けてまとめたものである．一方，Cottrell のものはもっと範囲を広げ，実用的な強度の問題まで取り扱っている．

Read の章では
1. 転位とは？
2. 簡単な実例

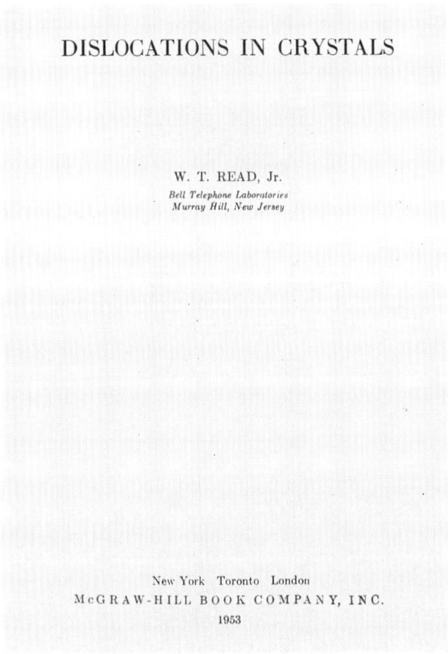

DISLOCATIONS IN CRYSTALS

W. T. READ, Jr.
Bell Telephone Laboratories
Murray Hill, New Jersey

New York Toronto London
McGRAW-HILL BOOK COMPANY, INC.
1953

図 3-10 Read の教科書[8]．

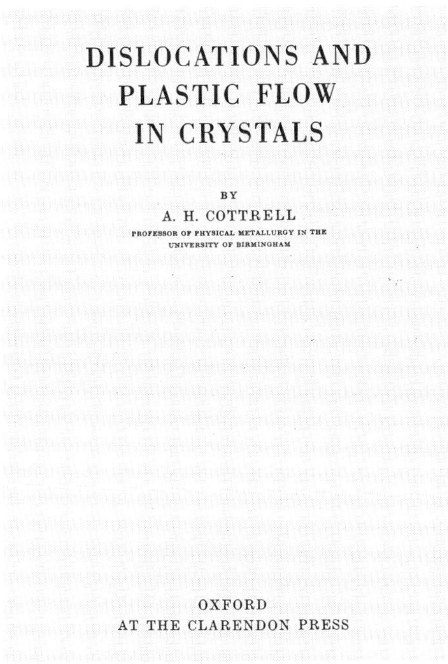
DISLOCATIONS AND
PLASTIC FLOW
IN CRYSTALS

BY
A. H. COTTRELL
PROFESSOR OF PHYSICAL METALLURGY IN THE
UNIVERSITY OF BIRMINGHAM

OXFORD
AT THE CLARENDON PRESS

図 3-11 Cottrell の教科書[9].

3. 結晶の欠陥
4. 動く転位
5. 転位に働く力
6. 転位の増殖と相互作用
7. 部分転位
8. 転位のまわりの応力
9. 転位間の力
10. 結晶成長への適用
11. 簡単な粒界
12. 一般の粒界
13. 粒界エネルギーの測定
14. 粒界の移動

となっている.

一方，Cottrell の本では
1. 結晶中のすべりの説明
2. 転位の弾性的性質
3. 結晶中の転位
4. 降伏応力の理論
5. 加工硬化，焼きなまし，クリープ

となっている．

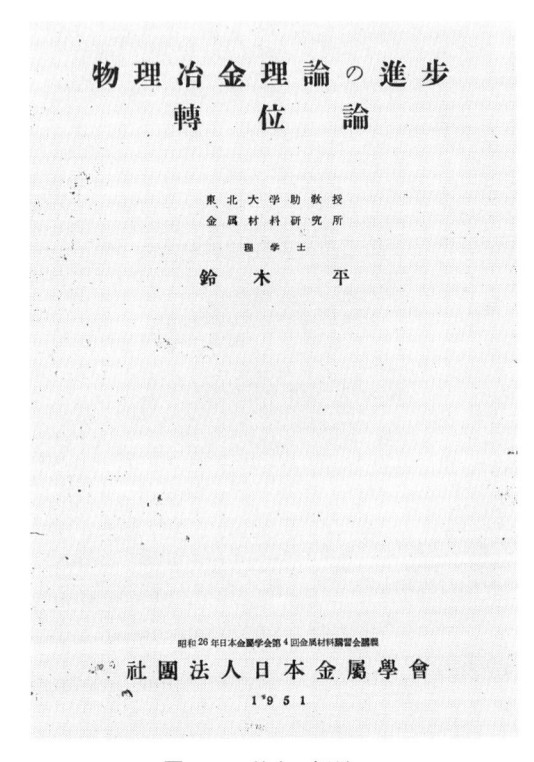

図 3-12 鈴木の解説[10]．

わが国における初期の総合報告としては，鈴木平の「物理冶金理論の進歩：転位論」(1951) がある（図3-12）．また岩波の現代物理学講座の中に橋口隆吉の「結晶転位論」(1955) がある（図3-13）．

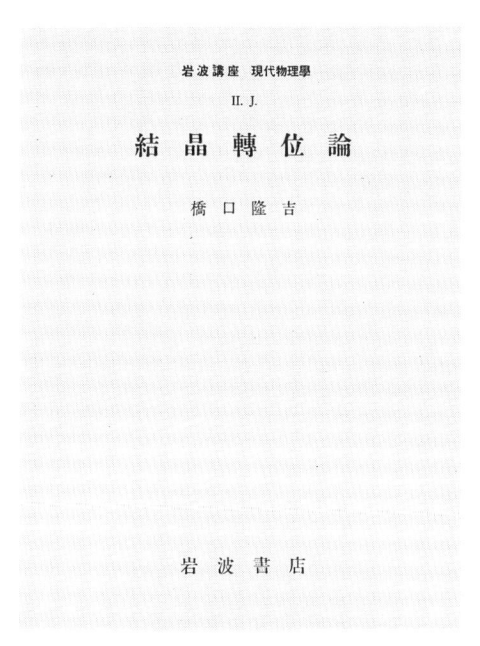

図 3-13 橋口の教科書[11].

3.4 すべり帯

すべり帯を初めて観察したのは，A. Ewing と W. Rosenhain[12] である．その後，電子顕微鏡が開発され，すべり帯の微細構造を R. D. Heidenreich と W. Shockley[13] が明らかにし，すべり帯を分類した．わが国では，藤田英一ら[14]，鈴木秀次ら[15] が早くからすべり帯を観察し，研究している．また，高村は変形帯について詳細な研究を行い[16]，加工硬化の機構が変形帯によって説明されることを明らかにした．

3.5 泡模型（bubble model）

1947 年 W. L. Bragg ら[17] は，結晶構造の力学的なモデルをせっけん水に多数の球状の小さなせっけん水の泡を浮かべたもので表す方法を考案した．この方法では，泡はせっけん水の上に密にくっついた形で，重ならず浮かぶ．これは結晶構造の最密面の 2 次元モデルに相当する．

この方法の特徴は，（1）まったく同じ大きさの小さな泡を，極めて多数，例えば100,000個以上も並べることができること，（2）大きさの選び方によって，泡の間の力と距離の関係を，金属原子間の力と距離の関係と相似にすることができることである（図3-14）[18]．

その作り方は，平らな皿の中にせっけん水を入れ，一定の圧力の空気で泡を作るという，極めて簡単な方法である．せっけん水の上に浮いた球状の泡は互いに接触するが，それを引き離そうとすると表面張力が働いて引力となる．逆に押しつけようとすると，泡の中の空気が作用して強い反発力となる．そのときの泡相互の力の関係は金属原子を最密に並べたときのモデルになる．

泡模型の中には泡が不整に並んだ箇所があり，その中には転位に相当するものが見られる（図3-14）．転位の実在性が確かでない当時，この事実は実在性についての確信を研究者に与えた．また，泡に剪断応力を加えると，予想した通りに刃状転位の動きを示した．

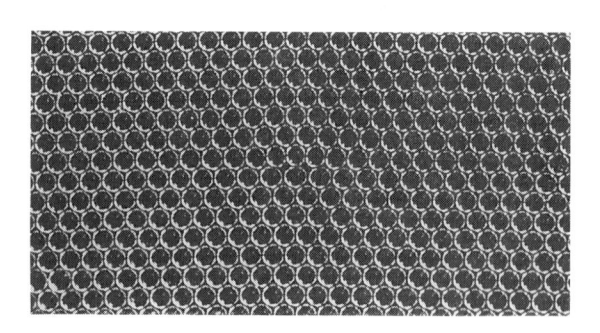

図 3-14 Braggらが考案した結晶の泡模型（W. T. Read, Jr.: "Dislocations in Crystals", McGraw-Hill（1953）より転載）．

Braggのこの実験は，転位が実際に観察されない当時，研究者を大いに力づけたものである．しかも，簡単なモデルを用いた点で学ぶべきものである．ただし，この方法は静的なモデルである．実際は熱によって個々の原子は振動しているわけである．福島栄之助と大川章哉[19]は，そこで機械的振動を与えることを考えた．そうすると小傾角境界で表される角度の範囲が広くなることが分かった．

なお，泡模型では空孔などの格子欠陥，結晶粒界を示すことができる．その後，小さな金属球を用いた模型も考案された．

3.6 結晶のらせん成長 (spiral growth)

F. C. Frank[20] (図 3-15) は 1949 年，結晶中にらせん転位があり，それが表面に抜けていると，そこに階段ができるから，それをもとに核形成を必要としない結晶の成長が可能であると考えた．そして，もし階段のところに同じ速さで原子が供給されると，図 3-16 のように転位線に近い部分から巻き込むようにしてらせん状の階段が形成され，あとはらせん状の階段の形を保ったまま，成長し続けるだろうと考えた．したがって，そうした成長を経た結晶表面上にはらせん模様が見られると考えた．さらに，Frank らはこの結晶成長の速度を求める理論式を示した[21]．

FIG. 5.—Spiral growth front attached to a single dislocation.

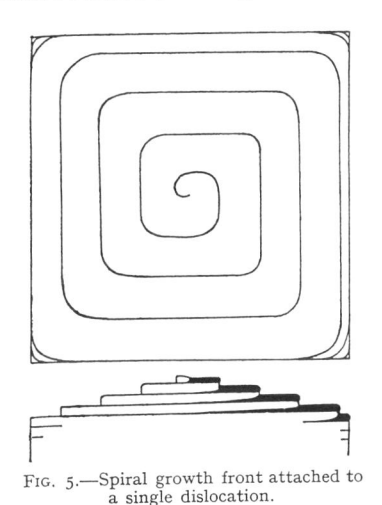

図 3-15　Frank の討論[20]．

(a)　(b)　(c)　(d)

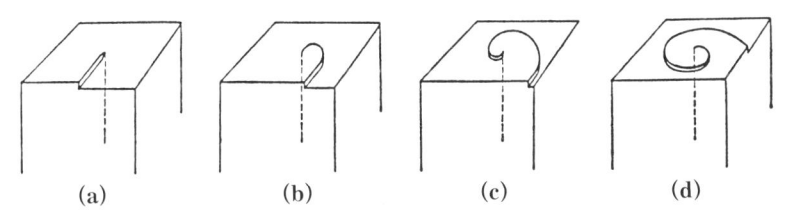

図 3-16　らせん転位をもとにした結晶の成長機構．

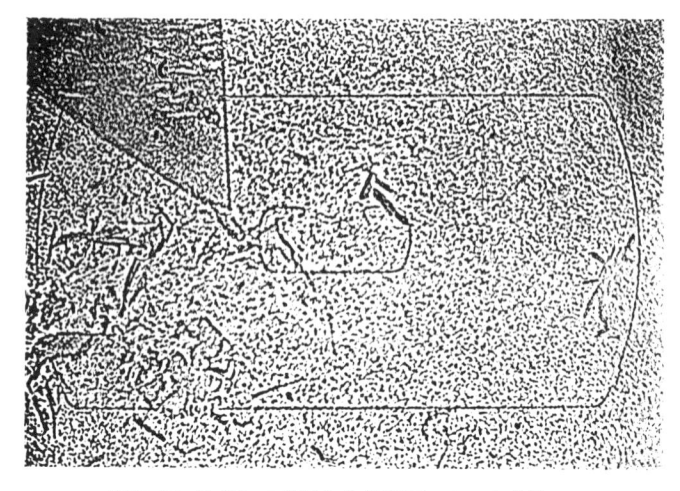

図 3-17 Griffin の発見した緑柱石のらせん成長[22]．

　Frank がこれを発表すると，直ちに L. J. Griffin は図 3-17 で示すように天然の緑柱石（beryl）の結晶表面にらせん模様があることを発見した[22]．しかも，干渉計で階段の高さを測ったところ 8Å となり，緑柱石の 1 分子層の高さと一致した．

　その後，このようならせん模様は，蒸気から作ったカーボランダム（SiC）の結晶で位相差顕微鏡を用いて観察され（A. R. Verma, 1951）[23]，また，パラフィン結晶のレプリカ法による電子顕微鏡観察で認められ（I. M. Dawson and V. Vand, 1951）[24]，次いで A. J. Forty（1952）によって蒸気から作った Cd, Mg, Ag においてもらせん模様が見られた[25]．

3.7　エッチ・ピット（etch pit）

　転位が表面に抜けたところを，適当な腐食液で腐食すると，転位の部分は化学的に不安定なため優先的に腐食され，そこに腐食孔（エッチ・ピット）ができる．これは転位のところにひずみがあり，また不純物が集まったりするためである．

　そこで，エッチ・ピットを利用して転位の密度を測定したり，転位の表面に抜けた位置から転位の配列を知ろうとすることが試みられた．

　転位とエッチ・ピットの対応は初めて 1952 年 F. H. Horn[26] によって行われた（図 3-18）．彼が成長らせん模様のある SiC 結晶を，融解した 1000°C の $NaCO_3$ で腐食し

3.7 エッチ・ピット (etch pit)

[1210]

CXX. *Screw Dislocations, Etch Figures, and Holes*

By F. HUBBARD HORN

General Electric Research Laboratory, Schenectady, New York*

[Received June 10, revised July 30, 1952]

ABSTRACT

Etch figures similar in appearance to those observed in the mineralogical technique are shown to result from the rapid chemical dissolution of growth spirals on silicon carbide. Each spiral resulting from an independent screw dislocation gives an etch figure. The etch figure produced by rapid dissolution, therefore, becomes a convenient means for indexing screw dislocations whether growth spirals are evidenced or not. Prolonged rapid dissolution of a crystal with a screw dislocation extending between opposite crystal faces results in a hole through the crystal at the site of the screw dislocation.

図 3-18　Horn 論文の冒頭[26].

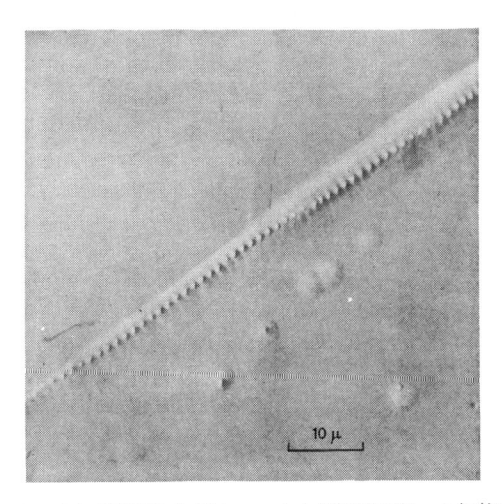

図 3-19　Vogel らが観察したゲルマニウムの粒界に沿った転位ピット[28].

たとき，その中心部にエッチ・ピットが現れた．

その後，F. L. Vogel ら[27] が Ge の小傾角境界において転位とエッチ・ピットの対応を認めた（図 3-19）[28] 小傾角境界とは，図 3-20 で示すように境界の両側の結晶の方位が少し傾いたものである．小傾角境界は刃状転位の列からできると考えられ，で

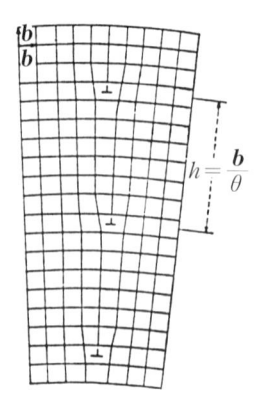

図 3-20 対称性の小傾角境界．θ：傾きの角．

きたエッチ・ピットの間隔をもとに，両側の結晶の方位差 θ を求め，一方，X 線回折法で両側の結晶の傾きを求めた．その結果，両者はよく一致した．これは小傾角境界が予想通り転位からできていることを示すとともに，転位のところにエッチ・ピットができることを実証した．

その後，それぞれの材質に適したエッチ・ピット現出用の腐食液が発表されている．橋口と松浦[29] は Vogel と同様の Ge の小傾角境界を観察している．また，岡田[30] は Ge の小傾角境界にピットの列の乱れを認めた．すなわち，3個のピットが抜けて横に3個並んだもの，また2個のピットが抜けて横に2個並んだものである．ただし，全体としての傾きは変わらない．田岡と青柳[31] は Ni_3Mn の単結晶の (110) 面上の小傾角境界を観察し，転位の性格と配列を予測した．

3.8 ひげ結晶

強力なひげ結晶の発見は，アメリカのベル・テレフォン研究所の K. G. Compton ら[32] による（図 3-21）．彼らは 1951 年コンデンサーの短絡事故が容器の Fe 板にメッキされた Zn から成長した細いひげ状の物質によることを発見し，次いでその物質を調べたところ金属 Zn の結晶であることを発見した．その翌年 G. Herring と I. K. Galt[33] が S. M. Arnold が作った Sn のひげで曲げ試験を行ったところ，ひげ結晶の弾性限界が普通の Sn 単結晶の約 200 倍になることを発見した．しかし，直径 10 μm 以上に太くなると急速に強さを減じる．

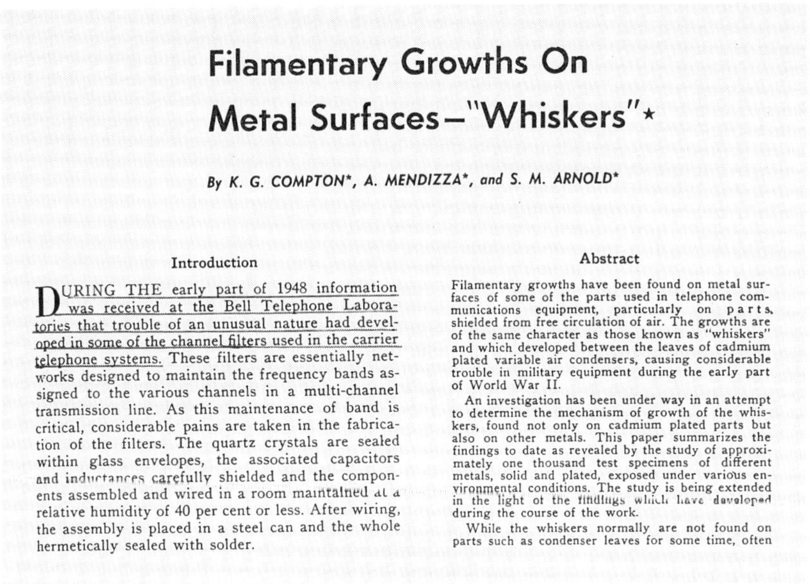

Filamentary Growths On
Metal Surfaces—"Whiskers"*

By K. G. COMPTON*, A. MENDIZZA*, and S. M. ARNOLD*

Introduction

DURING THE early part of 1948 information was received at the Bell Telephone Laboratories that trouble of an unusual nature had developed in some of the channel filters used in the carrier telephone systems. These filters are essentially networks designed to maintain the frequency bands assigned to the various channels in a multi-channel transmission line. As this maintenance of band is critical, considerable pains are taken in the fabrication of the filters. The quartz crystals are sealed within glass envelopes, the associated capacitors and inductances carefully shielded and the components assembled and wired in a room maintained at a relative humidity of 40 per cent or less. After wiring, the assembly is placed in a steel can and the whole hermetically sealed with solder.

Abstract

Filamentary growths have been found on metal surfaces of some of the parts used in telephone communications equipment, particularly on parts, shielded from free circulation of air. The growths are of the same character as those known as "whiskers" and which developed between the leaves of cadmium plated variable air condensers, causing considerable trouble in military equipment during the early part of World War II.

An investigation has been under way in an attempt to determine the mechanism of growth of the whiskers, found not only on cadmium plated parts but also on other metals. This paper summarizes the findings to date as revealed by the study of approximately one thousand test specimens of different metals, solid and plated, exposed under various environmental conditions. The study is being extended in the light of the findings which have developed during the course of the work.

While the whiskers normally are not found on parts such as condenser leaves for some time, often

図 3-21 Compton らの論文の冒頭[32]．

この発見によってひげ結晶の強さが注目され，ひげ結晶の応力-ひずみ曲線が研究された．特に S.S. Brenner[34,35] によって Fe についての詳細な研究が行われ，直径 2 μm で 1200 kg/mm² のものが得られた．これは理論強度に近い．ひげ結晶はらせん転位を軸に成長したものと考えられた．したがって，らせん転位 1 本を結晶の中心に含むと考えられ，転位論の研究からも注目された．

わが国においても，早くより紹介され，熱心に研究された．橋口[36] は "猫のひげ" という訳語を使い，多くの人に親しまれた[37,38]．

3.9 バーガース・ベクトル

転位の性質によって，転位のすべりの方向が異なる．したがって，転位の移動で生ずるすべりを一つのベクトルで表せば，このすべりベクトルと転位線との関係から，転位の性質が分かる．図 3-22 のように，すべりベクトルが転位線の方向と直角 (90°) のときは刃状転位，平行 (0°) なときはらせん転位，直角でも平行でもない角度のときは混合転位である．すべりベクトルで，このように転位の性質を示そうと試

みたのは Burgers[5] に始まったので，このベクトルをバーガース・ベクトルと呼び **b** で表す．

バーガース・ベクトルの大きさは結晶構造で決まり，一般に最密方向の原子間隔に等しい．もしそうでないとすると，転位が移動したあと，すべり面上の上下の原子が対応せず，面状の格子欠陥ができてしまう．ところで，ベクトルを示す矢印の付け方については，転位が移動したときのすべり方向とは無関係に，つまり，転位の移動方向と無関係に決めたほうが便利であるため，このような定義を Frank[39] が考えた．

Frank は図 3-23 のようにバーガース回路（Burgers circuit）というものを考えることによって一般的に定義することに成功した．バーガース回路とは，結晶中に考えたループであって，結晶格子で原子から原子へと一つずつ進むステップで構成される．転位を含まない理想的な結晶では，上述のバーガース回路は閉じた回路になり

図 3-22 転位線とすべりベクトルの角度．

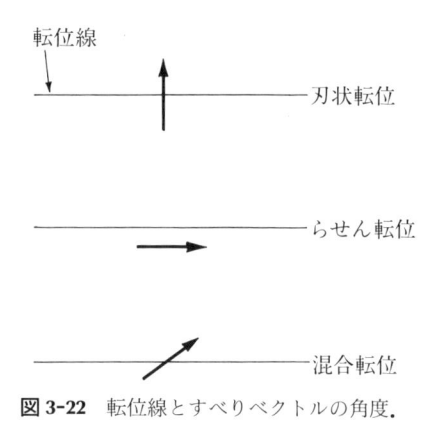

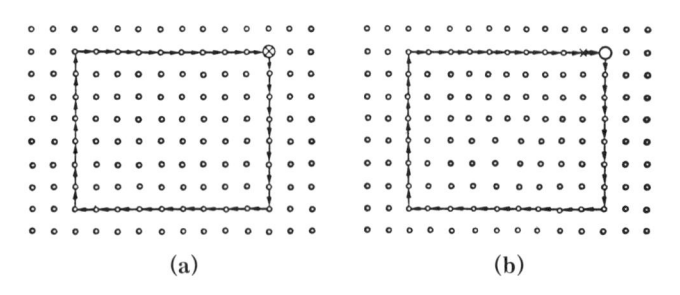

図 3-23 理想結晶と実在結晶とのバーガース回路．

(a)，これと対応する転位を含む結晶では，同じバーガース回路を作ると閉じない(b)．これを閉じさせるように，回路の始め（○印）と終わり（×印）の原子を結んでベクトルの大きさを定義する．転位の向きは実在の結晶で任意に決めた後，右ねじの進む方向，すなわち時計の針の進む方向にまわると決めれば，バーガース・ベクトルは一義的に決まる（図3-24）．

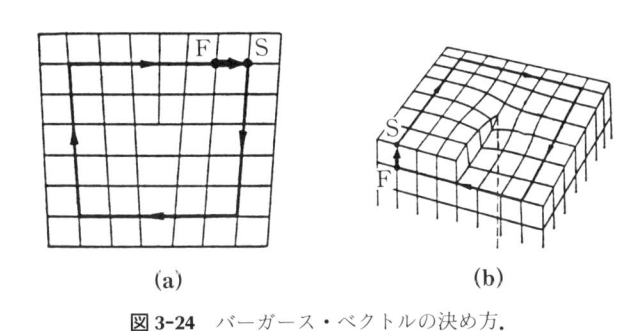

図 3-24 バーガース・ベクトルの決め方．

3.10 転位の増殖機構

　転位の少ない結晶も，1%程度の変形とすると，転位が急に増えることがエッチ・ピット法によって明らかになった．このことはすべりが単に直線的な転位の運動によって起こるのではなく，転位の増殖を伴うことを示している．FrankとRead[40]は結晶内の転位がどのような過程で多数の転位を増殖し得るのかを考えた（図3-25）．たまたま会合のため同宿していた二人が考えあぐね就寝した夜，この機構を思いつき，翌朝話し合ったという．今日，二人の名前で呼ばれている機構発見のエピソードである．

　転位は結晶中で複雑につながっているが，全部がすべり面上にはない（図3-26）．したがって外力が加わったとき，すべり面上にあるA〜Bの部分は動くことができる．しかし，転位線の両端A，Bの外はすべり面でない面につながっているので動けない．その結果，転位は外力を受けると，図3-27で示すように弓形に広がる．外力が十分大きければ，この転位は図3-27(b)〜(c)のような経過を経て，一つの転位ループを生み出し，再び初めのA〜Bの状態に戻る．最後の(e)のところでぶつかった部分が消えるのは，転位の符号が逆なためである．この過程の繰り返しで転位は増殖する．これがフランク-リード源と呼ばれるものである．

Multiplication Processes for Slow Moving Dislocations

F. C. FRANK
H. H. Wills Physical Laboratory, University of Bristol, England

AND

W. T. READ, JR.
Bell Telephone Laborstories, Murray Hill, New Jersey
June 19, 1950

THE slip bands observed in the plastic deformation of crystals show that on a typical active slip plane there is about 1000 times more slip than would result from the passage of a single dislocation across the plane. One of us[1] has discussed a possible explanation of this in terms of the reflection and multiplication of dislocations which have acquired velocities approaching that of sound. However, there is as yet no available experimental evidence for fast dislocations and a recent theoretical estimate[2] of the energy dissipated by a moving dislocation indicates that under typical conditions the terminal velocity of a dislocation is less than 1/10 that of sound. Though neither of these arguments is conclusive, they do attach special importance to the recognition of processes whereby a dislocation can produce a large amount of slip and can multiply without first acquiring a large kinetic energy.

図 3-25 Frank-Read の論文[40].

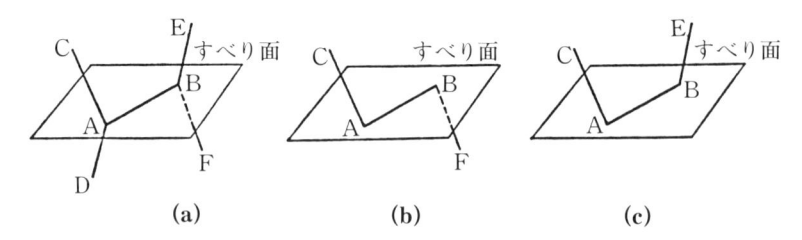

(a)　　　　　(b)　　　　　(c)

図 3-26 すべり面上に存在する転位 (AB) とすべり面上にない転位 (AC, AD, BE など).

鈴木秀次[41]は面心立方構造で図 3-26 の (a) 型のフランク-リード源を考察した．AB はすべり面上にあるので動けるが，AC と AD，BE と BF はすべり面上にないので動けない．これを支柱転位という．すべり面上の転位の両端は支柱転位に固定されているので，Frank と Read が考えたように支柱転位を一周して合体し，始めの状態に戻るように思える．しかし，鈴木は支柱転位の性質から一周した転位は前と同じすべり面上になく次々と別のすべり面にくると考えた．図 3-28 はその状況を示したものである．

3.10 転位の増殖機構

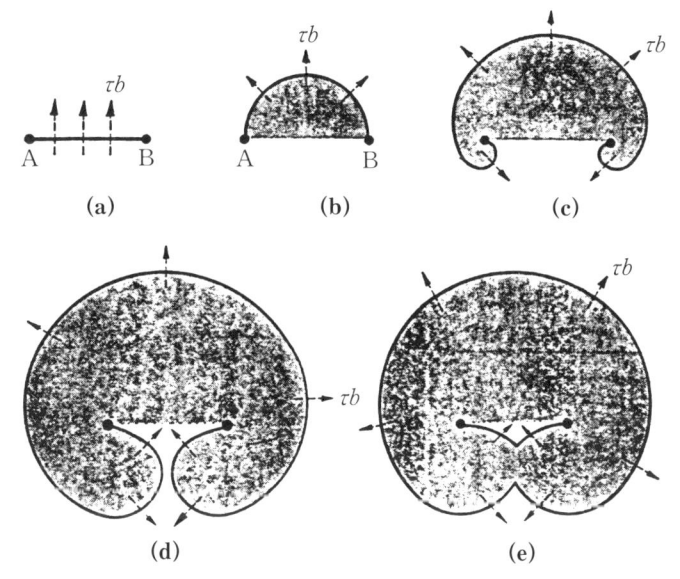

図 3-27 フランク-リード機構による転位の増殖。τb は転位線に作用する力 (Read).

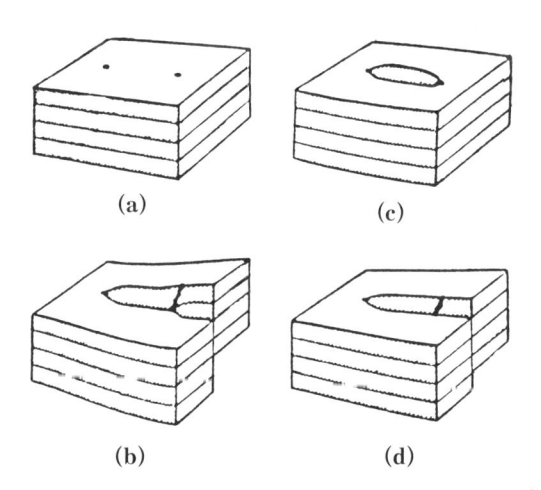

図 3-28 面心立方晶でのフランク-リード源の働きによる結晶の変形[40].

3.11 転位網の観察

転位のバーガース・ベクトルは幾何学的に考えると保存されねばならないし，また，1点に集まる3本の転位のバーガース・ベクトルは閉じなくてはならない．つまり，ベクトル和は零になる．このことから，N. F. Mott[42] は六角形の網目になっていることを予想した（図 3-29）．この予想は，J. M. Hedges と J. W. Mitchell[43] によって（図 3-30 に彼らの論文を示す），1953 年に確かめられた．彼らは，写真に用いる臭化銀（AgBr）の結晶をわずかに変形させた後，焼きなましてから露光させる

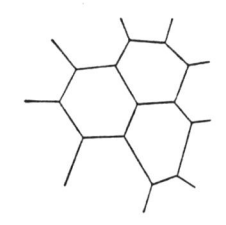

図 **3-29** Mott の予想した転位網．

Correspondence 223

The Observation of Polyhedral Sub-Structures in Crystals of Silver Bromide

By J. M. HEDGES and J. W. MITCHELL
H. H. Wills Physical Laboratory, University of Bristol

[Received December 29, 1952]

THE purpose of this note is to report a series of observations on the separation of photolytic silver under illumination in boundaries between adjacent elements of a polyhedral sub-structure in large transparent single crystals of silver bromide. It is thought that in this experimental work, dislocation lines have been made visible for the first time by the separation of photolytic silver along them. The observations were made in the course of an investigation of the formation of the internal photographic latent image in strained and polygonized crystals of silver bromide (Hedges and Mitchell, to be published).

図 **3-30** Hedges と Mitchell の論文[43]．

3.11 転位網の観察

と，転位線に沿って Ag 粒子が析出することを見出した．この結晶は透明であるから，析出した Ag 粒子によって転位の存在を直接光学顕微鏡で見ることができる．観察結果は，図 3-31 のように Mott の予想と見事に一致した．あらかじめ変形させたのは，転位の数を増やすためであり，焼きなましをしたのは，それらを析出させて転位の配列を現出するためである．

その後，1953 年に鈴木平と鈴木秀次[44,45]は面心立方格子で力学的に最も安定な転位網を理論的に検討した．その結果 (113) 面が最も安定な転位網の面となり，その上

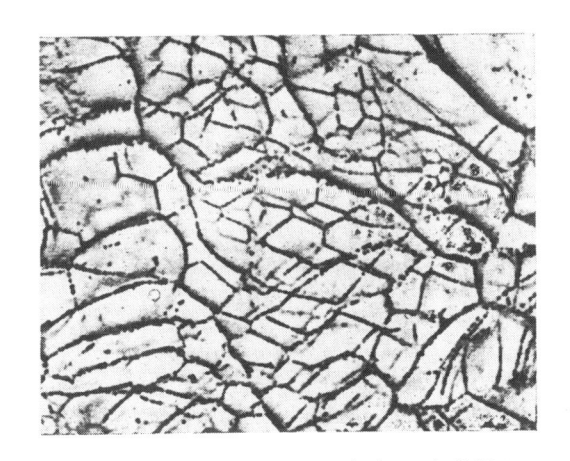

図 3-31 Hedges と Mitchell が観察した転位網[43]．

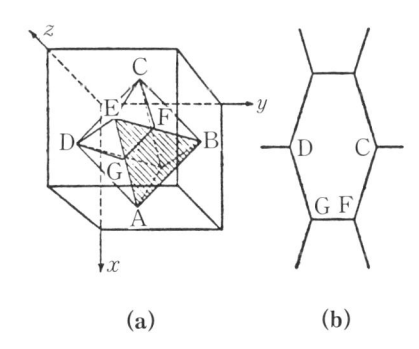

図 3-32 {113} 面の転位網．(a) 各転位のバーガース・ベクトルはすべて ABE 面内にある．CF，DG は刃状転位，FG はらせん転位である．(b) CFGD を繰り返して作られる {113} 面の転位網．

で図 3-32 のように六角形の網を作り，BF と GA は純刃状転位，FG は純らせん転位であることを証明した．ただし，現実の転位網はこのように理想的な形をとることは少ない．

転位は熱力学的に安定な欠陥として結晶中に存在するのではない．液体から凝固させた結晶が転位を含む原因で最も重要なのは，凝固のときの不純物原子である．すなわち不純物原子の偏析によって内部応力が生じ，この内部応力を緩和するために，転位が発生する．したがって結晶中の転位密度は純度によって非常に変化する．10^{-4} 程度の不純物を含む Cu は $10^6 \sim 10^7$ 本/cm^2 の転位を含むことを鈴木秀次[46]は証明した．鈴木平と鈴木秀次[45]は再結晶についても詳しく論じた．再結晶は加工によって導入された転位その他の格子欠陥が消滅するように，原子が配列を変えて新しい結晶を作る現象である．転位のうち結晶の回転に寄与しているものは，結晶境界におけるすべりと 1 原子距離以内の移動による原子の再配列によって除去される．しかし，体積変化を起こす転位の配列は，空格子点が長距離を拡散して物質の流れを起こさないかぎり結晶に内部ひずみを残す．鈴木らは金属の普通の再結晶条件では，10^7 cm^{-2} 程度の転位が取り残されることを示した．

3.12 面心立方結晶における鈴木効果

面心立方結晶中の (111) 面上にある転位は，二つの半転位に分かれ，図 3-33 で示

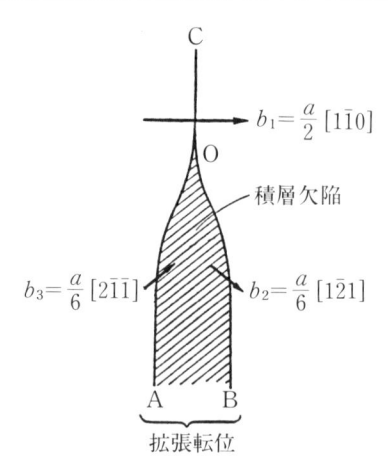

図 3-33 拡張した刃状転位．

すようにその間をリボン状の積層欠陥で結んでいる．この転位は Heidenreich と Shockley[47] が初めて導いたので Shockley の半転位とも呼ばれる．図 3-33 で紙面が $(10\bar{1})$ 面であり，分かれる前の転位線は C である．図から分かるように，半転位 B が存在すると，その左側では結晶面の積み重ねが変わる．すなわち積層欠陥になっている．この部分は，後続する半転位 A によってもとの完全な結晶になる．図 3-34 は完

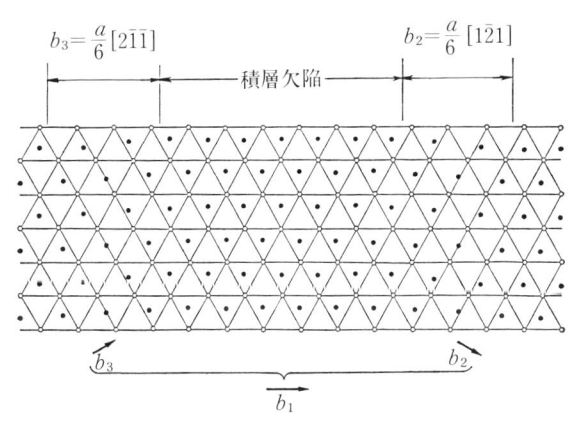

$$b_3 = \frac{a}{6}[2\bar{1}\bar{1}] \qquad b_2 = \frac{a}{6}[1\bar{2}1]$$

積層欠陥

図 3-34 拡張転位における原子配列．白丸の原子面の上に黒丸の原子面がのる．紙面は (111) 面．

Chemical Interaction of Solute Atoms with Dislocations*

Hideji SUZUKI

The Research Institute for Iron, Steel and Other Metals

(Received July 5, 1952)

Synopsis

A mechanism of interaction between a dislocation and solute atoms was discussed. It was shown to be reasonable to account for the difference in mechanical behaviours between face-centred and body-centred cubic crystals from the different locking mechanisms between these two types of crystals, the former being locked by a weaker but wider interaction range, while the latter being captured in a stronger and narrower valley of potential energy, the so-called Cottrell's atomosphere. The former results in a low critical shear stress which is almost independent of temperature and rate of strain. The latter gives rise to a very high critical shear stress at low temperatures, which, however, rapidly decreases with the rise of temperature.

図 3-35 鈴木秀次の論文[48]．

全な転位が二つの半転位に分かれたときの結晶の積み重ねの様子を示す．ベクトルで示すと，$b_1 = b_2 + b_3$ となる．

面心立方構造の固溶体合金では，半転位間の積層欠陥に溶質原子が偏析したほうが自由エネルギーが低くなる．これは鈴木(秀)[48]が理論的に証明した．図 3-35 にこの論文を示す．これは刃状転位と溶質原子の相互作用を説明したコットレル効果[49]と対比される（表 3-1）．

表 3-1 コットレル効果と鈴木効果との比較（鈴木）．

	コットレル効果	鈴木効果
低温(0 K)における固着力	大	小
温度依存性	大 転位のまわりの溶質原子の分布が狭いので，熱エネルギーの助けで容易に固着から脱出できる．それゆえ高温では固着力は急速に小さくなる．	小 拡張転位の積層欠陥全体にわたって固着されているので，熱エネルギーの影響は小さく，高温でも低温と同じ程度の固着力を示す．
臨界剪断応力 τ の濃度 (c) 依存性	固着力はかなりよい近似で，$\tau \propto c(1-c)$	$\tau \propto c(1-c)$
転位の種類に対する依存性	大 面心立方型金属中の拡張転位では，らせん転位と刃状転位に対する固着力の比は 1:3	小 らせん転位も刃状転位も固着力は同じ

積層欠陥内で濃度が周囲と異なると，転位が動くとき前方の半転位は平均濃度の積層欠陥を引きずり，後方の半転位は偏析した濃度の積層欠陥に引かれて動くから，転位全体として抵抗力を受ける．

この効果は鈴木秀次が初めて見出したもので，鈴木効果と呼ばれている．日本人の名前のついたものである．

3.13 時効硬化の転位論

転位論は金属のあらゆる強化現象を説明しなければならない．時効硬化合金の種類によっては，時効の初期の内部ひずみを持った小さい粒子が母相の中に形成されるものがある．これによって硬化の現れる例が多い．これに対して，Mott は転位論によ

る説明を試みた[50]．

彼は格子定数の異なる小さい球状の粒子が形成される場合を考え，それらによる内部ひずみによって転位の運動に与える効果を考え，剪断応力

$$\sigma = E\varepsilon f$$

を求めた．ここで，E はヤング率，ε はひずみのパラメーター，f は粒子の体積率を表す．

この結果は注目されたが，仮定された条件が簡単だったので，後に，V. Gerold と H. Haberkorn[51] によって詳細な計算が行われている．その後，いろいろな状態のものにつき理論的導出が行われていた[52]．

3.14 転位の電子顕微鏡観察

金属の内部を電子顕微鏡で観察するには，電子線が透過できる程度の薄い金属箔にしなければならない，そのため出発素材として薄い板状の試料が用いられる．これを電子線が透過できる薄さとするために電解研磨をする．現在では，金属の種類によって電解研磨液や研磨条件が分かっている．当時の加速電圧が 100 kV の電子顕微鏡では，0.1〜0.2 μm 以下の薄膜が必要であった．

金属薄膜中の転位が観察できるのは，転位のところにひずみがあり，そのため転位

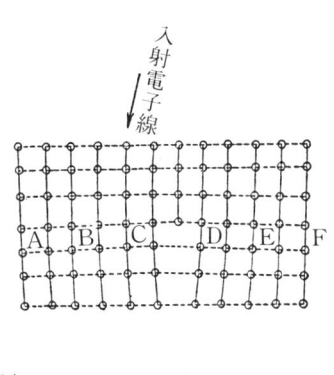

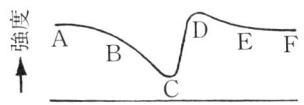

図 3-36　転位のひずみによる透過電子線の強度の変化（神谷）．

の近くで電子線の回折条件が異なり，透過電子線の強度分布に変化を生ずるためである．例えば，図3-36において実線の結晶面が電子線を回折する場合，転位の近傍ではひずみによって回折条件が変化し，図の下のように透過する電子線の強度に強弱が生ずる．これによって転位の存在が影絵となって現れ，これをフィルムに当てると陰画が得られる（神谷芳弘：日本金属学会会報，2，134，191（1963））．

この原理は1956年にP. B. Hirschら[53]とW. Bollmann[54]が気づいて実験し，初めて転位を直接観察するのに成功した．図3-37にHirschらの論文を示す．今になって考えると，当時電子顕微鏡が発達し，また試料作成技術が開発されていたのに1956年まで観察されなかったのが不思議である，ただし，それ以前に撮影された電子顕微鏡像の中に，転位と思われる像の映っているものがある．

このとき，Hirschらは転位の動きを観察している．転位の動いた跡には白い帯状のあとが残る．これは転位の通過によって結晶格子が折れ曲がって回折の条件が変わるためと説明されている．もちろん帯状の先端には転位が見られる．転位の動く原因は，電子線による加熱効果などによる応力，ガスの付着による応力などが原因であ

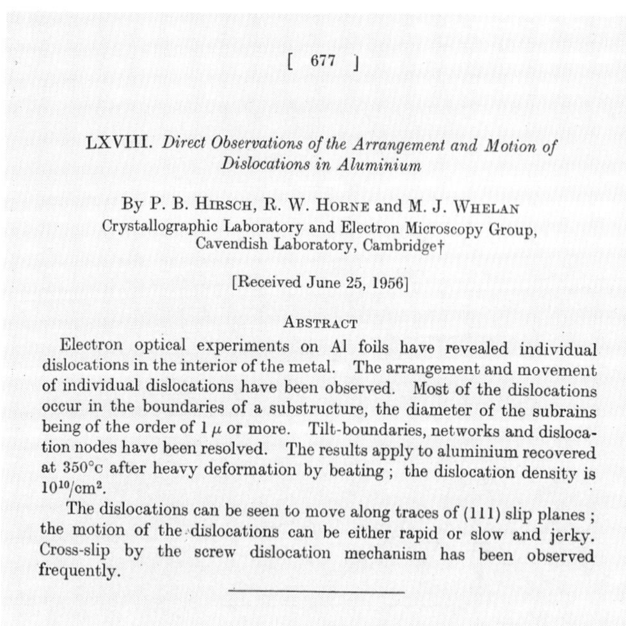

[677]

LXVIII. *Direct Observations of the Arrangement and Motion of Dislocations in Aluminium*

By P. B. HIRSCH, R. W. HORNE and M. J. WHELAN
Crystallographic Laboratory and Electron Microscopy Group,
Cavendish Laboratory, Cambridge†

[Received June 25, 1956]

ABSTRACT

Electron optical experiments on Al foils have revealed individual dislocations in the interior of the metal. The arrangement and movement of individual dislocations have been observed. Most of the dislocations occur in the boundaries of a substructure, the diameter of the subrains being of the order of $1\,\mu$ or more. Tilt-boundaries, networks and dislocation nodes have been resolved. The results apply to aluminium recovered at 350°c after heavy deformation by beating ; the dislocation density is $10^{10}/\text{cm}^2$.

The dislocations can be seen to move along traces of (111) slip planes ; the motion of the dislocations can be either rapid or slow and jerky. Cross-slip by the screw dislocation mechanism has been observed frequently.

図3-37　Hirschらの論文の冒頭[53].

3.14 転位の電子顕微鏡観察

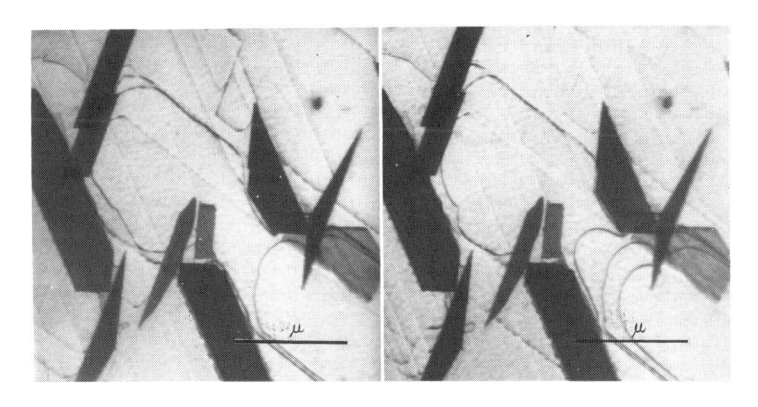

図 3-38 析出物と転位の干渉（根本，幸田）[55]．右下から左上の向きに転位が移動している．

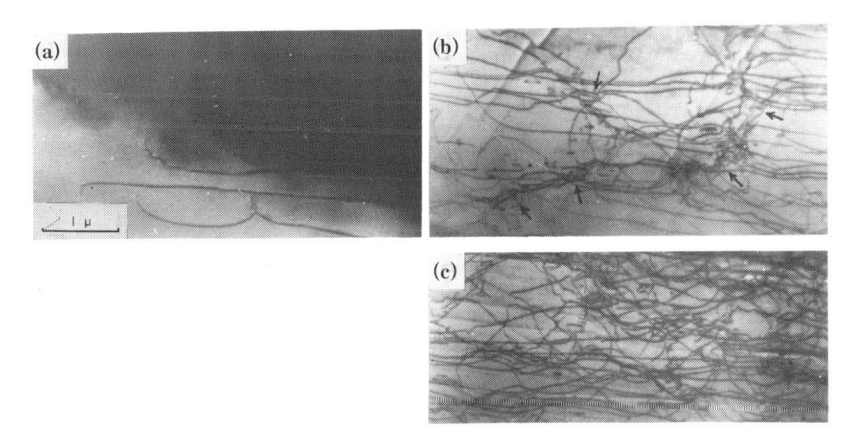

図 3-39 電子顕微鏡の中で Al 薄膜を引張って転位の増殖を直接観察（藤田（広））[56]．

る．その後，これを利用して転位の動的観察が数多く試みられた．

例えば，析出型の Al 合金で析出粒子を出した状態で転位を動かして，図 3-38 で示すようにその干渉状況が調べられた．これによって析出硬化の機構を知る手がかりとなった[55]．

その後，電子顕微鏡の進歩によって加速電圧は 500〜1000 kV となり，厚い金属箔

図3-40 1960年代に活躍した研究者たち（Lake Placid Conf.の出席者，1963年）
（大川章哉編：「格子欠陥研究の進歩」，アグネ(1964)より転載）．

の観察が可能となった．これによって電子顕微鏡中で観察しながら箔を引張ることが可能になった．藤田広志[56]はAlの箔を順次引張って転位が順にもつれてゆく様子を示した（図3-39）．また，井村[57]は転位の運動速度と応力の関係を直接測定した．これらは一例にすぎないが，電子顕微鏡の進歩によって可能となったものである．わが国の電子顕微鏡が非常に優秀であったこともあり，電子顕微鏡による観察でわが国の研究者は世界的にも多くの貢献をした．

　転位論とその実験的研究によって，金属の強度について多くの知見が得られた．転位論だけで実際の挙動をすべて説明することはできないが，20世紀前半までの大きな疑問に灯をかざした業績は多大である．図3-40に1960年代に活躍した研究者たちを示す．

3.15 超伝導遷移に伴う軟化現象

この現象は小島ら[58]によって発見されたもので，これを機会に数百篇の論文が発表された．純粋で完全な面心立方金属中の転位の運動に対する摩擦力は格子振動以外に伝導電子も関与しているという重要な結果を得た．

3.16 半導体の転位

現在の情報革命を担っている半導体も結晶であり，当然のことながら転位が存在する．半導体結晶の電気的性質は，当初，極めてばらつきの大きいものであった．この原因の一つとして，B. Gudden[59]は1934年に格子欠陥が伝導電子を発生するためであると考えた．その後，転位は半導体結晶中で伝導電子を捕捉したり，転位に不純物が偏析するなどの現象が明らかになった．特に少数キャリアの移動を阻害し，pn接合の特性，あるいはトランジスター特性を劣化させる要因であることが分かった．

このため，転位のない結晶の成長方法が工夫され，現在では直径40 cmにも達する無転位単結晶が得られるようになり，実用に供されつつある．

シリコン単結晶のような大型の試料ではエッチ・ピット法の他，X線透過トポグラフィと呼ばれる方法が用いられた．これはA. R. Lang[60]によって開発されたので，ラング法とも呼ばれている．

pn接合では，基板がn型であればp型不純物を拡散させるが，転位が存在すると転位線に沿って不純物が優先的に拡散し，接合物性が劣化する[61]．また，不純物を高濃度にすると転位が発生すること[62]，焼きなました後に積層欠陥が生ずること，保護膜のSiO_2とSiの界面や析出物の周囲から欠陥が発生することなどが見出された．これらは，集積回路の作製プロセスで発生するため，これらの欠陥を生じないような工夫が種々なされた．

金属とは異なり，半導体では転位を極力少なくするという方向で研究が進められたが，これらの研究が今日の大規模集積回路の発展に大きな寄与をしている．

参 考 文 献

1) G. I. Taylor : Proc. Roy. Soc., **A145**, 362 (1934).
2) E. Orowan : Z. Phys., **89**, 634 (1934).
3) M. Polanyi : Z. Phys., **89**, 660 (1934).
4) 谷安正 : "可塑性論" (岩波講座, 物理学) (1939) p. 64.
5) J. M. Burgers : Proc. Kon. Ned. Akad. Wet., **42**, 293, 378 (1939).
6) 三谷祐康 :「転位論のパイオニア山口珪次先生を語る」, 日本金属学会会報, **30**, 839 (1991).
7) K. Yamaguchi : Sci. Pap. I. P. C. R, Tokyo, **11**, 223 (1929).
8) W. T. Read, Jr. : "Dislocations in Crystals", McGraw-Hill (1953).
9) A. H. Cottrell : "Dislocations and Plastic Flow in Crystals", Oxford (1953).
10) 鈴木平 : "物理冶金理論の進歩 : 転位論", 昭和26年日本金属学会第4回講習会講義 (1951).
11) 橋口隆吉 : "結晶転位論" (岩波講座, 現代物理学), 岩波書店 (1955).
12) A. Ewing and W. Rosenhain : Phil. Trans., **A195**, 279 (1900).
13) R. D. Heidenreich and W. Shockley : J. Appl. Phys., **15**, 1029 (1947).
14) 藤田英一, 鈴木平, 山本美喜雄 : 日本金属学会分科会 (1953).
15) H. Suzuki and F. E. Fujita : J. Phys. Soc. Japan, **9**, 428 (1954).
16) J. Takamura : Tech. Rep. Eng. Res. Inst. Kyoto Univ., **2**, 129 (1952).
17) W. L. Bragg and J. F. Nye : Proc. Roy. Soc., **A190**, 474 (1947).
18) W. T. Read, Jr. : "Dislocations in Crystals", New York, McGraw-Hill (1953) p. 27.
19) E. Fukushima and A. Ookawa : J. Phys. Soc. Japan, **10**, 970 (1955) ; **12**, 139 (1957).
20) F. C. Frank : Dis. Faraday Soc. no 5, **48**, 67 (1949 : Phil. Mag., **41**, 200 (1950)).
21) W. K. Burton, N. Cabrera and F. C. Frank : Phil. Trans. Roy. Soc., **A243**, 299 (1951).
22) L. J. Griffin : Phil. Mag., **41**, 196 (1950).
23) A. R. Verma : Phil. Mag., **42**, 1005 (1951).
24) I. M. Dawson and V. Vand : Proc. Ray. Soc., **A206**, 555 (1951).
25) A. J. Forty : Phil. Mag., **43**, 72 (1952).

参 考 文 献

26) F. H. Horn: Phil. Mag., **43**, 1210 (1952).
27) F. L. Vogel, W. G. Pfann, H. E. Corey and E. E. Thomas: Phys. Rev., **90**, 489 (1953).
28) W. T. Read, Jr.: "Dislocations in Crystals" (1953) 18 Plate.
29) R. R. Hasiguti and E. Matsuura: J. Phys. Soc. Japan, **12**, 1347 (1957).
30) J. Okada: J. Phys. Soc. Japan, **10**, 1018 (1955).
31) T. Taoka and S. Aoyagi: J. Phys. Soc. Japan, **11**, 522 (1956).
32) K. G. Compton, A. Mendizza and S. M. Arnold: Corrosion, **7**, 327 (1951).
33) G. Herring and I. K. Galt: Phys. Rev., **85**, 1060 (1952).
34) S. S. Brenner: J. Appl. Phys., **27**, 1484 (1956); **28**, 1023 (1957).
35) S. S. Brenner: "Growth and Perfection of Crystals", John Willey and Sons, New York (1958) p. 157.
36) 橋口隆吉: 固体物理, **1**, 11 (1966); **2**, 3 (1966).
37) 吉田和彦, 後藤芳彦: 日本金属学会会報, **7**, 666 (1963).
38) 吉田進: 金属物理, **5**, 187 (1959).
39) F. C. Frank: Phil. Mag., **42**, 809 (1951); Acta Cryst., **4**, 497 (1951).
40) F. C. Frank and W. T. Read, Jr.: Report of Pittsburgh Symposium on the Plastic Deformation of Crystalline Solids, Carnegie Institute of Technology and O. N. R. (1950); Phys. Rev., **79**, 722 (1950).
41) H. Suzuki: J. Phys. Soc. Japan, **9**, 531 (1954).
42) N. F. Mott: Proc. Phys. Soc., **B64**, 729 (1951).
43) J. M. Hedges and J. W. Mitchell: Phil. Mag., **44**, 223 (1953).
44) T. Suzuki and H. Suzuki: Proc. Int. Conf. Theor. Phys. Kyoto and Tokyo (1953) p. 570.
45) T. Suzuki and H. Suzuki: Sci. Rep. Res. Inst. Tohoku Univ., **A6**, 573 (1954).
46) H. Suzuki: J. Phys. Soc. Japan, **10**, 561 (1955).
47) R. D. Heidenreich and W. Shockley: Rept. Conf. Strength of Solids, Bristol, 1947 (1948) p. 57.
48) H. Suzuki: Sci. Rep. Res. Inst. Tohoku Uuiv., **A4**, 455 (1952).
49) A. H. Cottrell and M. A. Jaswon: Proc. Roy. Soc., **A199**, 104 (1949).
50) N. F. Mott and F. R. N. Nabarro: Proc. Phys. Soc., **52**, 86 (1940).
51) V. Gerold and H. Haberkorn: Phys. Stat. Sol., **16**, 575 (1966).
52) A. Kelly and P. B. Nicholson: "Precipitation Hardening", Prog. Mater. Sci.,

10, No. 3 (1963).
53) P. B. Hirsch, R. W. Horne and M. J. Whelan : Phil. Mag., **1**, 677 (1956).
54) W. Bollmann : Phys. Rev., **103**, 1588 (1956).
55) M. Nemoto and S. Koda : Trans. Japan Inst. Met., **7**, 235 (1966).
56) H. Fujita : 6th Proc. Inter. Cong. Electron Microscopy Kyoto, 289 (1966).
57) 井村徹 : 日本金属学会会報, **12**, 609 (1973) ; T. Imura, In Situ Experiment with HVEM, Research Center for Ultra HVEM. Osaka Univ. (1985) p. 381.
58) H. Kozima and T. Suzuki : Phy. Rev. Latters, **21**, 896 (1968).
59) B. Gudden : Ergebnisse der Exahten Naturwissenschaften, **13**, 223 (1934).
60) A. R. Lang : J. Appl. Phys., **30** 1784 (1959).
61) H. J. Gneisser, K. Hubner and W. Schockley : Phys. Rev., **123**, 1245 (1960).
62) T. Iizuka and M. Kikuchi : "Lattice Defects in Semiconductor", University of Tokyo Press (1968) p. 1966.

金属学のルーツ
4 金属間化合物

4.1 金属間化合物の原点

　金属文明の発祥は今から遡ること7000～8000年の大昔といわれているが，それ以降の数千年の人類史は戦乱と封建と宗教の堕落とが相まって，斬新な金属文明の萌芽・発展をみることなく推移した．

　13世紀頃，ヨーロッパ各地で大学が創設され，アラビア科学を仲介にして古代科学がラテン語に翻訳され，やがてギリシア語から直接翻訳されるようになった．そしてそれまで封建と教会の強圧に苦しめられてきた民衆にとって，古代ギリシアの自然観は極めて新鮮なものとして受けとられた．

　一方，各都市で派生した商人と民衆による封建貴族に対する闘いは，まずフィレンツェでの都市国家を独立させ，自らの文化を創立するために古代文化を復活させた．ルネッサンス運動の展開である．人々はヒューマニズムをかかげ，自由と自然の復活を求めた．この時代的潮流はさらに，16世紀のM. Luther (1483-1546) らの宗教改革運動へと発展した．一方，工業技術も徐々に進歩し，15～16世紀にかけて製鉄技術に大量生産を可能にする高炉が考案され，やがて16～18世紀のイギリスにおいて蒸気機関の発明に伴う産業革命という大転機を迎えるのである．

　このような歴史的背景を踏まえ，科学的活動も加速度的に活性化された．この傾向は，例えば表4-1に示すように，元素発見年表からもうかがうことができる．金属文明の創生期の古代において，人類が手にした元素（もちろん元素としての認識はない）は7種類の金属と2種の非金属であった．ところがそれ以降の数千年間というものは，発見された元素の種類は極めて微々たるものでしかなかった．しかしやがてルネッサンス，宗教改革，そして産業革命と人間意識変革の大きな潮流の中で，新たなる科学思想の芽生えが着実に浸透していくのである．この科学・技術の展開は，表4-1においても明瞭にうかがうことができる．すなわち18世紀後半以降の発見元素

4 金属間化合物

表 4-1 元素発見年表.

古 代	Au, Ag, Cu, Fe, Pb, Sn, Hg, S, C
中 世	As, Sb, Bi
16 世 紀	Pt
17 世 紀	Zn, P
18 世紀前半	Co
18 世紀後半	Ni, H, O, N, Cl, Mn, Mo, W, U, Zr, Ti, Y, Cr, Be
19 世紀前半	Nb, V, Ta, Ce, Pd, Rh, Ir, Os, K, Na, Ca, B, Ba, Sr, Mg, I, Cd, Li, Se, Si, Br, Al, Th, La, Er, Tb, Ru
19 世紀後半	Cs, Rb, Tl, In, Dy, He, Ga, Yb, Ho, Sm, Sc, Tm, Nd, Pr, F, Gd, Ar, Kr, Ne, Po, Ra, Xe, Ac, Rn
20 世紀前半	Eu, Lu, Pa, Hf, Re, Tc, Fr, At, Np, Pu, Am, Cm, Pm, Bk, Cf
20 世紀後半	Es, Fm, Md, No, Lr, Rf, Ha, …

数の激増である．このように多数の元素が実在するとなると，Aristotelēs（前384-前322）以来続いてきた四元素説（火，気，水，土）は自ら破綻を来すことになる．何人かの科学者が四元素説に対する修正，新提案を行った．中でも A. L. Lavoisier（1743-94）が1789年に出版した「化学原論」で，彼は元素（単体）を「物を分解して最終的に帰着される一切の物質を元素と認めなければならない」と定義し，33種の物質を規定した．そして「すべての反応の前後において，物質の量はそれぞれ等しく，また元素の性質と量も相等しい」として，質量保存の法則を元素の保存という形式で明確化した．これこそまさに近代化学の出発点というべきであろう．このような概念の確立は，古代ギリシア以来の原子論の具体化であり，原子はその相対的重量（原子量）によって規定されるという J. Dalton（1766-1844）の提案は，さらに原子論を化学に有効な思想にしたのであった．この原子量の導入は，当時急増した元素を整理するための有力な指針となった．

1869年，ロシアの D. I. Mendeleev（1834-1907）は化学教科書執筆中に，元素を原子量の順に並べると周期的に性質が変化することを見出し，「元素の周期表」の提案となった．翌年，ドイツの J. L. Meyer（1830-95）も同様の周期律を得ている．この元素の周期律の発見は，単なる元素の分類という利便さにとどまらず，諸元素間の自然の法則性を明示した点で，まさに画期的な近代科学の展開の導火線となったのである．もちろんその後の希土類元素，放射能，原子の自然崩壊，同位体元素の発見など Mendeleev の19世紀化学観では説明困難な事実が生じてくるが，これらは後の原

子物理学者,E. Rutherford (1871-1937),H. G. J. Moseley (1887-1915),N. H. D. Bohr (1885-1962) などによって解決された.すなわち,元素の化学的本性を決定するものは原子量よりもむしろ原子番号(核電荷)であることが明らかにされたのである.このことは元素周期律なるものは,原子構造に由来することを意味する.古代ギリシア時代に源を発した原子論の概念は,20世紀に至ってようやくその輪郭を浮かび上がらせたのであった.

元素の周期律の発見者 Mendeleev は次のようにいっている[1].

「元素の周期律は,諸元素の体系化のために,また未知の元素の原子量・性質の予知に,原子量の補正や化合物形成に関する知識—分子化合物の理解,単体や化合物の物理的性質の研究などに応用できる」と.

その後の物理学・化学の発展の推移を見ると,多かれ少なかれ大半が元素の周期性,すなわち"近代原子論"に立脚していることを知らされる.金属学,そして金属間化合物の分野も然りである.

4.2 金属間化合物の金属学史

18世紀後半から19世紀にかけて,発見される金属元素の数が次第に増えていった.そして19世紀の前半頃より,ようやく合金に関する研究が系統的に行われるようになる.もちろん合金に関する知識は未開の状態で,異なる金属元素を融かし合わせて合金試料とし,その性質(主として酸に対する反応)を調べるというものであった.しかしやがて,何人かの研究者達はある種の合金組成のものがいわゆる'化合物'のような挙動を示すことに気づき,異なる金属と金属との間に化合物が形成されるのではなかろうかと考え始めた.例えばドイツの化学者 K. Karsten は,Cu と Zn の合金の酸に対する反応で,組成比がちょうど 1:1 のところで不連続性を示すことを見出し,化合物の形成を推察した(1839年)[2].これまさしく今日でいう β 黄銅(CuZn)という金属間化合物であったが,これが認知されたのは約1世紀近くたってからのことである(後述).

19世紀後半になると研究手法も進歩し,化学的性質以外の電気的,磁気的,熱的,機械的諸性質を解析する実験技術も開拓され,これらによっても合金組織の変化につれての性質の不連続性が次々と指摘されるようになった.しかしこれらの当初の手法は稚拙であり,実験結果の誤認も数多くあった.このようにして19世紀に萌芽した金属学の領域における金属間化合物存在の知見は,混迷の中に埋もれるかに見えた.

しかしやがて，暗中活路を切り開き，先導の松明(たいまつ)を高くかかげる戦士が，その後陸続として現れるのである．すなわち，19世紀末から20世紀初頭にかけて合金相（金属間化合物）の同定に大きな足跡を残したのは，ドイツのG. Tammann (1861-1938)[3] とロシアのN.S. Kurnakov (1860-1941)[4] である．彼らの努力により，1900年までに刊行論文で確認された金属間化合物の数は37にすぎなかったのが，2～3年後には約10倍に膨れ上がったのである．

さて，金属学の分野でその発展に大きな役割を果たしたのは，X線回折による結晶構造の解析法である．この方法が金属学の分野に導入されたのは1912年M. von Laue (1879-1960)らによってであったが，金属間化合物が構成金属とは異なる結晶構造を持つということが初めて明らかにされたのは，Cu-Zn系におけるβ相(CuZn)やε相($CuZn_3$)についてであった（1921年）[5]．前述のKarstenのCuZnについての推察が，80年あまりたってやっと裏づけられたのである．さらに，Tammannによって提起された規則構造の予測[6]を裏づけたのもまたX線回折による'規則格子線'の発見[7]であった．このようにX線回折による研究は，金属間化合物の結晶構造の特異性を明確にクローズ・アップさせたのである．

ところで，多種多様の金属間化合物が次々と出揃ってくると，なぜそのような合金相が形成されるのか，いかなる因子に支配されるのかについて強い関心が集まった．多くの研究者がこの問題の解明に取り組んだ．そして結晶化学的研究の進展の結果，金属間化合物の構造決定因子として次の三つに集約されることになった．すなわち，W. Hume-Rothery のいう e/a 比（電子濃度）[8]，E. Zintl のいう電気化学性（イオン結合性）[9]，F. Laves のいう原子寸法比（$r_A/r_B=1.225$）[10] である．これらの説明は省略するが，この中の一つだけが結合様式と構造を決定するのは極めてまれで，一般にはこれらの因子の2～3が重畳して関与している．

このように多岐にわたる金属間化合物の実体は，原子結合特性，すなわち原子構造とか原子寸法などに依存することが分かってきた．原子そのものの性質といえば前節で述べた元素の周期律と深い関わり合いを持つことになる．事実，周期表上での元素の位置により，それらによって形成される合金や金属間化合物の性格が特徴づけられるのである．すなわち，周期表の左側に位置する元素は金属性が強く（真金属，T），右側に位置する元素は族が進むにつれ非金属的となる（b 亜族元素，B）．またそれぞれが性質の強弱により T_1 と T_2，B_1 と B_2 に大別される．これらの組み合わせに応じて，出現する合金相には独特の特徴が生まれる．

このような周期表と現実の合金相との関連性は，さらに周期表に基づく未知の合金

4.3 金属間化合物脆さ克服の劇的展開

相の予測や合金設計の可能性を意味するものであり,事実最近においても各元素間で形成される結晶構造を修正された周期表上で整理し,その分布をマップ化するとともに,構造安定性から合金設計への方途を探る試みがなされている[11].

4.3 金属間化合物脆さ克服の劇的展開

今まで述べたように,金属間化合物の存在がようやく認知され,その特異な結晶構造が次々と明らかにされるようになったのは今世紀に入ってからのことである.合金平衡状態図の作成に伴う出現する中間相(金属間化合物)の同定には,X線回折による結晶構造の解析が有力な武器になった.すなわち,金属間化合物はまさに金属学発展過程における主役のひとりであったのである.しかし逆の視点に立てば,金属間化合物は金属結晶学の分野での恰好の標本にすぎなかったといえなくもない.このような状況は20世紀半ば頃(第二次世界大戦末期)まで続くのである.しかしやがて人々は金属間化合物の特異な物性に気づくようになる.物性研究が進展するにつれ,その実用化が図られた.すなわちまず磁性材料,半導体材料,超伝導材料などの機能材料として金属間化合物の利用が開花したのである.

ところで金属間化合物は,構造材料としては見向きもされなかった.極めて脆いということを人々は経験的に知っていたからである.わずかに複相合金の構成相として,あるいは時効硬化合金の析出相として,いうなれば脇役的な補強材として利用されていたにすぎなかった.第二次世界大戦末期頃から開発・実用化された超耐熱合金"スーパーアロイ(Superalloy)"はジェットエンジンを実現させ,ジェット機による航空機全盛時代を到来させた.しかしここでも金属間化合物 Ni_3Al は,他の炭化物とともに分散補強材としての役割の認識しか与えられなかった.その後,ジェットエンジンの高性能化につれスーパーアロイに対しても耐熱性改善が求められ,合金組成(合金設計),溶解法(真空溶解),鋳造法(一方向凝固),さらにはブレード冷却(強制空冷)など改良の努力はほぼその限界点にまで達した感がある.図4-1はスーパーアロイ耐用温度改善の推移を示したものである.

上述のように,スーパーアロイの出現は航空機産業に革命的飛躍をもたらしたが,その優れた耐熱性に対し材料学的検討が行われるようになったのは,戦後しばらくたってからのことである.スーパーアロイが材料研究の分野で貢献した役割は次の二つに要約されるのであろう.一つは"合金設計"理念を萌芽させたことである.スーパーアロイの開発の過程は,耐熱合金という立場からニクロム合金をベースにただ闇雲

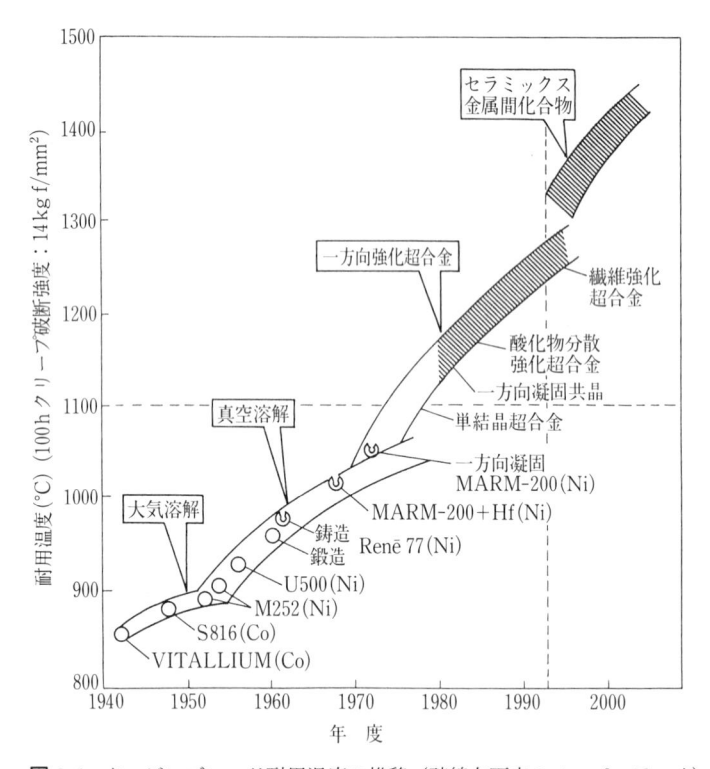

図 4-1 タービンブレード耐用温度の推移(破線左下方:スーパーアロイ).

に試行錯誤を繰り返すものであったが,合金組成によっては'σ相'という極めて脆い相が形成され,これが材料劣化の元凶と目された.したがって当時の研究者達はこれへの対策に苦労したわけであるが,戦後になってこの相の実体ならびに形成抑止についての研究が行われるようになった.そして電子濃度に基づいて合金組成を制御する考え方が提案され,これが合金設計の理念'PHACOMP'[12]のスタートとなる.これ以降,合金設計分野の展開は広範かつ多彩である.

スーパーアロイの貢献のもう一つは"金属間化合物"に関するものである.スーパーアロイの耐熱性については,その複雑な合金組成のゆえに,固溶強化,炭化物形成,金属間化合物析出,耐酸化性改善などという定性的説明がなされるにすぎなかった.しかしやがて研究が進展するにつれ,金属間化合物の特異な機械的性質に遭遇する.金属間化合物へ関心と期待を集める契機を与えたのは当時 General Electric 社に

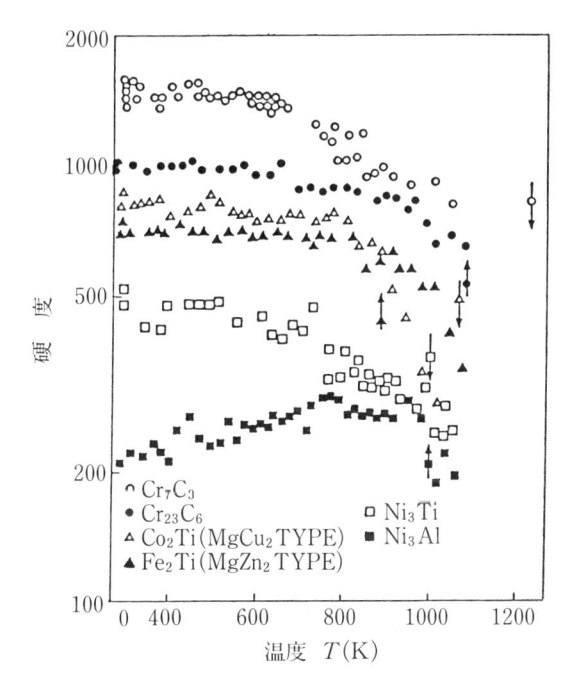

4.3 金属間化合物脆さ克服の劇的展開

図 4-2 各種化合物相の硬度の温度変化[13].

いた J. H. Westbrook である（1957年）．彼はスーパーアロイの構成相（炭化物，金属間化合物）の高温硬度を測定した（図4-2）[13]．いずれの相も優れた値を示しているが，なかでも人々の関心を集めたのは，金属間化合物 Ni_3Al （図中■印）の挙動であった．すなわち Ni_3Al の硬度が温度上昇するにつれ，かえって増大するという奇妙な測定結果であった．これは従来の常識を覆すものである．しかし硬度というものは加工硬化の影響をも含むため，本当にこの材料自体の'強さ'がそうなのかについては確信が持てなかった．やがて数年後，P. A. Flinn による高温耐力測定結果は，より鮮明にこの異常性を浮彫りにさせた（図4-3）[14]．この発見は金属間化合物への新しい耐熱材料としての期待をにわかにかき立てるものとなった．そして新材料開発の気運が Westbrook らを中心に一気に盛り上がったのであった[15]．しかし，このせっかくの気運も瞬く間に萎えてしまうのである．金属間化合物の宿命的な脆さのゆえにであった．脆いということは，構造材料としてはまさに致命的欠陥である．かくして，耐熱構造材料としての金属間化合物への期待と夢は水泡に帰したかに見えた．

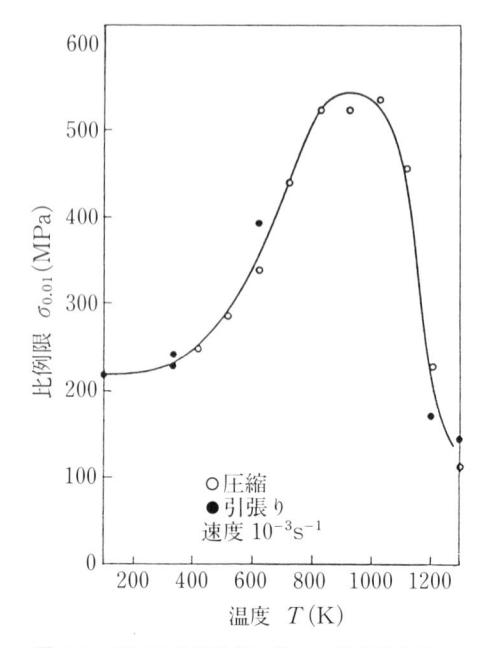

図4-3 Ni$_3$Al多結晶材の強さの温度依存性[14].

ところで，温度上昇につれて強度が増大するという金属間化合物の異常な現象は，"鉄は熱いうちに打て"という従来の常識を覆すものであり，材料研究者の好奇心を集めた．そして関心の対象はまず規則合金の塑性変形機構，すなわちすべり転位の挙動解明に向けられた．エネルギー的に安定な規則構造を崩しつつ転位が運動（塑性変形）するためには高い外力を必要とすると予測されたのに，実際には低い応力で足りるという矛盾の解明である．その結果，規則構造の中を運動する転位は2本の転位が対をなすという独特の形態（超格子転位：superlattice dislocation）をとっていることが明らかになった．次の問題はなぜ温度上昇につれて強度が増大するのかということである．これに対する主な解釈として次の二つが挙げられる．一つは図4-4[16]に示すように，温度が上昇して規則度が低下すれば対をなす超格子転位の幅が増大し，遂には単一転位の挙動に移行し，その遷移段階で強度のピークを形成するというものである．他はすべり面と逆位相境界（Anti-phase Boundary；APB）との面エネルギーの相対的大小関係に基づくもので，結晶構造によって規定されるすべり面（面心立方晶系 L1$_2$ 型であれば {111} 面）上を動く超格子転位（対をなす2本の転位の間には

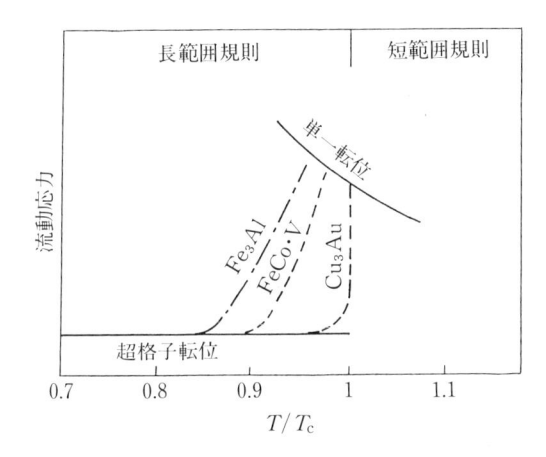

4.3 金属間化合物脆さ克服の劇的展開

図4-4 超格子転位と単一転位の流動応力に対する関係（模式図）[16].

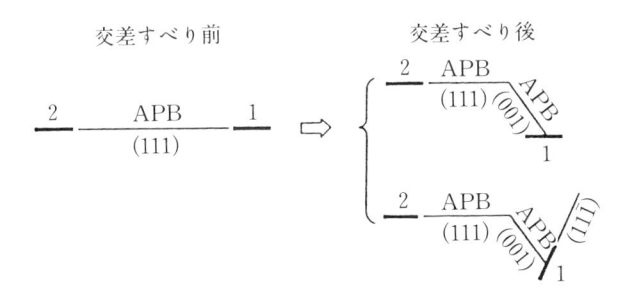

図4-5 超格子転位の交差すべり.

APB面が挟まれる）はAPBエネルギーのより低い面（L1$_2$型Ni$_3$Alの場合は{100}面）に交差すべりを起こす．しかし{100}面は主すべり面ではないので，図4-5に示すように転位はロックされた状態となり，変形抵抗は増大して材料強度は上昇することになる．この考え方はもともと規則合金の加工硬化に対して提案されたものであるが[17]，温度上昇による交差すべりの熱活性化という観点から異常性をうまく説明した[18]．その後電子顕微鏡技術の向上につれ，超格子転位のこの特異挙動も観察できるようになった．

このように規則構造を組む金属間化合物の異常性に関する基礎的研究は細々ながら着実に継続されていた．金属間化合物は物性研究の興味ある対象としての位置をしば

らくの間甘んじざるを得なかったのである．そして見出された新しい物性の数々は，塑性加工を必要としない機能材料—磁性・半導体・超伝導材料—としてまず実用化に躍り出たのであった．

　金属間化合物の機能材料としての華々しい急展開の陰で，構造材料への期待はまさに絶望的ともいえる惨めな状態が続いた．ところが1979年のわが国の学会誌に，

図4-6　Ni_3Al 多結晶材の室温粒界割れ．

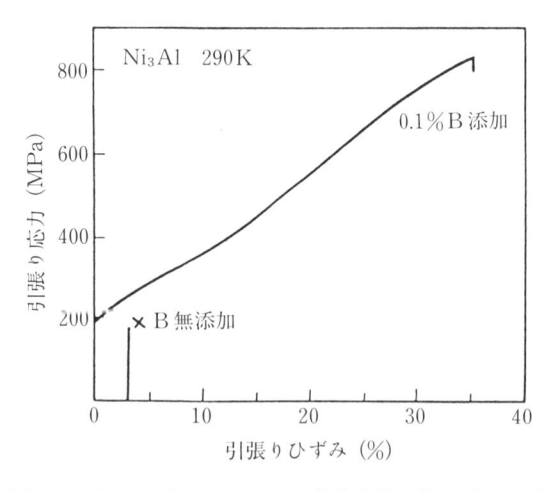

図4-7　ボロン添加による Ni_3Al 多結晶材の常温延性の改善．

4.3 金属間化合物脆さ克服の劇的展開

$L1_2$型金属間化合物Ni_3Al多結晶材が,微量のボロン添加により延性化されるという青木および和泉の報告が掲載された[19].この材料は前述のように温度上昇につれて強くなるという奇妙な挙動を示すが,結晶粒界が著しく脆弱で簡単に粒界割れを起こし(図4-6),箸にも棒にもかからない存在であった.それが微量のボロンの添加により室温で数十%の延性が得られるようになったというのである(図4-7).この成果は瞬く間に全世界に知れわたった.とくに米国のOak Ridge National Laboratory (ORNL)のメンバーは直接わが国の研究室を訪ね,詳細に研究内容を調査した.そして追試験を重ねて数年後,"the dramatic improvement"としてこの成果を紹介したのである[20].

とにかくこれを契機に,"金属間化合物は脆いもの"という諦めに似た"常識"は打破され,耐熱構造材料としての期待は,にわかに高まった.そして,金属間化合物に関する研究は燎原の火のごとく全世界に拡がった.1984年以降,Materials Research Society (MRS)をはじめ各国の学協会が競って金属間化合物に関する国際集会を毎年数回開催するなど,今やこの分野の開発研究は劇的な展開を見せている.以下に,その後の開発研究の軌跡を振り返ってみたい.

研究の興味はまずNi_3Alに微量添加されたボロンの劇的効果の解明に向けられた.添加されたボロンの行方がAuger分光分析によって追及され,ボロンは優先的に結晶粒界に偏析することが確認された[21,22].一般には不純物原子が粒界に偏析すると粒界強度を劣化させるが,この場合は逆である.0.1 mass%程度の微量添加でなぜこれほど著しい効果が現れるのか? この材料の結晶粒界に特殊な原因が潜んでいるのではないか? そこで粒界構造の解明が系統的に行われることになった.Ni_3Alの粒界脆性が粒界構造に由来する本質的なものであることは,ボロンの効果が見出された時点ですでに示唆されていた[19].すなわち,Ni_3Alの独立する活動すべり系の数はvon Misesの条件を十分満たしており,有害不純物の粒界偏析は検出されず,残る粒界脆性の原因としては粒界構造そのものに由来するとしか考えられなかったからである.

規則合金の粒界構造に関する最初の系統的研究は高杉らによってなされた[23~25].以下にその概要を示そう.解析は$L1_2$型やB2型についてなされたが,解析に当たっては粒界結合に関わる原子間の電子論的結合状態と粒界電荷分布に立脚して粒界構造を取り扱っている.図4-8は$L1_2$型A_3B金属間化合物の粒界近傍での原子配列と結合形態の例($\Sigma 5$粒界)を示したものである.金属間化合物の特性はA-B結合対の性格に強く依存する.図に見られるように,粒界領域ではA-A(白丸-白丸:金属-

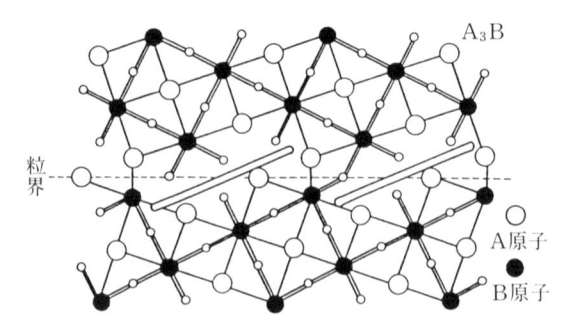

図 4-8 L1$_2$ 型金属間化合物 A$_3$B の粒界近傍における結合様式.

金属）結合対が大半を占め，A-B（白丸-黒丸：金属-b 亜族元素）結合対の出現頻度は激減し，B-B（黒丸-黒丸：b 亜族-b 亜族）結合対はほとんど見られない．ところで A-B 結合対の共有結合的性格が強くなると，結合の方向性と偏極性が強まる．したがって原子配列の乱れた粒界においては，界面を挟む A-B 結合の方向性（理想角度）を満たす確率が低下して結合強度が弱まり，また偏極性ゆえに電子密度は A-B で高く A-A で低いという電荷密度分布の不均一を招くことになる．このため A-A 金属結合領域は粒界結合強度に実質上関与しない 'cavity'（図中長楕円形で表示）ともみなせる結合欠陥を形成することになり，これまた粒界強度を低下させる結果をもたらす．粒界での電荷分布の均質度を構成原子間の原子当たりの価電子数 e/a の差 ($\Delta e/a$) で評価すると，Ni 基 L1$_2$ 型金属間化合物では Ni$_3$Ge ($\Delta e/a=4$)≦Ni$_3$Si ($\Delta e/a=4$)＜Ni$_3$Ga ($\Delta e/a=3$)≦Ni$_3$Al ($\Delta e/a=3$)＜Ni$_3$Mn ($\Delta e/a=0.9$)＜Ni$_3$Fe ($\Delta e/a=0.2$) の順に粒界強度が高くなることが示唆された[24]．この順序には原子寸法効果も加味されている．事実，Ni$_3$Al を含めて左側に位置するものは脆く，右側のものは延性的である．すなわち，$\Delta e/a$ の値が小さいほど延性を増す傾向があるということができる．

　このような粒界における電荷分布の不均質が粒界脆性を招くという観点に立てば，前述のボロン添加による延性の改善効果も次のように解釈することができる．Ni$_3$Al に微量添加されたボロン原子は粒界に偏析し，粒界結合欠陥部（図 4-8 参照）の電荷密度が希薄な領域に電子を供給して電荷分布を均質化する．均質化されると結合欠陥部の cavity としての影響は軽減され，結果として粒界強度が改善されて延性の増大をもたらすことになる．もしこの解釈が妥当であるとすれば，ボロン添加以外にも電荷分布の均質化の手段があるであろう．このようにして金属間化合物の延性化のため

4.3 金属間化合物脆さ克服の劇的展開

の新たな合金設計の理念が構築されたのである．

その一つは置換型元素の添加による延性改善の試みである．前述の侵入型元素ボロンの微量添加を 'micro-alloying' とすれば，この置換型元素のやや多量の添加は 'macro-alloying' として区分されるべきものであろう．この理念に基づく第三元素添加の目的は，粒界における電荷分布の均質化を図ることである．したがって不均質性を助長するような元素，例えばb亜族元素を添加しても延性の改善は望めないであろう．これに対して，例えば Ni_3Al の構成元素 Al (b亜族元素) とも置換する真金属 (Fe, Mn など) を添加すれば，粒界における電荷分布の不均質 (図4-8における A-B 結合による電荷濃縮部) を緩和 (希釈) し，A-A 結合欠陥部の cavity としての働きを抑制することが期待される．実験結果はまさに予測通りで，図4-9は Mn, Fe を添加した場合の Ni_3Al の室温における応力-ひずみ曲線である．

電荷分布均質化の理念に基づくもう一つの試みは，A-B 結合対の共有結合性を極力抑えることである．すなわち，そのような構成元素をはじめから選択することである．図4-10はそのようにして選択された $L1_2$ 型金属間化合物の応力-ひずみ曲線である．この図はまた構成元素の族番号差が小さいものほど，換言すれば前述の $\Delta e/a$ の値が小さいものほど伸び値が増大することを示している．

以上に述べた粒界における結合欠陥は，規則化エネルギーの観点からも整理することができる[26]．規則化エネルギーをパラメーターとして計算した粒界構造の例を図4-11[27]に示す．図4-11(a)は規則化エネルギーの高い $L1_2$ 型 Ni_3Al, (b)は同じ

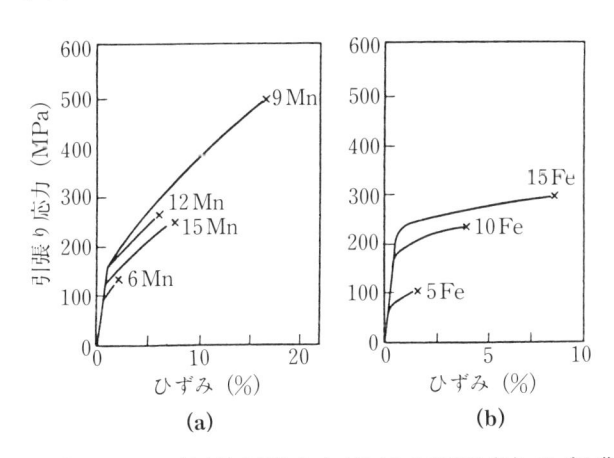

図 4-9 (a)マンガンと(b)鉄を添加した Ni_3Al の引張り応力-ひずみ曲線．
(a) Ni_3Al+Mn, (b) Ni_3Al+Fe.

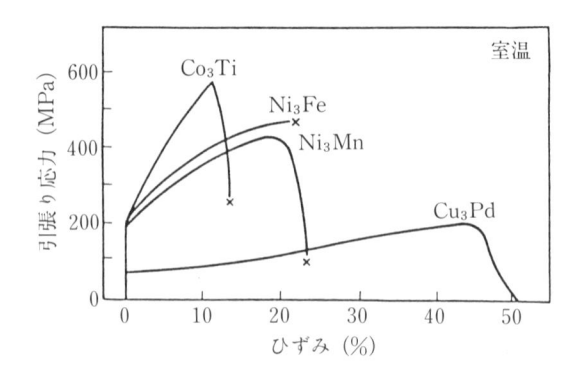

図4-10 延性的 $L1_2$ 型金属間化合物の引張り応力-ひずみ曲線.

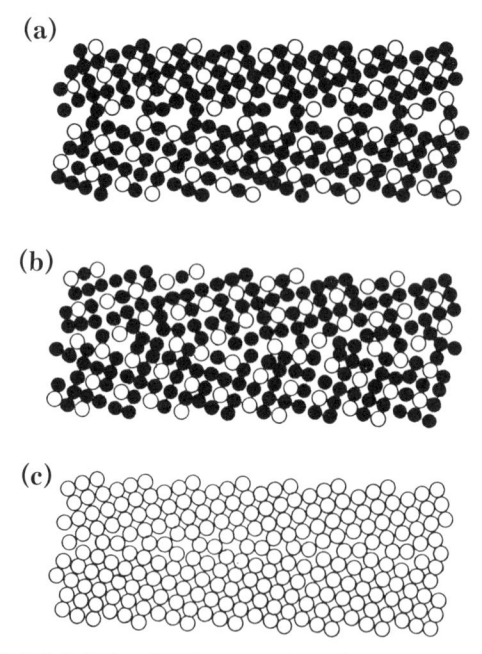

図4-11 $\Sigma5$ 対応粒界構造と規則化エネルギー. 規則化エネルギーの高い順に Ni_3Al(a), Cu_3Au(b)および不規則構造 Cu(c)の $\Sigma5$(310)[001]粒界[27].

4.3 金属間化合物脆さ克服の劇的展開

L1$_2$型であるが規則化エネルギーの低い Cu$_3$Au,（c）は面心立方晶金属 Cu のそれぞれ粒界構造を示す．規則化の強い Ni$_3$Al（a）では粒界に沿って原子サイズの 'cavity' を生じて不均一構造になっているのに対し，規則化の弱い Cu$_3$Au（b）や純金属 Cu（c）ではより均一構造となっている．前者の不均一構造は粒界近傍での転位の移動度を阻害し，粒界におけるマイクロクラックの発生につながる可能性がある．すなわち規則化の強いものほど粒界脆性は顕著となる．

金属間化合物の粒界脆性は粒界での原子配列の乱れに起因するのであるから，その乱れを極小にしてやれば，粒界割れを防ぐことができるであろう．このためには隣接結晶粒間の方位差を極力小さくしてやる必要があり，手段としては一方向凝固（鋳造材）と再結晶集合組織（鍛練材）の制御が考えられる．整列した柱状晶組織のものは延性が改善され[28]，また尖鋭な立方体集合組織に制御された L1$_2$ 型 Ni$_3$Fe や Ni$_3$Al はほとんど粒界割れを示さない[29]．図4-12は強圧延後再結晶させて立方体集合組織となった L1$_2$ 型 Ni$_3$Fe の引張り試験前（左）・後（右）の組織写真である．マトリックスの大半は立方体集合組織となっているが，まれにランダム大傾角粒界の結晶粒（写真左の R で示した粒界）が混在する．引張り変形後はこの部分でのみ割れが発生し，マトリックスでは粒界割れは生じていない．

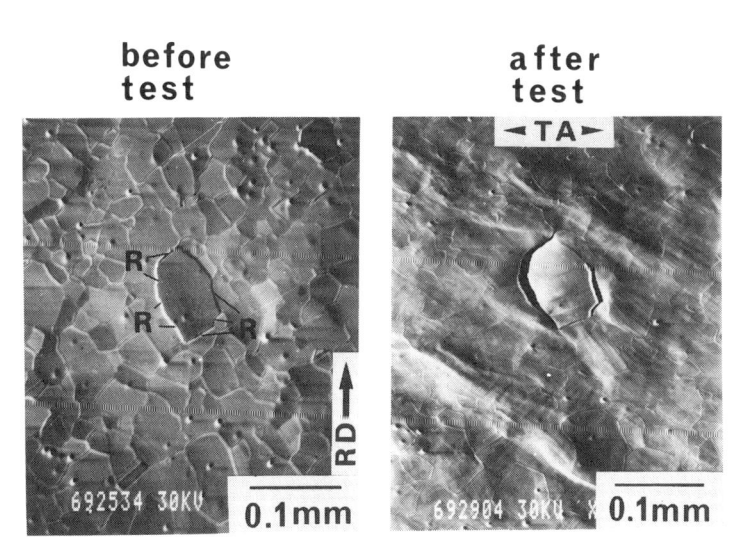

図 4-12 Ni$_3$Fe の立方体集合組織部（マトリックス）に残留混入したランダム大傾角粒界（R）のみに発生した粒界割れ．

以上述べたように，ボロンの微量添加による粒界割れ抑制効果の発見は，金属間化合物開発・研究への大いなる転機を与えた．そして規則合金の結晶粒界構造の特異性—結合欠陥の存在—をクローズアップさせた．そしてこの欠陥の補強策が延性改善対策の主流となった．しかし，ボロン微量添加効果に対する解釈についても別の提案もなされている．すなわち，ボロン添加による Ni_3Al の延性化は Ni 過剰な組成で発現するが，これらの組成の試料の粒界ではボロンの偏析とともに，Ni の異常な濃化が生じて不規則化しているという．このような粒界ではすべり転位の移動度が増大し，粒界での応力集中が低減され，粒界破壊が阻止されるとしている[30,31]．しかしこれに対しては反論も多い[32,33]．

4.4 金属間化合物開発研究の推移

前節で述べたように，金属間化合物開発研究の劇的活性化の転機となったのは，ボロンによる Ni_3Al の粒界脆性克服の発見であった．したがって1980年代における当初の研究は，ボロン効果の検証（他の化合物への適用を含む）ならびにその機構解明から始まった．そして延性改善の可能性を求めて，$L1_2$ 系以外の各種金属間化合物へと研究対象は急速に広がっていった．図4-13は金属間化合物の代表的結晶構造であるが，それまで研究されたものの大半はこれに含まれる．その約10年間の研究の推移を概観すると，$L1_2$ 系に始まった研究は，軽量耐熱材料の開発を目指した Ti-Al 系を中心とした研究と，超高温耐熱材料を目指した高融点金属間化合物の研究とに分極され，さらに新たに問題となった環境（雰囲気）効果，そして将来のプロセッシング技術の開拓を意図した新技術の模索の試みに整理することができる．以下これらについて概説する．

4.4.1 $L1_2$ 型金属間化合物

$L1_2$ 型 Ni_3Al の粒界脆性に対するボロンの劇的効果の発見は，他の金属間化合物に対する効果，あるいは他の元素添加による可能性への期待を掻き立てた．微量元素添加の効果については種々の金属間化合物に対して試みられたが，B，C，Be 添加の $L1_2$ 型についての結果[34]を総括すると表4-2のようになる．この表には載せていないが，ボロンの添加は Ni_3Ga に対しては有効，Ni_3Ge に対しては無効である．さらにこれらの効果が現れるのは $L1_2$ 型 A_3B の化学量論組成より A 元素過剰側の組成範囲であることも明らかにされた．同じ $L1_2$ 型金属間化合物でありながら，微量元素添

4.4 金属間化合物開発研究の推移

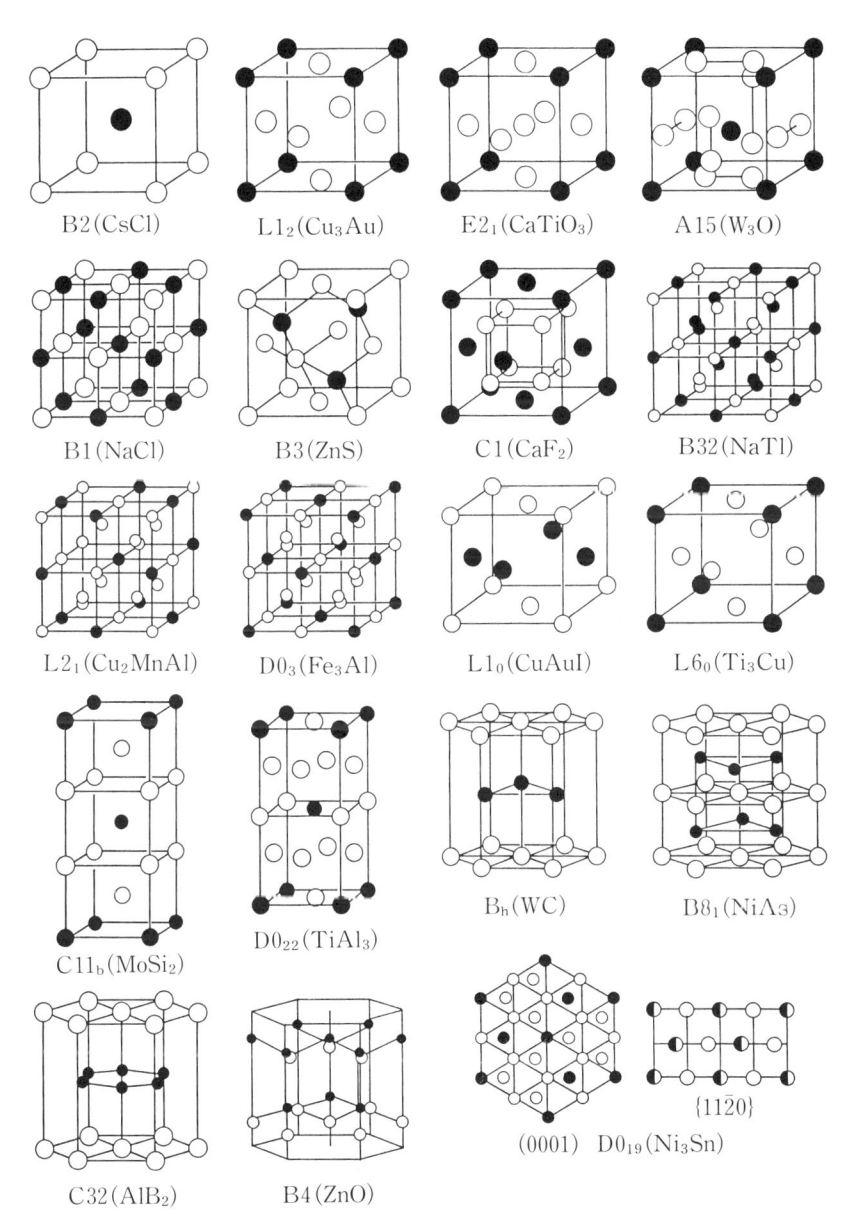

B2(CsCl)   L1$_2$(Cu$_3$Au)   E2$_1$(CaTiO$_3$)   A15(W$_3$O)

B1(NaCl)   B3(ZnS)   C1(CaF$_2$)   B32(NaTl)

L2$_1$(Cu$_2$MnAl)   D0$_3$(Fe$_3$Al)   L1$_0$(CuAuI)   L6$_0$(Ti$_3$Cu)

C11$_b$(MoSi$_2$)   D0$_{22}$(TiAl$_3$)   B$_h$(WC)   B8$_1$(NiAs)

C32(AlB$_2$)   B4(ZnO)   (0001) D0$_{19}$(Ni$_3$Sn)   {11$\bar{2}$0}

図 4-13 金属間化合物の代表的結晶構造.

表 4-2 L1$_2$ 型金属間化合物の粒界割れに及ぼすボロン，炭素，ベリリウム添加の影響．

	Ni$_3$Al 基合金	Ni$_3$Si 基合金	Co$_3$Ti 基合金
ボロン	◎	◎	—
炭　素	—	◎	○
ベリリウム	○	×	○

◎非常に有効，○有効，—影響なし，×有害

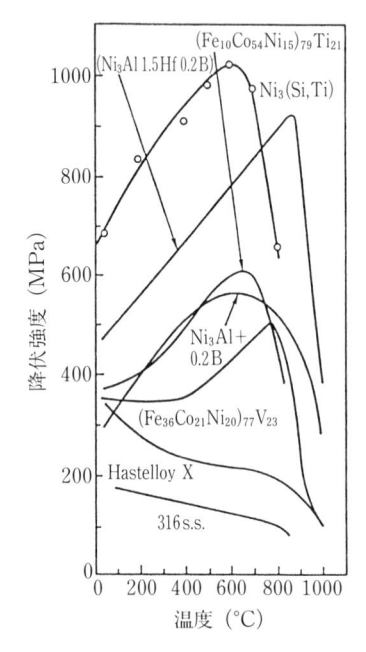

図 4-14 改良された延性金属間化合物の強度-温度関係曲線．比較のため実用合金（HASTELLOY-X, 316 STAINLESS STEEL）の値も示す．

加の効果がなぜこのように異なるのか．まだ明確な結論を得るに至っていないが，微量元素の粒界における原子結合・構造との複雑なからみ合いの所産であることには違いない．

一方，置換型元素添加（macro-alloying）による延性改善の試みも着々と成果を挙げつつあることは前述の通りである．さて，このように延性化の見通しが現実のもの

4.4 金属間化合物開発研究の推移

となると，次のステップは金属間化合物の実用化を目指した開発研究ということになる．すなわち，第三，第四の元素をさらに添加して性能改善を図る試みである．実用的観点より見れば，それは靱性，クリープ，疲労などの機械的諸性質に加えて，周囲の環境雰囲気との化学的相関をも配慮したものでなければならない（耐環境性については後述する）．$L1_2$ 型金属間化合物についても，多くの研究がなされてきた．図 4-

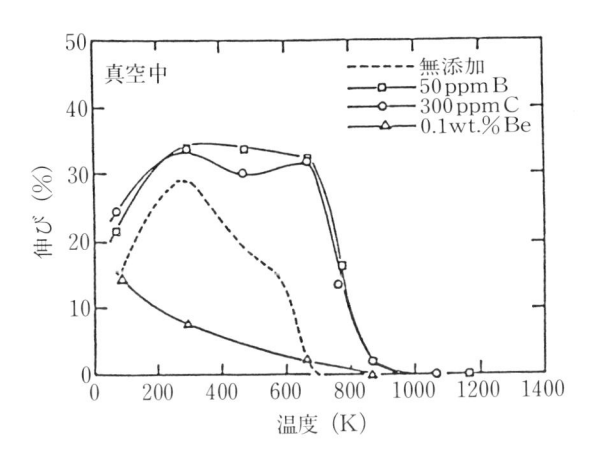

図 4-15 $Ni_3(Si, Ti)$ の伸びの温度変化に及ぼすボロン，炭素，ベリリウム添加の影響．

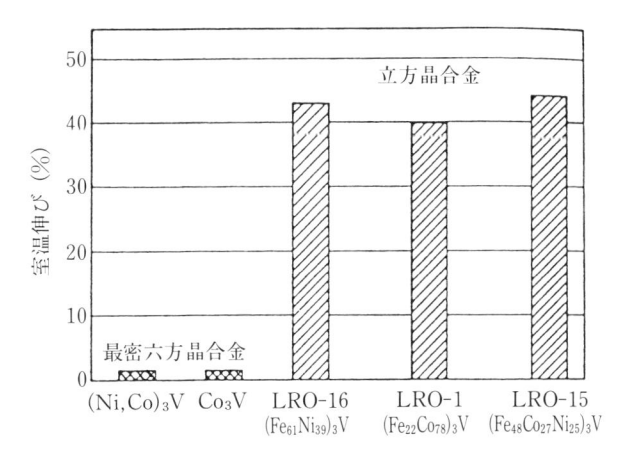

図 4-16 立方晶と最密六方晶規則合金の室温延性の比較．

14は成果の一例である[34]。図には従来の実用材料の値，ならびに金属間化合物研究活性化の発端となったボロンを添加したNi_3Alの測定曲線も示してある。このNi_3AlにHfを1.5%添加することにより高温強度は著しく改善され，また他のL1$_2$型$Ni_3(Si_{11}Ti_{9.5})$や$(Fe\cdot Co\cdot Ni)_3V$や$(Fe\cdot Co\cdot Ni)_3Ti$などの優れた高温特性を持つ金属間化合物も次々と見つかっている．

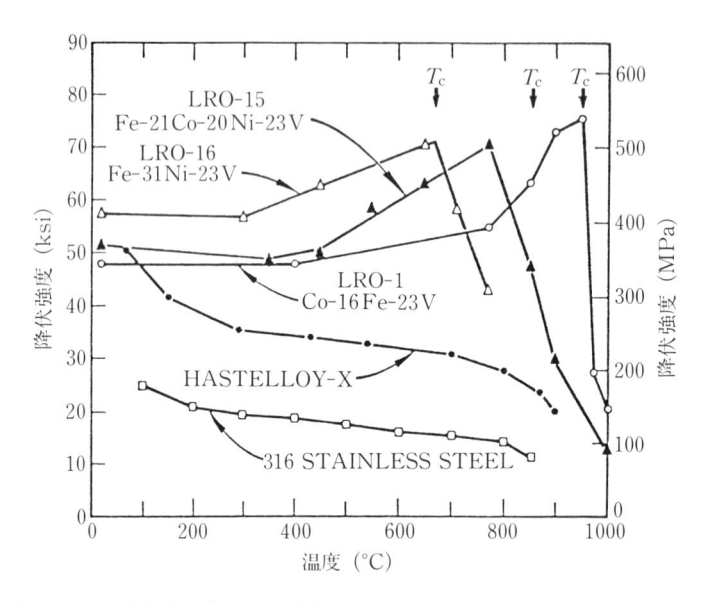

図 4-17 立方晶規則合金と実用合金（HASTELLOY-X, 316 STAINLESS SEEEL）の降伏強度-温度曲線の比較．

ここで興味深いのは$Ni_3(Si\cdot Ti)$と$(Fe\cdot Co\cdot Ni)_3V$である．$Ni_3(Si\cdot Ti)$はNi_3SiにTiならびにB，Cなどを添加して広い温度範囲で延性を改善し（図 4-15），かつ高温耐環境性に優れることで将来有望視されている[34]。$(Fe\cdot Co\cdot Ni)_3V$は六方晶系のCo_3Vや$(Ni\cdot Co)_3V$にFeを添加して電子濃度（e/a）を低下させ，面心立方晶系のL1$_2$型に結晶構造の転換を図ったものである[35]。この転換により延性は著しく改善され（図 4-16），また高温強度にも優れること（図 4-17）から，有力な材料開発の手法といえる．$Ni_3(Si\cdot Ti)$の場合も観点を変えれば，D0$_{24}$型のNi_3TiにSiを加えてL1$_2$型に構造転換させたものともいえる．この第三元素添加による結晶構造の制御は，macro-alloyingの範囲に含まれる手法というべきで，今後の開発研究の重要な分野

4.4.2 軽量耐熱金属間化合物

　ニッケル基超耐熱合金スーパーアロイの開発は，航空機の歴史においてジェット機全盛時代の到来という画期的変革をもたらした．その後もエンジン効率の改良が続けられ，材料の耐用温度も約20～25℃/年の割合で改善の努力が続けられてきた．しかしその努力もスーパーアロイをもってしてはほぼ限界に達した感がある（図4-1参照）．さらに改善を求めるためには，軽量にして耐用温度の高い新しい材料を模索しなければならない．その候補材料として次には金属間化合物に熱い期待が寄せられるようになった．軽量という点からすると現用のスーパーアロイの比重（8.3）以下のもの，耐用温度としては約1000℃以上のものが開発の対象となるであろう．したがって低密度で高融点の金属間化合物の中に候補材料が潜んでいることになる．この分野の研究は急速に盛り上がってきてはいるが，やっと緒についたばかりの段階であり，むしろ今後の発展をまつといった方が妥当かも知れない．本稿では今までの研究の推移を概観することにする．

　軽量金属間化合物であるための原則的条件は，まずそれを構成する元素自体が軽量であることである．その意味でTi-Al系が取り上げられたのは当然の帰結であろう．さてTi-Al系の2元系平衡状態図の部分的な箇所にはまだ不確定なところもあるが，金属間化合物としてはTi_3Al（DO_{19}型，比重4.2，融点1140℃），TiAl（$L1_0$型，3.8，1480℃），$TiAl_3$（DO_{22}型，3.4，1342℃）の3種類が存在することが知られている．このうち，比較的多く研究されてきたのはTi_3AlとTiAlで，特に後者に関するものが急激に増えている．Ti_3Alは当初米国で盛んに研究され，延性改善のためには約20 mass%のNbなどの添加が有効であるなどの成果が得られた．しかしNb添加による比重の増大や，耐用温度も現用の耐熱チタン合金と大差のないことから研究の大勢はTiAl系に移行しつつある．

　TiAlの結晶構造は$L1_0$型と呼ばれる面心立方系の一種で，(002)面上にTi原子とAl原子とが交互に積層する形態をとる．このように金属間化合物としては結晶構造が比較的単純であり，そして何よりもその比重が3.8と小さいことが開発研究の意欲を駆り立てた．さらに研究者の興味をそそったのは，TiAlの強度がNi_3Alと同様な逆温度依存性を示すことであった[36]．このようにして軽量耐熱材料として期待されたTiAlであったが，開発研究の途は険しかった．難点の第一はやはり脆さであった．Ni_3Alの粒界破壊とは異なり，TiAlは劈開破壊である．TiAlは化学量論組成よりや

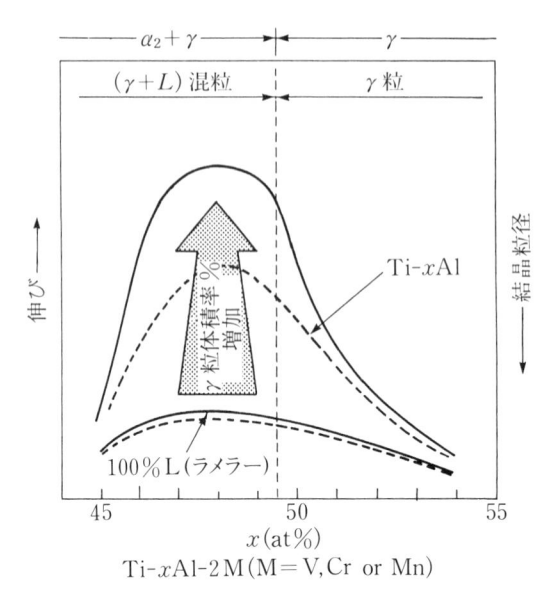

図 4-18 TiAl の伸びと Al 量および組織との関係（L：ラメラー）[37]．

や Ti-rich の成分で常温延性が得られるとされるが[37]，この組成のものは Ti_3Al が共存する．また熱処理や加工歴により組織が微妙に変化し，延性に強く影響する．当初2相がラメラー組織となったものが延性改善に有効とされていたが，その後の研究では完全なラメラー組織はむしろ有害で，微細結晶粒の γ（TiAl）相の体積率を増やした方が延性改善には有効とされている[37]．さらに熱間加工と熱処理の条件の組み合わせにより組織を制御することが可能となり，ラメラーと等軸粒の微細混合組織のものは4%以上の常温伸びが得られるようになった[38,39]．これらの結果をまとめ，模式的に図示すると図4-18のようになる[37]．図には第三元素（M＝V，Cr，Mn）添加の効果をも示してあるが，これらの元素は組織の微細化，規則度の低下，結晶異方性（c/a）の低減，積層欠陥エネルギーの低減などを意図して添加されたものである．このようにして微細組織となった TiAl は高温延性にも優れるようになり，熱間加工も容易となる．時には超塑性現象も発現する．しかし，高温強度（耐クリープ，耐疲労性）の立場からすると，高温変形能の徒らなる改善は必ずしも好ましいことではなく，両者が調和して両立し得るような組織制御が必要となろう．

　$TiAl_3$ の研究は他の Ti-Al 系金属間化合物に比べるとほとんど進捗していない．

4.4 金属間化合物開発研究の推移

この材料の魅力は軽量であることと，Alを多量に含むため耐酸化性が期待されることなどであるが，平衡状態図で$TiAl_3$は組成幅を持たず，かつ結晶構造が複雑（$D0_{22}$型）であることから，開発研究は多難なものになるかも知れない．しかし，Mn, CrやAgを添加（macro-alloying）することにより結晶構造が$L1_2$型に転換されるといわれ[40]，今後の展開を期待したい．

そもそも"軽量"という指標は相対的なものである．そのような意味では前述のNi_3Al（比重7.4）はスーパーアロイ（8.3）に比べれば軽量であるが，さらにNiAl（5.9）やFeAl（5.6）となると軽量の意味は強まる．これらの結晶構造はいずれも体心立方晶系のB2型であり，融点はNi_3Al（1400℃）に比べるとNiAl（1638℃）の方が高い．CoTiも同じ範疇に属する材料である．しかしこれらに関する研究は始められたばかりである．

4.4.3 高融点金属間化合物

Ni基スーパーアロイの開発は現在のジェット航空機時代の全盛期をもたらしたが，その後の相次ぐエンジン効率の改良は材料の耐用温度の増大を要求し，今やスーパー

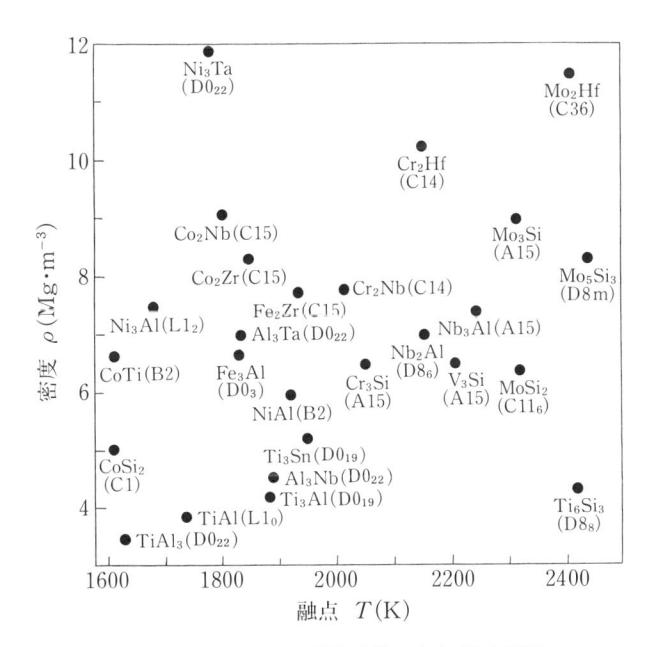

図 4-19 高融点金属間化合物の密度-融点関係．

アロイの性能をもってしては賄い切れぬ限界に達しつつある．ジェットエンジン以外の耐熱材料についても（従来は耐熱材料の枠外にあった機体構造材料も），1000°Cを遥かに超える耐熱性が要求される情勢となった．耐用温度の目安となるのは材料の融点である．機械的性質(特に強度)の耐用温度の限界は普通，融点（K）の 0.7〜0.8 であるからである．したがって新たに求められる耐熱材料の融点としては，少なくとも約 1300°C（1600 K）以上のものが必要ということになる．そのような観点から，この条件を満たす主な 2 元系金属間化合物を探し，密度と融点との関係を図示したものが図 4-19 である．図中（ ）で示したものはそれぞれの結晶構造である．これらのほかにも，高融点金属間化合物は数多く存在する．しかし高温構造材料への開発を意図して研究に着手されたものは，図 4-19 に示されたものの中のまだごく一部にすぎない．わが国においては，前項までに述べた $L1_2$ 系，軽量耐熱材料系などを除き，高融点（約 2000°C）材料として重点的に研究されているのは，A15 型 Nb_3Al（融点 1960°C）と $C11_b$ 型 $MoSi_2$（2080°C）である．

Nb_3Al はもともと超伝導材料として知られたものであるが，高温強度に優れることから耐熱材料としても期待が持たれている．図 4-20[41] は種々の A15 型化合物の降伏応力の温度依存性を示す．高温強度の面では Nb_3Al が他の A15 型に比べ遥かに優れている．しかし 1000°C 以下になると極めて脆く，かつ耐酸化性に難点があるため，第三元素添加の効果や新しいプロセッシング技術の開発などについて検討が進められ

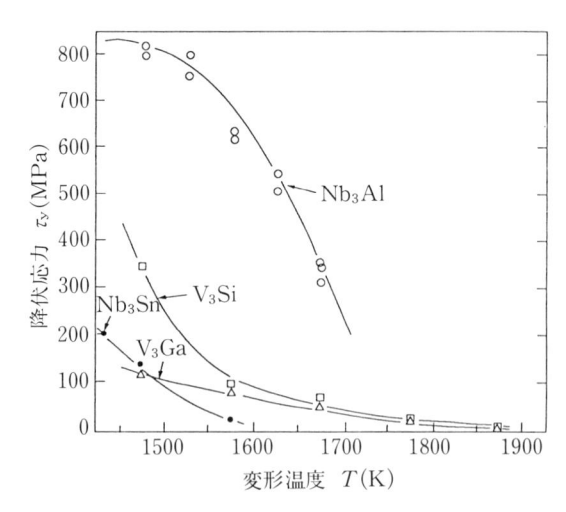

図 4-20　A15 型化合物 Nb_3Al，Nb_3Sn，V_3Si，V_3Ga の降伏応力の温度依存性[41]．

4.4 金属間化合物開発研究の推移

つつある[42,43]．

一方，$MoSi_2$ は Si を多量に含むため耐酸化性，耐食性に優れ，また熱的に安定であるために今までも発熱材料や耐熱被覆材として実用されてきた．そして図 4-21[44] に示すように高温強度が優れていることは耐熱材料として魅力的である．しかし，やはり脆いことが最大の難点であり，延性化を図ることはもとより，複合材料としての利用方法を考えるのも一策であろう．

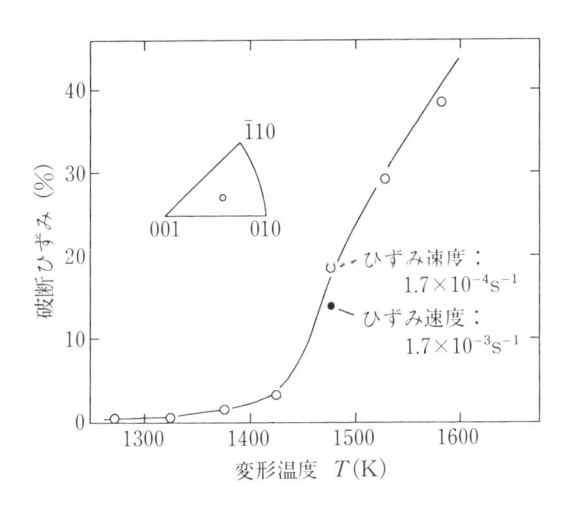

図 4-21 各種変形温度における $MoSi_2$ 単結晶の圧縮破断ひずみ[44]．

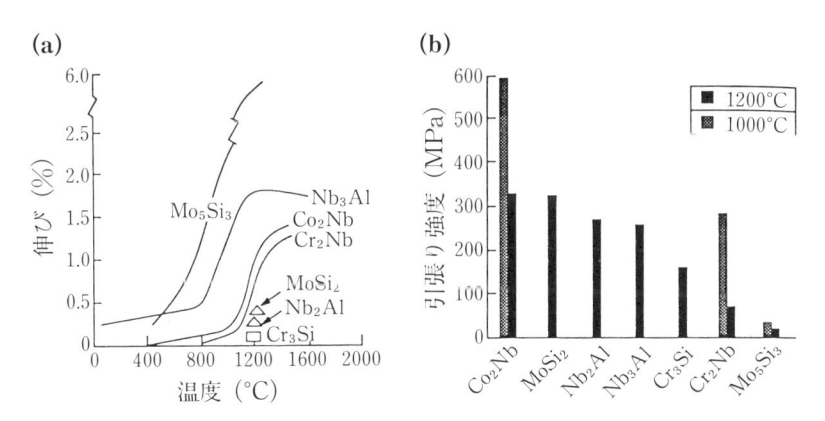

図 4-22 7 種の高融点金属間化合物の各温度における伸び(a)と引張り強度(b)[45]．

高融点金属間化合物に関しては，上記以外についても研究が試みられている．例えば図 4-22[45] は数種の材料の伸びと引張り強度の温度との関係を示す．しかしこれらに関するデータはまだ極めて少なく，また試料作製プロセスもまちまちであるため，正確な評価は今後に期待するのが妥当であろう．このことはまた後述する新しいプロセッシング技術開発への期待にも通じるものである．

4.4.4 金属間化合物と環境

新しい耐熱材料として脚光を浴びた金属間化合物であるが，研究が進むにつれ予想外の事実が判明した．それは環境（雰囲気）に極めて敏感であり，脆さの原因も実はこれの結果ではなかったのかとの疑いも持たれるようになったことである．すなわち一つは比較的低温領域における水素による脆化であり，他は高温領域における酸素による脆化である．これらは応力が負荷された場合に現れる脆化であり，動的な過程で

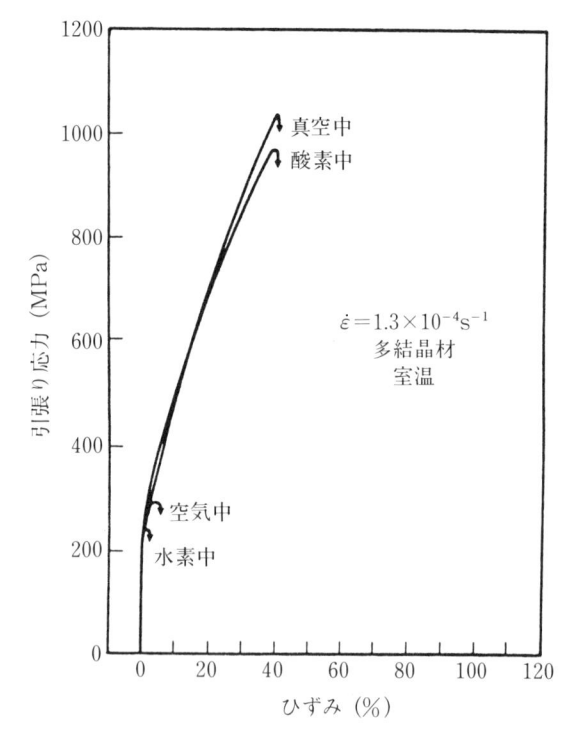

図 4-23 Co_3Ti の室温における引張り応力-ひずみ曲線に及ぼす環境効果[46]．

4.4 金属間化合物開発研究の推移

ある.これらの現象はそれまでも他の金属材料について知られていたことであるが,金属間化合物でしかも顕著に出現するとは予想し得なかったことである.

低温領域での激しい脆化は,$L1_2$ 型 Co_3Ti 多結晶の引張り変形で見出された[46].図 4-23 は種々の雰囲気中での Co_3Ti の室温引張り応力-ひずみ曲線であるが,水素中・大気中で著しく脆化しているのが分かる.前述したように,Co_3Ti は延性材料であるが,このように環境に極めて敏感であることは驚くべきことであった.その後この環境敏感性は他の金属間化合物で次々と見つかった[47].そして図 4-24[48] に示すように,劣化は降伏強度には現れず,破断伸びで顕在化する.しかもひずみ速度の小さいほど伸びは低下し,水素チャージしたものをベーキング処理して真空中で引張ると伸びは回復する.これらの事実は低温領域における環境脆化は,変形中にすべり転位面上を輸送経路とする水素原子が結晶粒界などの障害場所に堆積し,原子間結合力を弱める結果生じる動的過程であることを示している.興味あることに,B や C を添加した $L1_2$ 型 $Ni_3(Si, Ti)$ は低温領域の環境脆化を示さない(図 4-25)[49].同様の現象は他の金属間化合物についても観察されている.このことは B や C の添加による延性化効果の機構に新たな問題を提起するものである.前述の Co_3Ti の水素脆化も Fe や Al の添加により阻止されることが報告されている(図 4-26)[50].

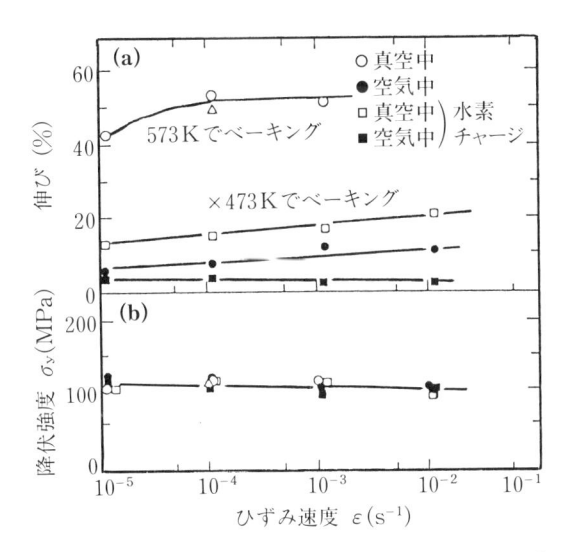

図 4-24 $L1_2$ 型 $Ni_3(Al, Mn)$ の機械的性質に及ぼす環境効果とひずみ速度依存性とベーキング効果[48].

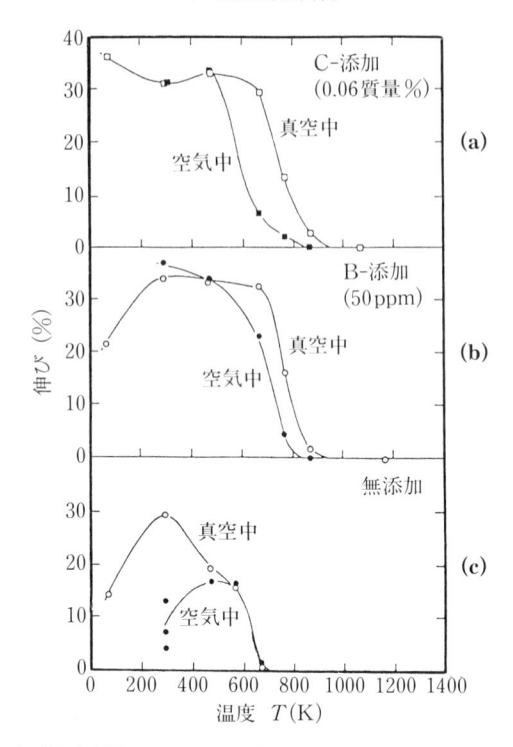

図 4-25 B および C を添加したものと添加しない L1$_2$ 型 Ni$_3$(Si, Ti) 多結晶の引張り伸び値の試験雰囲気と温度依存性[49].

 高温になると水素脆化は消滅するが，酸素による脆化が現れる．図 4-25 は Ni$_3$(Si, Ti)，図 4-27 は Ni$_3$Al＋Hf[51] の例で，いずれも B や C を添加して常温延性を改善した材料である．水素脆化の場合と同じく変形に伴う動的過程であるが，おもしろいことに B や C を添加しない Ni$_3$(Si, Ti) や Co$_3$Ti には高温脆化は認められない．また体心立方晶系の B2 型や D0$_3$ 型でも脆化を認め難い[47]．一方，B を添加した L1$_2$ 型 Ni$_3$Al や Ni$_3$Si は Cr を添加すると高温脆化が軽減される[51]．
 以上の金属間化合物の水素，酸素による脆化は，その実用化に当たっては由々しき問題である．脆化の機構については色々な考え方が提案されているが，共通理解を得るまでには研究の日を重ねることが必要であった．さらに，これほどまで環境に敏感であるのであれば，それに配慮を欠いたそれまでの実験データは総点検し直す必要があるかも知れない．

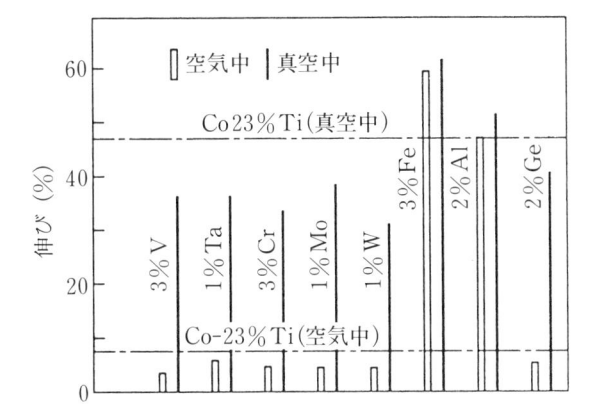

図 4-26 Co_3Ti の常温環境効果に対する添加元素の影響[50].

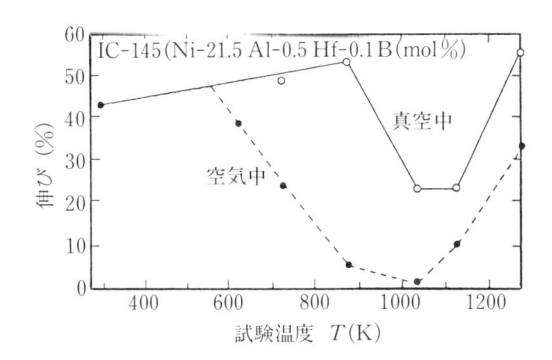

図 4-27 B を微量含む $L1_2$ 型 Ni_3Al+Hf の引張り伸び値に及ぼす試験雰囲気効果[51].

4.5 金属間化合物―今後の課題

　新高温材料の開発へ向けて，1980 年代のわずか 10 余年の間に，金属間化合物に関する研究は著しい進展を遂げた．次々と得られる新知見は時には期待を鼓舞するものであったり，また時には困惑を感じさせるものであった．それはまさにこの分野がまったく未開拓のものであることを意味している．

　さて金属間化合物開発研究の今後の課題として何を問うべきか．それは数え上げればキリがないことである．前節までにもいくつかの問題点についてすでに指摘した．

それらを踏まえて，あえて次の二つに特に焦点を絞りたい．一つは合金設計理念の確立であり，もう一つは新しいプロセッシング技術の開拓である．

4.5.1 合金設計理念の確立

スーパーアロイの開発がもたらした合金学への貢献の一つとして，合金設計理念の萌芽が挙げられることはすでに述べた．それは出現する合金相を電子濃度で予測し，合金組成を制御するという発想であった．それ以降色々な変遷があったが，特にコンピューター性能の飛躍的改善は，材料物性学の進歩と相まって，結晶構造や原子結合を電子論的立場から議論し得るまでになっている．

結晶構造は材料の物理的・化学的性質に深い関わり合いを持つ．結晶構造の分類には従前から原子半径，電気陰性度，価電子数などをパラメーターとして整理が行われてきた．最近は結晶構造の安定性に関与していると思われるパラメーターをもとに整理した，いわゆる構造マップ（structure map）が種々提案されている．例えば元素の周期表を1本の糸で縦方向に巻くようにして得られる各元素の順位数（メンデレーエフ数）で金属間化合物の構成元素の組み合わせをマップ上に表示し，結晶構造を分類・整理しようという試み（Pettifor map）[11,52]がある．必ずしも綺麗に整理できる段階までには至っていないが，合金設計の指標となり得ることを期待したい．一方，分子軌道計算から求めた結合次数（B_o）と遷移金属Mのd軌道エネルギーレベル（M_d）の二つの合金パラメーターを用いて，結晶構造マップを作る試みもなされている[53]．例えば図4-28は金属間化合物M_3Alについて整理したもので，縦軸の結合次数（B_o）はM-Al原子間の結合の強さを表し，横軸のd軌道エネルギーレベル（M_d）はM原子の大きさや電気陰性度を反映したパラメーターである．図には3元系化合物についても，パラメーターの組成平均をもとに，その位置を番号で示している．このように3元系でも2元系のマップ上に表示でき，また各結晶構造の占める領域とそれらの相互関係から，合金設計のための有力な手法となり得るものと期待される．

この金属間化合物の原子結合に関わる電子論的解釈は，前述したように粒界脆性機構と延性改善の方策を生んだが[23~25]，最近は化合物自体の強度や変形能改善についてもなされている．例えば，$L1_0$型構造のTiAlの弾性定数の異方性をバンド計算により調べた結果，TiAlの脆性の原因は方向性の強いp-d結合（Ti-Al）であることが指摘され[54]，また延性改善のためにはp-d結合を減少させ，d-d結合（Ti-M）を増加させるような合金元素（M）の添加が有効であることが分子軌道計算からも示唆

4.5 金属間化合物—今後の課題

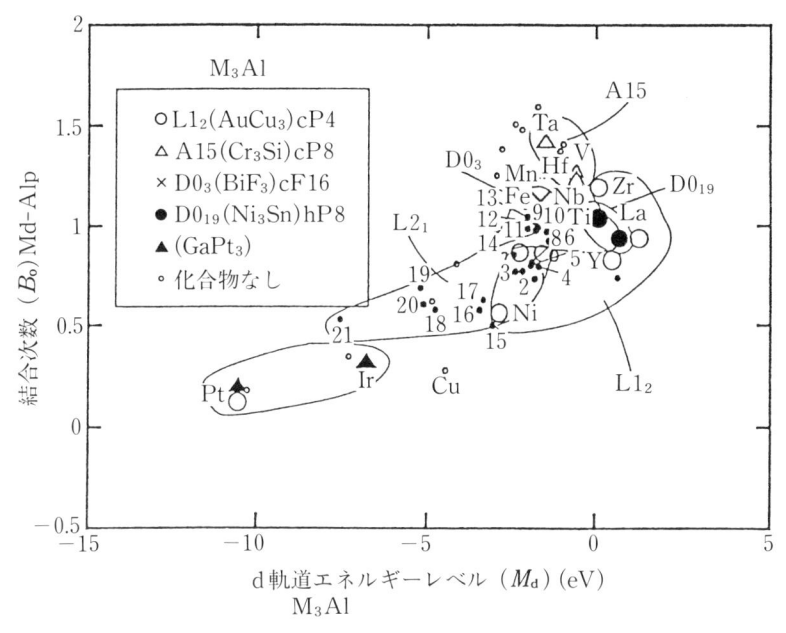

図 4-28 M_3Al 化合物の B_o(Md-Alp)-M_d 構造マップ[53].

1. Ni_2TiAl^*	6. Ni_2HfAl	11. Co_2MnAl	16. Cu_2MnAl^*	21. Pt_2MnAl	
2. Ni_2VAl	7. Ni_2TaAl	12. Co_2HfAl	17. Cu_2HfAl	22. Au_2MnAl	
3. Ni_2MnAl	8. Co_2TiAl	13. Co_2TaAl	18. Pd_2TiAl	23. Au_2TiAl	
4. Ni_2ZrAl	9. Co_2TiAl	14. Co_2NbAl	19. Pd_2HfAl	24. Au_2ZrAl	
5. Ni_2HbAl	10. Co_2ZrAl	15. Cu_2TiAl^*	20. Ir_2MnAl		

＊印は $L2_1$ 型構造，無印は，$L2_1$ 型または $D0_3$ 型構造

されている[55]．

　以上のように，金属間化合物の機械的性質は従来の転位論的立場からばかりではなく，電子論的原子結合の立場からも議論されるようになってきている．しかし強度とか延性というものは金属組織や組成のゆらぎ，さらには不純物（環境効果も含めて）などの影響をも敏感に受けるものであり，ミクロ的な精密な議論は必要不可欠としても，いわゆる「木を見て森を見ず」の類いは避けるべきであろう．いずれにせよ，かつてのような絨毯爆撃的な合金模索の試行錯誤から，原子結合の立場からの合金設計への指向は強い期待を抱かせる．

4.5.2 新プロセッシング技術の開拓

　人類文明が数千年にわたり金属によって支えられてきた背景には，金属・合金の比較的容易なプロセッシング技術の取得があった．逆の見方からすれば，そのような技術に適う金属材料だけが実用に供されてきたともいえる．一般的なプロセッシング工程は，溶解，鋳造，熱処理，塑性加工などよりなる．これらがそのまま適用できれば問題ないのであるが，金属間化合物には従来の金属・合金とは著しく性格を異にするものが多く，個別ごとに特殊な配慮を必要とすることになる．

　例えば溶解においては，金属間化合物は活性金属元素を含むものが多く，総じて融点が高く，組成幅が制限される上に，構成金属の融点差や蒸気圧差が大であるために，溶解条件の設定・制御には多くの困難を伴う．塑性加工においては，結晶構造や原子結合の複雑さのために変形能の乏しいものが多く，加えて環境脆化を起こしやすく，従来の鍛造・圧延などの技法をそのまま適用することはほとんど不可能である．したがって金属間化合物の実用化のためには，まず従来のプロセッシング技術を可能な限り金属間化合物に適用し得るよう改良を図ることであり，次にまったく新しい発想に基づくプロセッシング技術を開拓することである．前者については1980年代から1990年代にわたり種々検討されてきており，これまで蓄積された金属間化合物に関するデータの大半はその所産である．後者に関しては，近年数々の大胆なチャレンジが試みられ始めたところである．もちろん前者と後者の間に明確な一線を画することは不可能である．金属間化合物という主役に脚光を浴びさせるための裏方（研究者）の努力には，筆舌に尽くせぬ苦労が隠されているのである．今後もその努力は続くであろう．そしてその難問題克服の軌跡が，新たなる分野開拓のブレークスルーを演じることを信じて疑わない．しかし本稿では（紙面の制約もあり），あえて後者に的を絞りたい．したがってこれが唯一の今後の課題ではないことを強くお断りしておく．

　さて金属間化合物は複雑な結晶構造のものが多く，そもそも塑性変形には不向きな材料である．したがって今までのプロセッシングの概念を離れて，別の立場からの成形加工を考えようとする動きが活発になってきた．一つは粉末法からのアプローチであり，他は超塑性現象の利用である．いずれも結晶構造に強く依存する塑性変形の工程を避けようとの意図である．

　粉末法といっても，粉末の製造方法からその後の固化，成形過程の技法の組み合わせのやり方により，分類は多岐にわたる．それらの個々について紹介することは本稿の趣旨ではない．したがってここでは粉末法の原則的な意義と，プロセスの役割につ

4.5 金属間化合物―今後の課題

いて，例示するにとどめたい．

粉末法のプロセスは素粉末の混合，圧粉，焼結の各工程よりなるが，従来から鉄・非鉄材料について実用されている技術である．ただ金属間化合物の場合には特別な意義として次の2点が挙げられる．一つは複雑な結晶構造ゆえの難加工性からの回避と，他は構成元素の活性を利用することである．前者は従来塑性変形に成形加工の大半を頼っていたプロセッシングの常道に対する当然の帰結であろうが，溶解・鋳造に際しての不純物の混入（活性なるがゆえに）の防止と，例えば恒温鍛造による微細組織（加工熱処理効果，超塑性現象発現につながる）の発生という副次的効果をも生んでいる．これらの効果に対しては，最近急速に発達した高圧技術（CIP, HIP）の寄与も大きく貢献していることも見逃すことはできない．

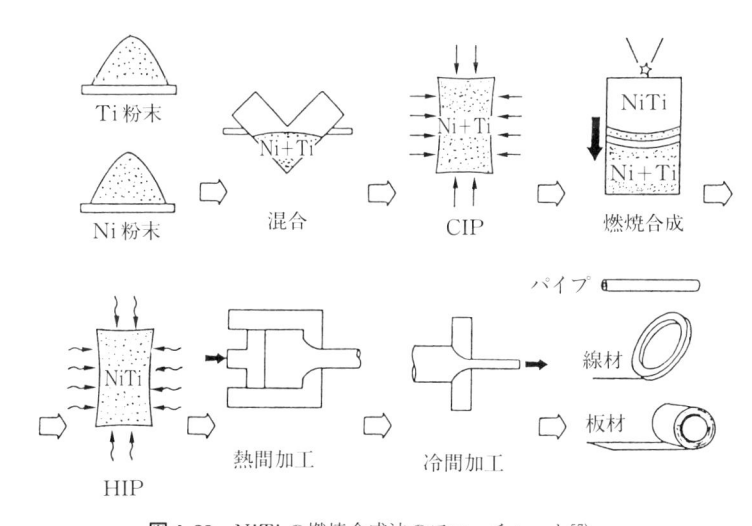

図 4-29 NiTi の燃焼合成法のフローチャート[57]．

後者の構成元素の活性の利用は，化合物なるがゆえの性（さが）への絶妙なる着想である．活性な元素は相手を求めて激しく燃え，化合物を形成する．すなわち金属間化合物を構成する素粉末を混合・圧粉し，その一端を強熱し点火すると点火部で化学反応が起こり生成熱を生じる．この熱によりさらに周辺部に化学反応を誘起し，これが連鎖反応的に混合粉末全体に伝播し，最終的に試料全体が化合物となるのである[56]．図4-29[57]に本製造法のフローチャートを示す．この方法により TiNi の線材や TiAl-SiC 複合材料の製造に成功している．

粉末法に関する検討は上記以外にも種々試みられている．粉末法には溶解・鋳造法にはない数々の利点があるが，特に今後の高温材料の本命とみなされている金属間化合物とセラミックスとの複合材料の製法として有望視されている．ただし，酸素などの不純物汚染や製造コストの低減など解決すべき問題は多い．

ところで金属間化合物の超塑性現象は，ボロン添加により常温加工が可能となったNi_3Alの再結晶微細組織材で見出された[58]．700°Cで160%の伸びが得られたが，それより高温では組織粗大化により超塑性能は減退する．この合金はγ'相単相であるため高温では粒成長を起こすのであるが，γ'相にγ相粒が少量分散するIC218（米国ORNLで開発）は粒成長が抑えられるため，1100°Cで640%の伸びを記録している[59]．またTiAlの恒温鍛造材（Ti_3Alをも含む）は等軸微細粒組織となり，超塑性を示すようになる[60]．一方，粉末法で作製したTiAl焼結材も粒径$1.6\,\mu m$の等軸微細2相混合組織のものは1000°Cで445%の巨大伸びを示す[61]．これらの超塑性現象は金属間化合物のnear-net-shapeへの加工の可能性を示唆するものである．超塑性現象は高温強度の面からは好ましくないが，金属間化合物の高温強度を回復するには，微細粒組織の粗大化を図ればよい．

長い間その優れた特性を秘めながらも，金属材料の脇役的存在に甘んじてきた金属間化合物であった．それがこの1980年代には未来材料として期待されるように急成長した[62]．冒頭で述べたように，近代金属学の構築が始まったのは19世紀半ばのことである．そして元素の周期律，さらに原子構造へと人知が及び，原子と原子の結合状態の解析・分類へと学問は進化した．やがて相律の導入，化合物形成の基本的ルールの確立へと進んだ．それらを背景に金属文明は20世紀に入り飛躍的発展を遂げたのであるが，しかし幾世紀も続いた試行錯誤の手法は相変わらず踏襲され続けていた．いわく鉄合金，銅合金，新しいところではアルミニウム合金，チタン合金…．要するにめぼしい金属をベースにやたらと添加元素の効果をチェックする合金の開発であり，このような手法はいうなれば金属材料の第一次開発発展期ともみなせるものであろう．それに対して本章で述べた金属間化合物の開発研究は，それを構成する個々の金属の枠を越え，異種原子間の相互作用がもたらす（鉄でも銅でもない）まったく新しい性格の材料であり，その根底にあるのは裸の原子の姿であり，周期表の奏でる元素の音律である．本章で金属間化合物の原点をあえて元素周期表に求めたのは，まさにそのゆえにである．

金属材料は今や第二次開発発展期を迎えている．

参 考 文 献

1) M. E. Weeks, H. M. Leicester 著, 大沼正則監訳: "元素発見の歴史 I 〜III", 朝倉書店 (1989).
2) K. Karsten: Pogg. Ann., **46**, 160 (1839).
3) G. Tammann: Z. anorg. Chem., **49**, 113 (1906) ; **55**, 289 (1908).
4) N. S. Kurnakov: Z. anorg. Chem., **23**, 439 (1900).
5) M. R. Andrews: Phys. Rev., **18**, 245 (1921).
6) G. Tammann: Z. anorg. Chem., **107**, 1 (1919).
7) E. C. Bain: Chem. and Met. Eng., **28**, 21, 65 (1923).
8) W. Hume-Rothery: J. Inst. Metals, **35**, 307 (1926).
9) E. Zintl and H. Kaiser: Z. anorg. allgem. Chem., **221**, 113 (1933).
10) F. Laves: Z. Kristallogr., **73**, 202 (1930).
11) D. G. Pettifor: Proc. Intern. Symp. on "Intermetallic Compounds" (JIMIS-6), O. Izumi (ed.) (1991) p. 149.
12) J. S. Slaney and W. J. Boesch: Met. Progress, **86**, 109 (1964).
13) J. H. Westbrook: Trans. AIME, **209**, 898 (1957).
14) P. A. Flinn: Trans. AIME, **218**, 145 (1960).
15) J. H. Westbrook (ed.): "Intermetallic Compounds", John Wiley & Sons (1967).
16) N. S. Stoloff and R. G. Davies: Prog. Mater. Sci., **13**, 1 (1966).
17) B. H. Keam and H. G. F. Wilsdorf: Trans. AIME, **224**, 383 (1962).
18) S. Takeuchi and E. Kuramoto: Acta Met., **21**, 415 (1973).
19) 青木清, 和泉修: 日本金属学会誌, **43**, 358, 1190 (1979).
20) C. L. White, R. A. Padgett, C. T. Liu and S. M. Yalisove: Scripta Metall., **18**, 1417 (1984).
21) C. T. Liu, C. L. White and J. A. Horton: Acta Met., **33**, 213 (1985).
22) T. Ogura, S. Hanada, T. Masumoto and O. Izumi: Metall. Trans., **16A**, 441 (1985).
23) T. Takasugi and O. Izumi: Acta Met., **31**, 1187 (1983).
24) T. Takasugi and O. Izumi: Acta Met., **33**, 1247 (1985).
25) T. Takasugi, O. Izumi and N. Masahashi: Acta Met., **33**, 1259 (1985).

26) V. Vitek and S. P. Chen: Scripta Metall., **25**, 1237 (1991).
27) G. J. Ackland and V. Vitek: MRS Sympo. Proc., **133**, 105 (1989).
28) T. Hirano and T. Mawari: MRS Sympo. Proc., **288**, 691 (1993).
29) H. Makita, S. Hanada and O. Izumi: Trans. JIM, **29**, 448 (1988).
30) I. Baker, E. M. Schulson and J. R. Michael: Phil. Mag., **B57**, 379 (1988).
31) E. M. Schulson and I. Baker: Scripta Metall., **25**, 1253 (1991).
32) H. Kung, D. R. Rasmussen and S. L. Sass: Proc. Intern. Symp. on "Intermetallic Compounds" (JIMIS-6), O. Izumi (ed.) (1991) p. 347.
33) J. A. Horton and C. T. Liu: Scripta Metall., **24**, 1251 (1990).
34) T. Takasugi and O. Izumi: "Ordered Intermetallics-Physical Metallurgy and Mechanical Behaviour", C. T. Liu et al. (eds), Kluwer Academic Publishers (1992) p. 391.
35) C. T. Liu: Internat. Metals Rev., **29**, 168 (1984).
36) T. Kawabata, T. Kanai and O. Izumi: Acta Met., **33**, 1355 (1985).
37) Y.-W. Kim and F. H. Froes: "High Temperature Aluminides and Intermetallics", S. H. Whang et al. (eds), (1990) p. 465. TMS.
38) 前田尚志, 細見政功: 日本金属学会誌, **56**, 1118 (1992).
39) Y.-W. Kim: Acta Met., **40**, 1121 (1992).
40) M. Yamaguchi and Y. Umakoshi: Prog. in Mater. Sci., **34**(1), 1 (1990).
41) 馬越佑吉: 日本金属学会会報, **30**, 72 (1991).
42) T. Fujiwara, K. Yasuda and H. Kodama: Proc. Intern. Symp. on "Intermetallic Compounds" (JIMIS-6), O. Izumi (ed.) (1991) p. 633.
43) Y. Murayama, T. Kumagai and S. Hanada: Proc. MRS Vol. 288, "High Temp. Ordered Intermetallic Alloys V", I. Baker et al. (eds) (1992) p. 95.
44) Y. Umakoshi, T. Sakagami, T. Hirano and T. Yamane: Acta Met., **38**, 909 (1990).
45) D. L. Anton and D. M. Shah: Proc. Intern. Symp. on "Intermetallic Compounds" (JIMIS-6), O. Izumi (ed.) (1991) p. 379.
46) T. Takasugi and O. Izumi: Scripta Metall., **19**, 903 (1985).
47) 高杉隆幸: 金属, **62**(10), 46 (1992).
48) N. Masahashi, T. Takasugi and O. Izumi: Metall. Trans. A., **19A**, 353 (1986).
49) T. Takasugi and M. Yoshida: J. Mater. Science, **26**, 3032 (1991).
50) Y. Liu, T. Takasugi, O. Izumi and H. Suenaga: J. Mater. Science, **24**, 4458

(1989).
51) C. T. Liu and V. K. Sikka : J. Metals, **38**, 19 (1986).
52) D. G. Pettifor : Mat. Sci. Tech., **4**, 675 (1988).
53) T. Takagi, J. Saito, M. Morinaga and N. Yukawa : Proc. Intern. Symp. on "Intermetallic Compounds" (JIMIS-6), O. Izumi (ed.) (1991) p. 673.
54) C. L. Fu and M. H. Yoo : Phil. Mag. Let., **62**, 159 (1990).
55) M. Morinaga, J. Saito, N. Yukawa and H. Adachi : Acta Metall. Mater., **38**, 25 (1990).
56) 太田口稔, 海江田義也, 小黒信高, 志年秀司, 尾家正 : 日本金属学会誌, **54**, 214 (1990).
57) 海江田義也 : 金属, **62**(10), 76 (1992).
58) M. S. Kim, S. Hanada, S. Watanabe and O. Izumi : Mater. Trans. JIM, **30**, 77 (1989).
59) J. Mukhopadhyay, G. Kaschner and A. K. Mukherjee. Scripta Metall. Mater., **24**, 857 (1990).
60) T. Maeda, M. Okada and Y. Shida : Proc. Int. Conf. on Superplasticity in Advanced Materials (1991) p. 311.
61) 時実正治 : 金属, **62**(10), 70 (1992).
62) 和泉修 : 日本金属学会会報, **28**, 371 (1989).

金属学のルーツ
超 伝 導 5

5.1 基礎研究時代

　超伝導現象が発見されたのは1911年であるが，超伝導体あるいは超伝導材料の存在は長い間，限られた研究・技術者の間だけの特殊な物質あるいは材料であった．ところが，1986年に高温超伝導体が発見されてブームが起き，自然科学に馴染みのない一般の人たちにも知られる有名材料になった．また，若者が超すてき，などと超…という表現を使うほど影響が大きかった．

　超伝導の歴史は，物質の発見と基礎的な現象の研究，機構の解明，金属系超伝導体の実用化の時代，セラミック高温超伝導体の時代に分けられる．次の時代があるとすれば，室温超伝導体の時代であろうか．超伝導体の研究は，当初，欧米・ロシアを中心に進められ，1950年代後半からの実用化検討の開始は米国が中心になり，1960年代の後半からの実用化の時代に入って日本の貢献も顕著になった．高温超伝導体の開発では，その端緒で欧米に遅れたが，その後の研究開発では世界の中心的な役割を果たしている．

　本章では，上述の基礎研究，合金と化合物の実用化，高温超伝導体の発見，電子デバイスなどについて述べるが，特に合金と化合物の線材実用化に重点を置いている．

5.1.1 超伝導体の幕開け

　私たちの住んでいる世界はおおよそ-30℃から$+40$℃の間である．この温度の範囲を外れると，長く住むのは難しい．文明の面から考えると，金属材料の精錬などから明らかなように，人類は高温を数千年以上前からうまく使いこなしている．つまり，ある程度までの高温は燃焼などの人工的な手法で簡単に得ることができるが，低温は自然現象である雪や氷でしか得られなかった．このため，人類の歴史からみると，低温は非常に開発が遅れた分野であった．

日常使われている温度（セ氏：℃）は水の凍る温度を零度としているが，熱エネルギーから考えた温度の基点はどこにあるのか．これは18世紀から19世紀の初頭にかけて大きな疑問であったが，熱力学の発展により，セ氏で約-273℃であることが明らかにされた．1848年にW. Thomson（図5-1）が熱力学のカルノー理論に従って熱力学的温度，すなわち絶対温度を定義し，その単位としてThomsonの称号であるLord Kelvinの頭文字K（SI単位が用いられるまでは°K）が使われるようになった．

図5-1　W. Thomson（Lord Kelvin）（固体物理，12（1985）より）．

19世紀の科学者たちは，この未開発だった低温の世界に非常に興味を持ち，気体の液化による低温の世界に踏み出した．酸素，窒素，水素などは永久気体と呼ばれていたが，1877年に酸素，続いて窒素，1898年には水素が液化され，それまで知られていた永久気体はすべて液化された．これらの気体の仲間入りをしたのが1868年に太陽光のスペクトルから発見されたヘリウムである．1895年にはクレバイトという鉱石に含まれていることが分かり，1908年にヘリウムが液化された．これによって，極低温までの物質の性質を調べることが可能になった．

極低温の金属の電気的性質に興味を持ったのは上述のヘリウムの液化に成功したオランダの物理学者，H. Kamerlingh Onnes（図5-2）である．多くの金属の電気抵抗を測定するうちに，ある温度になると突然電気抵抗が消失する現象を発見した．図

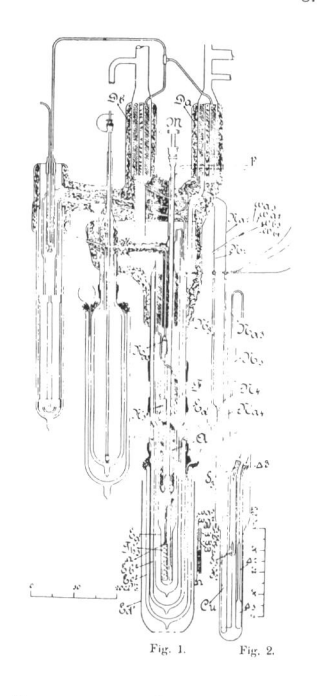

図 5-2 実験室の Kamerlingh Onnes (1902 年) と実験装置図 (ライデン大学図書館).

5-3 にこれを報告した Kamerlingh Onnes 論文の英訳版の表紙と水銀の電気抵抗に触れているページを示す．これは 1911 年のことで，ここから超伝導体の歴史が始まった．1911 年から 1912 年にかけて，Kamerlingh Onnes は多くの報告をしている．1913 年の 9 月に米国のシカゴで開催された第 3 回国際冷凍会議でこれを発表した．Kamerlingh Onnes が発表した原論文はオランダ語であったが，その多くがすぐに英訳されて，世界中に知れわたった．

5.1.2 理論的解明

　電気抵抗が零になる温度を転移温度あるいは臨界温度といい，超伝導にとって最も重要な特性である．Kamerlingh Onnes は超伝導になれば大量の電気を送れると考えて電流を増やしたが，ある値になると超伝導状態が破壊することを知った．これは

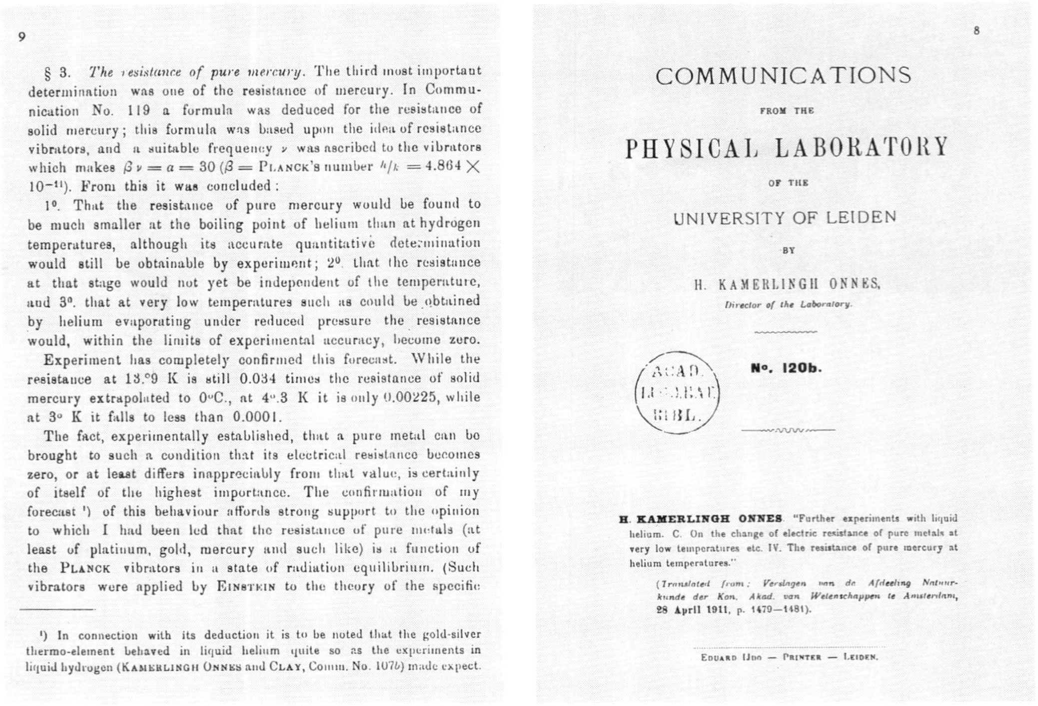

9

§ 3. *The resistance of pure mercury.* The third most important determination was one of the resistance of mercury. In Communication No. 119 a formula was deduced for the resistance of solid mercury; this formula was based upon the idea of resistance vibrators, and a suitable frequency ν was ascribed to the vibrators which makes $\beta\nu = a = 30$ (β = PLANCK's number $h/k = 4.864 \times 10^{-11}$). From this it was concluded:

1⁰. That the resistance of pure mercury would be found to be much smaller at the boiling point of helium than at hydrogen temperatures, although its accurate quantitative determination would still be obtainable by experiment; 2⁰. that the resistance at that stage would not yet be independent of the temperature, and 3⁰. that at very low temperatures such as could be obtained by helium evaporating under reduced pressure the resistance would, within the limits of experimental accuracy, become zero.

Experiment has completely confirmed this forecast. While the resistance at 13.°9 K is still 0.034 times the resistance of solid mercury extrapolated to 0°C., at 4°.3 K it is only 0.00225, while at 3° K it falls to less than 0.0001.

The fact, experimentally established, that a pure metal can be brought to such a condition that its electrical resistance becomes zero, or at least differs inappreciably from that value, is certainly of itself of the highest importance. The confirmation of my forecast [1]) of this behaviour affords strong support to the opinion to which I had been led that the resistance of pure metals (at least of platinum, gold, mercury and such like) is a function of the PLANCK vibrators in a state of radiation equilibrium. (Such vibrators were applied by EINSTEIN to the theory of the specific

[1]) In connection with its deduction it is to be noted that the gold-silver thermo-element behaved in liquid helium quite so as the experiments in liquid hydrogen (KAMERLINGH ONNES and CLAY, Comm. No. 107*b*) made expect.

8

COMMUNICATIONS

FROM THE

PHYSICAL LABORATORY

OF THE

UNIVERSITY OF LEIDEN

BY

H. KAMERLINGH ONNES,

Director of the Laboratory.

No. 120b.

H. KAMERLINGH ONNES. "Further experiments with liquid helium. C. On the change of electric resistance of pure metals at very low temperatures etc. IV. The resistance of pure mercury at helium temperatures."

(*Translated from: Verslagen van de Afdeeling Natuurkunde der Kon. Akad. van Wetenschappen te Amsterdam,* **28 April 1911**, p. 1479—1481).

EDUARD IJDO — PRINTER — LEIDEN.

図 5-3　Kamerlingh Onnes の初期論文の一つ（ライデン大学図書館）.

5.1 基礎研究時代

1913年[1]で，次に磁場中でも超伝導が失われることを1914年[2]に発見した．このようにして磁場および電流密度によっても超伝導状態が常伝導状態に転移することが明らかになった．そのとき，抵抗がないことによって実現できる夢の世界を考えていたKamerlingh Onnesは非常に落胆し，しばらくは研究に手がつかなかったという．臨界磁場と臨界電流の存在は，実用化にとって最大の障害であり，第2種超伝導体の発見とこれを線材にした材料が開発されるまで，Kamerlingh Onnesの夢は実現されなかった．一方，超伝導はなぜ発現するのか，という疑問の解明は1957年 J. BardeenらによるBCS理論まで待たなければならなかった．

理論的な研究の進歩に役立った発見は1933年のW. MeissnerとR. Ochsenfeldらによる磁場中での挙動である[3]．磁場中に置かれた第1種超伝導体では，超伝導体の中で磁場は存在できない．これをマイスナー効果と呼び，超伝導体の基本的性質である．磁場が侵入できないことは，完全反磁性であることを示す．これを理解するのに超伝導状態になっている鉛のボウルの上に磁石を浮かす簡単な実験がなされた．図5-4にこれを示す．

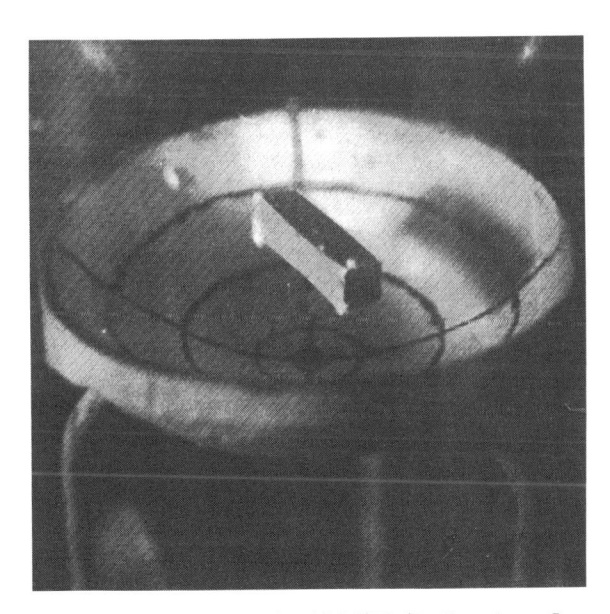

図 5-4 超伝導状態の鉛ボウルの上に浮く磁石（D. Shoenberg, Superconductivity, 1952より）．

5 超伝導

高温超伝導体の確認では，マイスナー効果を示すか否かが確認の重要な手法となり，数多くの室温超伝導体の発表が否定された．もっとも，超伝導体の内部で完全に磁場が存在しないわけではなく，表面から磁束侵入深さと呼ばれる距離まで入り込んでいる．この領域では磁場と垂直に電流が流れており，この電流によって外部磁場は打ち消され，内部まで侵入できない．この深さ λ に関しては，F. London[4] が理論的

Isotope Effect in the Superconductivity of Mercury*

EMANUEL MAXWELL
National Bureau of Standards, Washington, D. C.
March 24, 1950

THE existence of a small quantity of Hg¹⁹⁸ at the National Bureau of Standards[1] prompted us to investigate its properties as a superconductor.[2] The sample available to us had a high degree of isotopic separation and was approximately 98 percent pure Hg¹⁹⁸. The average atomic weight[3] of natural mercury is 200.6. The mercury had been produced by the transmutation of gold and had been prepared by distilling it off the bombarded gold foil.

図 5-5　同位体効果発見の論文[6]．

Bound Electron Pairs in a Degenerate Fermi Gas*

LEON N. COOPER
Physics Department, University of Illinois, Urbana, Illinois
(Received September 21, 1956)

IT has been proposed that a metal would display superconducting properties at low temperatures if the one-electron energy spectrum had a volume-independent energy gap of order $\Delta \simeq kT_c$, between the ground state and the first excited state.[1,2] We should like to point out how, primarily as a result of the exclusion principle, such a situation could arise.

Consider a pair of electrons which interact above a quiescent Fermi sphere with an interaction of the kind that might be expected due to the phonon and the

図 5-6　Cooper の論文の冒頭頁[7]．

に説明した．すなわち，m を電子の質量，μ_0 を真空の透磁率，n を超伝導に関与する電子数，e を電荷とすれば，$\lambda=(m/\mu_0 ne^2)^{1/2}$ で示される．

転移温度（T_c）が金属の質量（M）に依存するという同位体効果（$M^{1/2}\cdot T_c=$ 一定）は，超伝導をになう電子と金属イオン（格子振動）の間に密接な関係があることを示す重要な発見であった．これは，同位体が容易に製造できるようになった結果でもあり，1950 年に C. A. Reynolds のグループ[5] と E. Maxwell[6] によって同時期に独立に発見された．図 5-5 に Maxwell 論文の一部を示す．ただし，同位体効果については Kamerlingh Onnes も鉛などで 1922 年に調べたが，そのときは確認できなかった．

超伝導は電子の特殊な状態であり，1957 年，Leon N. Cooper は電子が引き合って一緒に運動すると，ばらばらの状態よりもエネルギーが低くなることを見出した．これをクーパー対あるいは電子対と呼んでいる[7]．図 5-6 に Cooper 論文の冒頭頁を示す．

1958 年には J. Bardeen, L. N. Cooper, J. R. Schrieffer が長年謎であった超伝導の機構を解明する論文を発表した[8]．図 5-7 に彼らの論文の冒頭頁を示す．格子振動

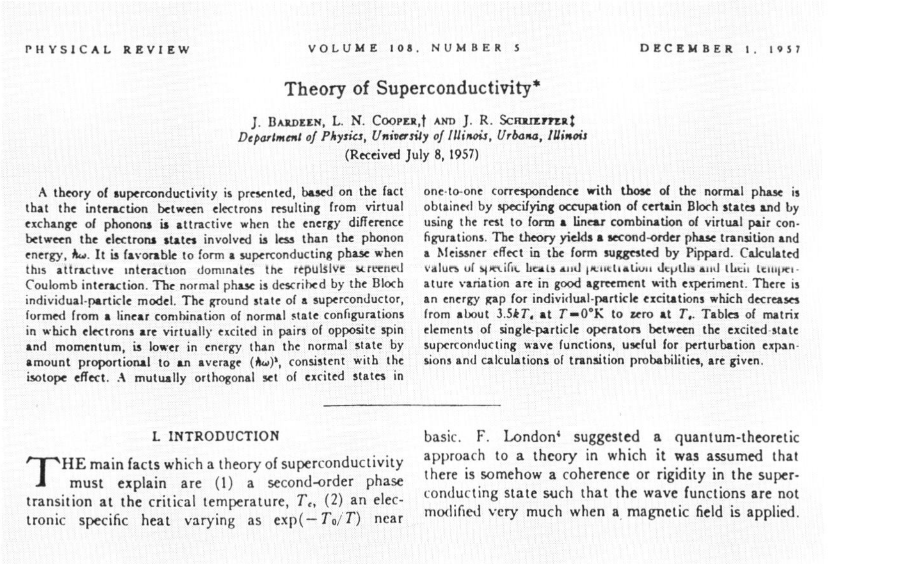

PHYSICAL REVIEW　　　VOLUME 108, NUMBER 5　　　DECEMBER 1, 1957

Theory of Superconductivity*

J. BARDEEN, L. N. COOPER,† AND J. R. SCHRIEFFER‡
Department of Physics, University of Illinois, Urbana, Illinois
(Received July 8, 1957)

A theory of superconductivity is presented, based on the fact that the interaction between electrons resulting from virtual exchange of phonons is attractive when the energy difference between the electrons states involved is less than the phonon energy, $\hbar\omega$. It is favorable to form a superconducting phase when this attractive interaction dominates the repulsive screened Coulomb interaction. The normal phase is described by the Bloch individual-particle model. The ground state of a superconductor, formed from a linear combination of normal state configurations in which electrons are virtually excited in pairs of opposite spin and momentum, is lower in energy than the normal state by amount proportional to an average $(\hbar\omega)^2$, consistent with the isotope effect. A mutually orthogonal set of excited states in one-to-one correspondence with those of the normal phase is obtained by specifying occupation of certain Bloch states and by using the rest to form a linear combination of virtual pair configurations. The theory yields a second-order phase transition and a Meissner effect in the form suggested by Pippard. Calculated values of specific heats and penetration depths and their temperature variation are in good agreement with experiment. There is an energy gap for individual-particle excitations which decreases from about $3.5kT_c$ at $T=0°K$ to zero at T_c. Tables of matrix elements of single-particle operators between the excited-state superconducting wave functions, useful for perturbation expansions and calculations of transition probabilities, are given.

I. INTRODUCTION

THE main facts which a theory of superconductivity must explain are (1) a second-order phase transition at the critical temperature, T_c, (2) an electronic specific heat varying as $\exp(-T_0/T)$ near basic. F. London[4] suggested a quantum-theoretic approach to a theory in which it was assumed that there is somehow a coherence or rigidity in the superconducting state such that the wave functions are not modified very much when a magnetic field is applied.

図 5-7　Bardeen らの論文の冒頭頁[8]．

(フォノン)の仲立ちによって電子間に引力が働き,すべての電子が同じ量子状態(ボーズ凝縮)をとり,電子の散乱が消える.この結果,電気抵抗が消失する.この理論は三人の名をとって BCS 理論と呼ばれている.

BCS 理論に至るまでには,これを導くような多くの理論的および実験的な研究が行われており,F. London, D. Shoenberg, A. B. Pippard, V. L. Ginzburg, L. D. Landau, A. A. Abrikosov, H. Fröhlich などの研究が大きな役割を果たしている.

5.1.3 材料としての基礎的検討

Kamerlingh Onnes の超伝導発見後,水銀以外の金属元素の転移温度測定が次々に行われた.最初は融解温度の低い軟らかな金属元素だけが超伝導になると考えられていたが,Ta などの融解温度が高い硬い金属元素でも超伝導になることが分かった.そして,1930 年頃には 21 の元素が超伝導体として知られるようになった.当時の測定で,転移温度は Hf の 0.35 K から Nb の 8 K までであった(これらの値はその後の正確な測定により訂正されている).低温技術と測定技術の進歩により,現在では約 50 元素が超伝導になることが知られている.

転移温度に及ぼす因子として,不純物の量,加工,試料の寸法と形,測定電流(直流と交流),同位体などの影響が調べられた.そして,不純物によって転移温度が変化すること,化合物は純物質のように振舞うこと,などが明らかにされた[9].また,合金と純金属の磁場中における抵抗の変化の挙動が異なることが明らかにされた.図 5-8 は Pb-Bi 共晶合金の磁場中における抵抗変化で,純 Pb に比較して非常に高い磁場で抵抗が回復する[10].つまり,合金にすると臨界磁場が非常に高くなる.また,抵抗の減少開始と終了に要する磁場の幅も広がる.このような挙動から,合金の臨界磁場は H_1 から H_3 ($H_1 < H_2 < H_3$) までの三つに分けられた[11].H_1 では表面に磁場が侵入し,H_2 では内部に侵入し,H_3 で完全に超伝導が破壊する.

その後の研究で,超伝導体は図 5-9 で示すような磁場中の挙動により,第 1 種と第 2 種に分けられるようになった.第 1 種は低融点の軟らかい純金属が多いことから軟超伝導体,第 2 種は高融点の硬い金属および合金が多いことから硬超伝導体とも呼ばれた.その後,軟と硬は磁場に対する強さを意味するようになった.第 2 種超伝導体は磁場が磁束量子として部分的に侵入しても高い磁場まで超伝導状態を保つので,電磁石のような高磁場の応用に有利である.また,流した電流によって生じた磁場でも超伝導は破壊するので,高電流を流す用途にも適している.このようにして,実用できる合金の探索と開発が始まり,次の節で述べる B. T. Matthias らの実用材料の発

5.1 基礎研究時代

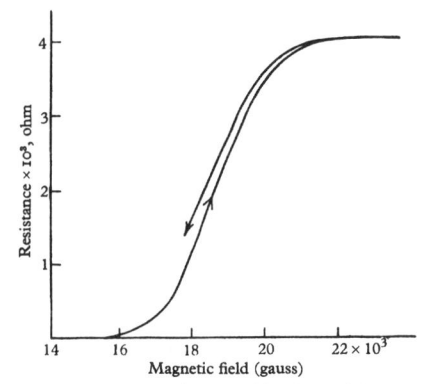

Fig. 14. Restoration of resistance of Pb-Bi eutectic by a magnetic field at 4·2° K. (de Haas and Voogd, 1930).

図 5-8　Pb-Bi 共晶合金の磁場中における抵抗変化[10].

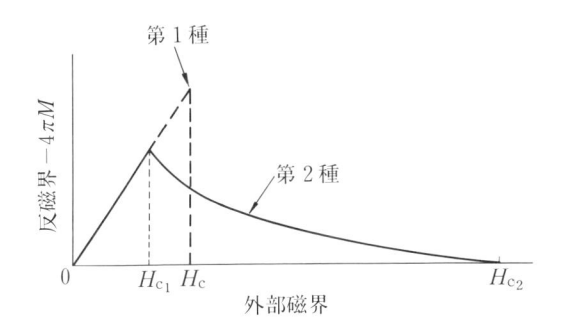

図 5-9　第1種と第2種超伝導体の典型的な磁場中の挙動.

見につながる.

　第2種超伝導体の中に量子磁束が侵入する混合状態では,量子磁束が格子状に並ぶといわれている.これをレプリカ法で最初に観察したのは E. Essmann と H. Trauble である[12].また,わが国の外村グループは量子磁束の動的な挙動を電子顕微鏡で直接観察し,磁束がピン止めされる様子などを観察している[13].図 5-10 に Nb 膜中の量子磁束の電子顕微鏡像を示す.このような観察法の進歩によって,超伝導に関するさまざまな挙動が明らかになっている.

　量子磁束線は超伝導体の中でゴム紐のように振舞い,欠陥や析出物によってピン止めされる.磁束線の移動によって電圧が生ずるので抵抗状態になるが,ピン止め点が

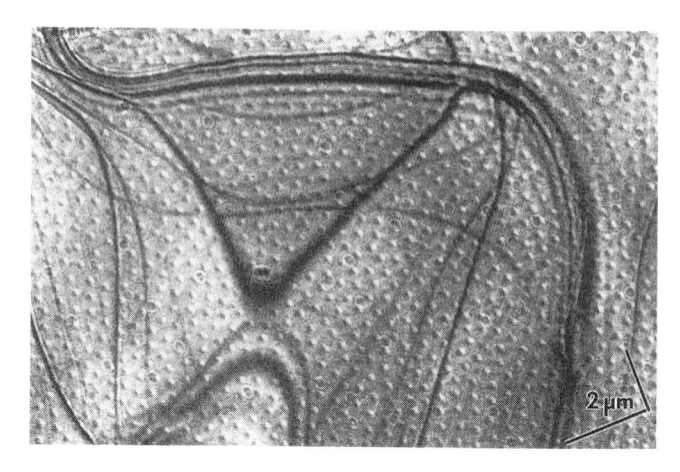

図 5-10 Nb 膜中の量子磁束の電子顕微鏡像(外村氏の好意による)[13].

強ければ磁束線は動けず,高磁場まで超伝導状態を保つ.したがって,いかに有効なピン止め点を作るかが線材開発の重要な研究であり,実用化に当たって金属学が大きな役割を果たした.

5.2 A15型化合物超伝導体とその線材化

　超伝導の応用に関する国際会議は,近年は,2 年に一度アメリカで開催されるApplied Superconductivity Conference(応用超伝導会議, ASC)があり, 1994年10月には Boston で ASC-'94 が開催された.この会議では著名な研究者が過去の超伝導,超伝導材料あるいは超伝導マグネットの発展を振り返り,当時の経緯を回顧して話している.その内容は会議のプロシーディングスである IEEE Trans. Mag. などに掲載されている. A15 型化合物の発見や Nb_3Sn 線材の作製が成功した当時は,まだ本章の著者らは超伝導材料と係わっていなかったので,これらのプロシーディングスに載った報告をもとにして,化合物超伝導のうち現在は A15 型と呼ばれ,昔は誤って β-W (ベータ-タングステン) 型といわれていた化合物について述べる.初めに A15 型超伝導体の発見から高臨界温度 (T_c) 化合物の探索とその発見について触れ,つづいてそれらの高 T_c 超伝導体がいかにして実用線材として使用できる形に発展していったかについて述べよう.

5.2.1 A15型化合物超伝導体の発見と発展

1982年12月1日に,米国 Tennessee 州の Knoxville で開催された ASC-'82のバンケットの講演で,Westinghouse R & D Center の J. K. Hulm は"Superconductivity Research in the Good Old Days"という題目で話している[14]. そのなかで,種々の超伝導体の発見で著名な Bernd T. Matthias との出会いから,一緒に始めた新しい高 T_c 超伝導体の探索について触れている. 彼らは1949年末に The University of Chicago で出会い,一緒に研究を始め,Matthias は 1951 年に再び Bell Laboratories(ベル研究所)に戻った. A15型(当時は β-W 型と考えられていた)の化合物で高い T_c が得られたという報告は 1953 年に G. F. Hardy と Hulm によりなされた[15]. その論文を図5-11に示す. この研究の経緯を Hulm は次のように述べてい

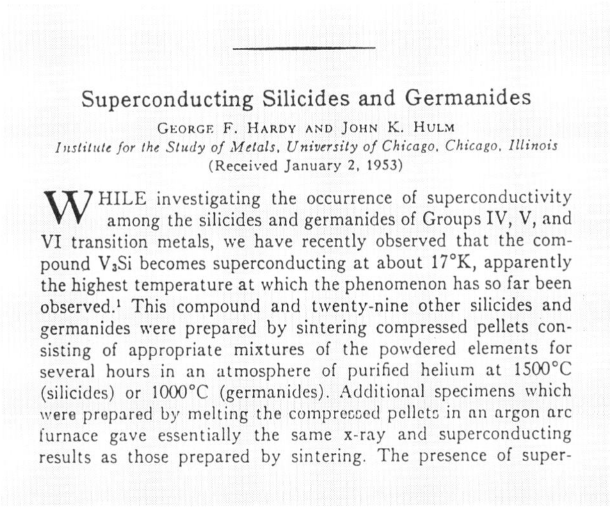

Superconducting Silicides and Germanides
GEORGE F. HARDY AND JOHN K. HULM
Institute for the Study of Metals, University of Chicago, Chicago, Illinois
(Received January 2, 1953)

WHILE investigating the occurrence of superconductivity among the silicides and germanides of Groups IV, V, and VI transition metals, we have recently observed that the compound V_3Si becomes superconducting at about 17°K, apparently the highest temperature at which the phenomenon has so far been observed.[1] This compound and twenty-nine other silicides and germanides were prepared by sintering compressed pellets consisting of appropriate mixtures of the powdered elements for several hours in an atmosphere of purified helium at 1500°C (silicides) or 1000°C (germanides). Additional specimens which were prepared by melting the compressed pellets in an argon arc furnace gave essentially the same x-ray and superconducting results as those prepared by sintering. The presence of super-

図 5-11 A15型(当時は β-W 型と誤解されていた)化合物が高い T_c の超伝導体であることを発見した Hardy と Hulm の論文[15].

る. 1951年 Matthias が Bell Labs. に戻ったあとも電話で,結果やアイディアの交換をしていた. 1952年春に大学院生の Hardy と一緒に研究していて,これまでの研究を炭化物や窒化物から第 IV, V および VI 周期のシリサイドやゲルマナイドに移していった. また,それまでは焼結で作った試料を,アーク溶解で作製するようにな

った．このため二つの好運に恵まれた．一つは試料の純度がよくなったことであり，もう一つは新しい高 T_c の V_3Si で，T_c が 17 K であることをすぐに発見したことである．図 5-11 には V_3Si の T_c が 17 K であることが示してあるが，このほか 1.2 K までの温度で超伝導を示したものは，V_3Ge (6.0 K)，Mo_3Si (1.30 K)，Mo_3Ge (1.43 K)，$MoSi_{0.7}$ (1.34 K)，$MoGe_{0.7}$ (1.20 K)，$WSi_{0.7}$ (2.84 K)，$ThSi_2$ (3.16 K) があった．これらのうち，V_3Si，V_3Ge，Mo_3Si，Mo_3Ge は β-W 型の立方晶構造であることも見つけている．しかし，Cr_3Si は β-W 型ではあったが，1.2 K までは常伝導であった．V_3Si は当時は β-W 構造と誤って知られていた構造に属することが上

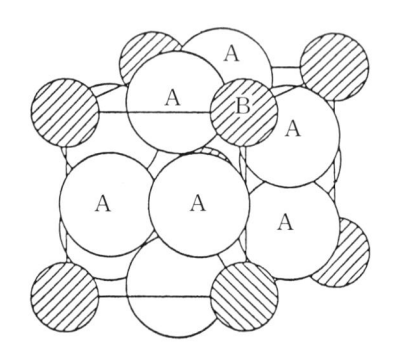

図 5-12 A15 型（A_3B）化合物の結晶構造．A は遷移金属でそれぞれの面に 2 個ずつ入り，B は主に非遷移金属元素である．

図 5-13 Nb_3Sn が 18 K の臨界温度の超伝導体であることを報告した Matthias らの論文[16]．

5.2 A15型化合物超伝導体とその線材化

記のように分かったが,もちろん後日 β-W は誤りで A15 型に訂正されている.図 5-12 に A15 型構造を示す.A15 型は A_3B と表され,A は遷移金属の V,Mo,Zr,Ti,Nb などであり,B は Si,Ge,Sn,Al,Ga などである.Hulm は結果をすぐに Matthias に話した.Matthias はすぐに Bell Labs. に Ted Geballe,Ernie Corenzuit および Seymour Geller とチームを作り,新しいいくつかの高 T_c 材料を含む約 30 の A15 型超伝導体を 1954 年に発見している.そのうちで最も有望な T_c が 18 K の Nb_3Sn がある.この Nb_3Sn の発見の論文を図 5-13 に示す.このようにして高 T_c 超伝導体としての A15 型化合物の研究は始まった.

その後,現在の実用超伝導線材の製造方法であるブロンズ法の開発のもとになった V_3Ga が発見されたのは 1956 年でやはり Matthias らによる[17].そのときの V_3Ga の T_c は 16.5 K である.その後も Matthias のグループは精力的に高 T_c 材料の発見の

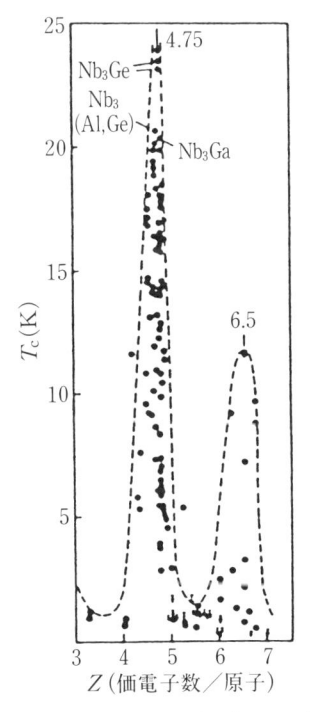

図 5-14 A15 型化合物における T_c と 1 原子当たりの価電子数(Z)との関係:Matthias rule(マティアスの法則)[17].

研究をつづけ，Matthias rule（マティアスの法則）と呼ばれる経験則を導き高 T_c 探索の指針とした．すなわち，1原子当たりの価電子数で種々の A15 型化合物の T_c をプロットすると図 5-14 に示すように，T_c の極大が約 4.75 と 6.5〜7 あたりに現れる．特に1原子当たりの価電子数が約 4.75 の所では高い T_c となり，ここに対応する A15 型化合物の作製がいろいろな研究者により試みられ，$Nb_3(Al, Ge)$，Nb_3Ga，Nb_3Ge などの作製が行われた．1986 年 Bednorz と Müller により高温酸化物超伝導体が発見されるまで，最高の T_c は onset で 23.2 K の Nb_3Ge であった．Nb_3Ge は1965 年に Matthias らが急冷法を用いて，それまで T_c が 11 K であったものを 17 K まで上昇させた[18]．1973 年には，J. R. Gavaler が低エネルギー条件で高圧力で DC スパッタして $T_{c,onset}$ が 22.3 K の Nb_3Ge を作製した[19]．その論文の題目とアブストラクトを図 5-15 に示す．このように Gavaler の Nb_3Ge が高い T_c のスパッタ膜とな

Superconductivity in Nb-Ge films above 22 K*

J. R. Gavaler

Westinghouse Research Laboratories, Pittsburgh, Pennsylvania 15235
(Received 12 July 1973)

Niobium-germanium films which remain superconducting up to 22.3 K have been prepared by a high-pressure dc sputtering process. The high T_c's of these films are attributed to the formation of a more nearly perfect stoichiometric Nb_3Ge compound than has previously been obtainable.

For several years we have been investigating the superconducting properties of transition metal compounds in thin-film form, prepared by a high-purity sputtering process.[1] In general, the high-field characteristics of these sputtered films have been found to be enhanced relative to those of the corresponding bulk material, while the critical temperatures T_c have tended

The Nb-Ge films for the present study were prepared by a deposition process which has been described previously.[1] Basically, the process involves dc sputtering in a high-purity environment. For these experiments, the background impurity level prior to sputtering is routinely lowered to ~5×10^{-10} Torr or less. The present films were sputtered from a composite target made

図 5-15 高 T_c Nb_3Ge を最初に発表した Gavaler の論文[19]．

ったのは，これまで報告されたものより化学量論組成に近いものが得られたためと考えられた．この膜の作製のための実際の DC スパッタ条件は，電圧 750 V，カソード電流密度 3〜5 mA/cm^2，アルゴン圧力 0.3 Torr，ターゲットと基板間距離 2.5 cm，基板はアルミナかベリリアであり，基板温度は 700〜950°C であった．このような条件で 1 μm 程度のフィルムを作り，最も T_c の高いフィルムで 22.3 K（$T_{c,onset}$，超伝導になり始める温度）であり，常伝導-超伝導遷移の midpoint では 21.5 K，完全に超伝導になる温度（$T_{c,offset}$）は 20.8 K であった．したがって T_c 遷移幅は約 1.5 K であった．

その後すぐに，L. R. Testardi，W. A. Royer および J. H. Wernick[20] は Gavaler の実験を繰り返し，再現性を調べ，最もよいフィルムでは $T_{c,onset}$ が 23.2 K±0.2 K であり，遷移幅が約 1.2 K であることを確認した．彼らはターゲット組成を Nb_3Ge の化学量論組成，Ge-rich 組成また Si 添加組成などと変え，基板にはサファイアを用い，基板に 15～25°C の温度差をつけ，同時に種々の温度の基板に蒸着できるようにし，その基板を約 650～760°C に加熱して，アルゴン圧力 60～300 μmHg，スパッタ電圧 475～2000 V，スパッタ電流 1.5～45 mA で数千Åの膜を作製した．上述の $T_{c,onset}$ が 23.2 K のフィルムは基板温度 720°C，アルゴン圧力 200 μmHg，スパッタ電圧 600 V，スパッタ電流 27 mA であり，析出（蒸着）速度は 20.3Å/min，膜厚は 2033Åであった．

以上の報告で示された Nb_3Ge 膜が，高い T_c の酸化物超伝導体が発見された 1986 年まで最高の T_c であった．しかし，実用という観点からは少し違った発展をとげた．これについては次に述べる．

5.2.2　A15型化合物超伝導体の線材化とマグネット化

最初に Nb_3Sn を線材化し，6 Tesla の磁界を発生するコイルが作られたのは 1961 年で，J. E. Kunzler ら（AT & T Bell Labs.）による．この線材とコイルはクンツラー線材（Kunzler wire）およびクンツラーコイル（Kunzler coil）とも呼ばれ，化合物超伝導線材とコイルの出発点である．Kunzler がやはり 1986 年の Applied Superconductivity Conference で講演し，それが IEEE Trans. Mag. MAG-23（1987）336 に掲載されていて[21]，その当時の開発の経緯がよくうかがえる．それによると，超伝導マグネットの開発は 1950 年代中頃，George Yntema（University of Illinois）が Nb 線材で Fe コアーのマグネットを作り 7 kG（kilogauss）を発生している．また 1960 年初め Stan Autler（Lincoln Labs.）がやはり Nb 線材で 4 kG のソレノイドコイルを作っている．1960 年に Kunzler らは Mo-Re 合金線材を用いて 15 kG のマグネットを作り，これにより磁界下での short sample（短試料）の臨界電流密度（J_c）測定が可能になった．これで Nb-Zr，Nb-Ti，Nb_3Sn などの線材の J_c 測定を行い，脆弱な（brittle）Nb_3Sn で 20～25 kG の磁場発生が可能だと考えるようになった．ちょうどその時期に Bell Labs. に 88 kG（8.8 T）銅ソレノイドマグネットが作られ，高磁界での J_c 測定が可能になった．超伝導線材でマグネットを作るには高磁界においても高 J_c の線材が必要であるので，この 88 kG マグネットを利用して Nb_3Sn の J_c 測定を試みた．まず，1960 年 12 月に焼結後 2400°C で溶融した Nb_3Sn から切り

出した小さい rod sample，すなわち，バルク試料で J_c 測定したところ低磁界では 10^4 A/cm^2，8.8 T で 10^3 A/cm^2 の高い J_c が得られた．この値に驚いた Kunzler，Buehler，Hsu および Wernick は，数日後に 8.8 T で 10^5 A/cm^2 の高 J_c を得ている．その Nb$_3$Sn 線材の作製法は図 5-16 に示すように，Nb と Sn の混合粉末をニオブチューブに挿入し，伸線加工して線材に仕上げ，その後熱処理して Nb$_3$Sn を拡散生成して線材とした．その 1 年以内の，ちょうど "1961 International Conference on High Magnetic Field" が MIT（Cambridge, MA）で開催されるまでに，70 kG (kilogauss) 発生の Nb$_3$Sn "wire" magnet を作っている．その Nb$_3$Sn wire の作製とソレノイドコイルの作製法は次の通りである．①Nb チューブ中に Nb 粉末と Sn 粉末のペレットを挿入する．②これを線引きして wire とする．うまく引けると (10-20)×10^3 フィートの wire が得られる．③Nb$_3$Sn 生成の前にステンレススチールのスプロールに加工線材を巻き，マグネット形状に仕上げる．その後④1000°Cにコイル全体を加熱し，Nb$_3$Sn を拡散生成させて Nb$_3$Sn "wire" magnet とした．

このように，華々しく 70 kG 超伝導マグネットとして出発した Nb$_3$Sn 線材も加工の困難さから高磁界が本当に必要なところ以外は合金線材（Nb-Zr, Nb-Ti）へと研究は移っていった．また，その後 Nb$_3$Sn 超伝導テープが化学気相析出（CVD, chemical vapor deposition）法[23]とニオブ基板にスズをディップコートした後加熱

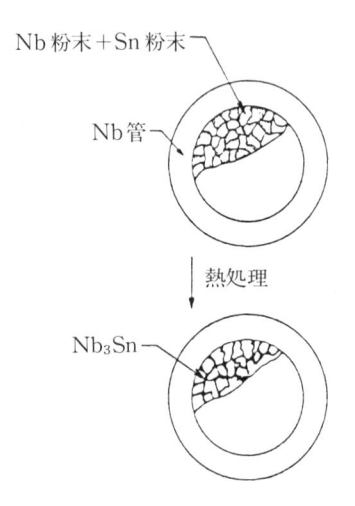

図 5-16　Kunzler wire；Nb 管中に Nb 粉末と Sn 粉末を挿入・加工後熱処理をして Nb$_3$Sn 線材とした．

5.2 A15 型化合物超伝導体とその線材化

拡散させる方法[24]で作ることが1962年頃から開発されたが,商品として売り出したのは RCA (Radio Corporation of America) と GE (General Electric Corporation) に限られ,1972年までに約100個を世界的に供給した.しかし,1978年時点では,Nb_3Sn テープマグネットの製品販売は IGC (Intermagnetic General Corporation) に限られ,1994年時点では Nb_3Sn 線材はほとんど極細多芯 Nb_3Sn 線材となっており,テープ線材はほとんど製造されていない.

この極細多芯線材は Cu マトリックス中に 10 μm 程度の直径の Nb_3Sn フィラメントが多数埋め込まれた複合線材である.この種の線材が開発されるに当たり,超伝導マグネットの作動時の安定性が検討された[25].それによると,①磁束侵入による発熱密度を小さくして,不安定性のもとになる磁束ジャンプを起こさないように超伝導フィラメント径を細くする.②この極細多芯線をツイストすることにより,Cu(-Sn) マトリックス部と線材外周部を流れるシールド電流を早く減衰し,損失 (loss) や不安定性の原因を取り除いている.このような線材の開発は延性が大きい Nb-Ti 合金線材で1967年頃から報告が出ているが,Nb-Sn 線材においても,テープマグネットの不安定性から必然的に線材構造として考えられるようになってきた.この Nb_3Sn フィラメントを Cu マトリックスに多数埋め込んだ複合多芯線材は現在ブロンズ法あるいは内部拡散法などで作られているが,その端緒を開いたのは当時科学技術庁金属材料技術研究所にいた太刀川恭治(後東海大学工学部)の研究[26]による.

彼らは A15 型 V_3Ga の作製を拡散法で行っていたが,初めバナジウム (V) 棒をガリウム (Ga) でコートして熱処理により界面に V_3Ga の生成を試みたが,Ga-rich の化合物,VGa_2 および V_3Ga_2 がまずでき,これらの化合物と V コアーの間に V_3Ga が生成したがその厚さはあまり厚くならなかった.その後,彼らはこの Ga-rich の化合物層の上に Cu を被覆し熱処理すると V_3Ga の生成速度は約10倍も速くなり,臨界電流 (I_c) も大きくなることを見つけている.図5-17 に V コアーと Ga-rich 化合物層との界面への V_3Ga の生成,ならびに Ga-rich 化合物層に Cu を被覆した後熱処理して V_3Ga を生成したときの彼らが示した模式図を示す.図のように同じ熱処理条件で Cu 被覆により V_3Ga の生成量は増し,I_c 特性もよくなっている.図5-18 はこの線材を垂直磁界下で測定した J_c の磁界依存性である.V_3Ga 層当たりの J_c は 150 kG で約 1×10^5 A/cm^2 と高く,また抵抗測定での H_{c2}(臨界磁界)は 200 kG (20 T) を超えていると報告した.

その後のブロンズ法による Nb_3Sn 線材および V_3Ga 線材の開発に関しては,1980年8月20〜30日にポルトガルの Sintra で開催された NATO Advanced Study Insti-

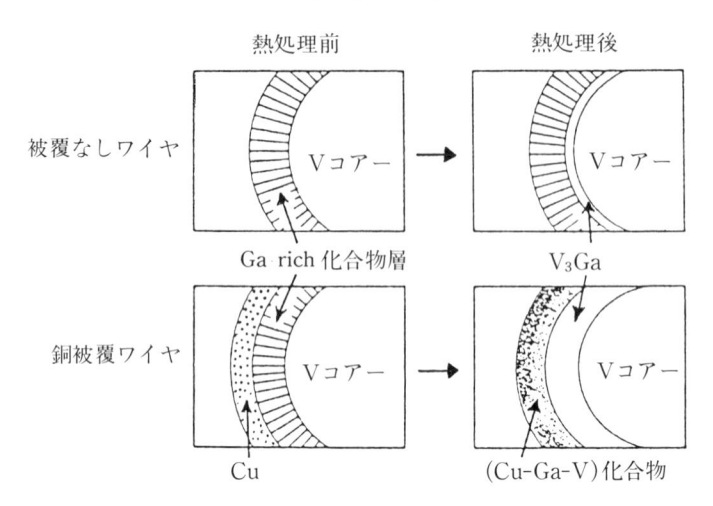

図 5-17 V$_3$Ga 生成における Ga-rich 化合物層と V コアーの反応に対する銅被覆の効果（模式図）[26].

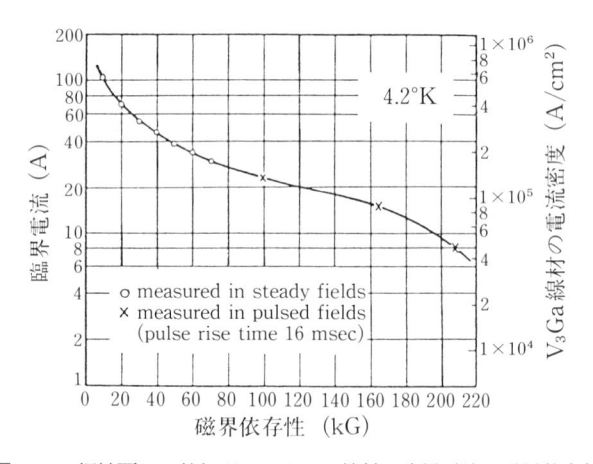

図 5-18 銅被覆して熱処理した V$_3$Ga 線材の臨界電流の磁界依存性[26].

tute on Science and Technology of Superconducting Materials で講義した M. Suenaga (Brookhaven National Laboratory, USA; BNL) の論文[27] に詳しく述べられている．いわゆるブロンズ法で Nb$_3$Sn および V$_3$Ga 線材が作られるようになったのは 1969～70 年である．この方法はニオブ（Nb）と Cu-Sn 合金（ブロンズ）と

5.2 A15型化合物超伝導体とその線材化

の界面に Nb_3Sn を，またバナジウム（V）と Cu-Ga 合金の界面に V_3Ga を高温で拡散熱処理により生成する方法である．

Suenaga によると"ブロンズ法"の発見は日，米，英でそれぞれ別個に三人の metallurgists によると書いている．一人は上述の日本の太刀川恭治，一人は米国の Whittaker Corporation の A. R. Kaufman, そしてもう一人は英国，Harwell の Atomic Energy Research Establishment の E. W. Howlett である．この最後の英国の Howlett については超伝導材料関係者の間にもあまり知られていないが，彼は1969年10月27日に British Patent を出しており，ブロンズ法を研究していたのは間違いない．あまり知られなかったのは，彼がこの発見後すぐに山の事故で死亡してしまったためであると Suenaga は述べている．

さて，米国での複合多芯 Nb_3Sn 線材の開発は，BNL で高エネルギー加速器のダイポール超伝導マグネットに利用したいという考えから始まり，BNL の D. H. Gurinsky が前述の Kaufman に相談したところに始まる．脆い Nb_3Sn を用いた Nb_3Sn 多芯線材を作るには Cu-Sn 合金中に Nb 棒を入れ，Cu-Sn マトリックス中で Nb がフィラメントになるように加工し，その後熱処理すればよいというアイディアを Kaufman は出し，すぐに J. J. Pickett とこの方法で Nb_3Sn 多芯線材の製造に成功した．結果はすぐに 1970 年 Colorado の Boulder で開催された Applied Superconductivity Conference で Kaufman により報告された[28]．その初めのアイディアの模式図を図 5-19 に示す．また，その時の線材の J_c については 50～100 kG で NbTi 線材の 3～5 倍であるが，それまでの最もよい Nb_3Sn の J_c 値よりは低く，T_c は 17 K と報告している[29]．

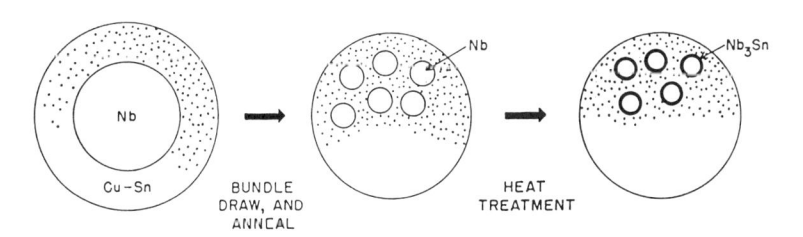

図 5-19 Kaufman による複合多芯 Nb_3Sn 線材の製造方法（ブロンズ法）．

一方，上述したように V-Ga 化合物層の上に Cu を被覆すると V_3Ga の生成が速まり，かつ V_3Ga のみが生成することを発見した太刀川は V と Cu-Ga 合金とで固体反応により V_3Ga テープを作製し，1970 年ベルリンで開催された International

Cryogenic Engineering Conference (ICEC) で報告した[30]．これとほとんど同じ時期に，BNL の Suenaga と W. B. Sampson は太刀川らの研究の情報がないままに Nb_3Sn の場合と同様の方法で，すなわち Cu-Ga 合金中の V フィラメントの界面に拡散熱処理により V_3Ga を作製させ，初めての複合多芯 V_3Ga 線材の作製に成功している[31]．

このようにして，非常に脆い A15 型 Nb_3Sn および V_3Ga の複合多芯線材 (multifilamentary superconducting wires) が開発され，現在にわたって大変重要な技術となっている．

しかし，これで超伝導マグネットがすぐに巻かれ，所望の高磁界が発生できたかというとそううまくはいかなかった．初めは線材に加工後コイルに巻き，その後熱処理をしなくては 10 T を超えるマグネットはできなかった．さらに，ブロンズ法で種々の複合多芯 Nb_3Sn 線材の作製が試みられ，高磁界までの J_c 特性が調べられた．しかし，Nb_3Sn の H_{c2} は単結晶などの測定では約 23 T といわれているのに，ブロンズ法などで作製した線材では，J_c の磁界依存性を利用して求めた H_{c2} は 16～17 T[27]，場合によっては 12 T くらいの値しか得られなかった[32]．ブロンズ法による複合多芯 Nb_3Sn 線材では，線材への加工後 700°C付近で熱処理して Nb_3Sn を拡散生成するが，使用温度は 4.2 K の液体ヘリウムであり，約 1000°Cの熱履歴を受ける．一般に複合多芯 Nb_3Sn 線材の構成は未反応の Nb フィラメントのまわりに生成した Nb_3Sn，そのまわりの Cu-Sn マトリックス，安定化のための表面の純銅およびその純銅の高伝導度を保つために Sn の Cu への拡散を防ぐための Ta あるいは Nb の拡散バリアからなる．700°C付近の熱処理中に線材全体で平衡に達し，その後使用温度の 4.2 K まで約 1000°Cの冷却により Nb_3Sn 層は一般に圧縮ひずみを受けるようになる．この大きさはそれぞれ構成要素の量比，強度などによるが，この残留圧縮ひずみのために超伝導特性は若干劣化している．

このような高磁界での超伝導特性の劣化が，ひずみ効果，超伝導体でしばしば観察されるマルテンサイト変態，ピンニング機構などの観点から検討され，かつ，種々の添加元素を加えて改善が試みられた．そのうちとくに有効であることが判明したのは Ti と Ta の添加であり，Suenaga らは Nb コアーに Ta 添加を試み[33]，太刀川らは Nb コアーに Ti 添加と Cu-Sn ブロンズマトリックスへの Ti 添加を試みている[34,35]．添加された Ta や Ti は Nb_3Sn 層に入り，$(Nb, Ta)_3Sn$ あるいは $(Nb, Ti)_3Sn$ となる．このように Ta や Ti が Nb_3Sn 中に固溶し，マルテンサイト変態 (A15 型が低温で正方晶に変態する) が起こりにくくなる．また Ta や Ti を固溶す

5.2 A15型化合物超伝導体とその線材化

ることにより Nb_3Sn の H_{c2} が約 27 T まで上昇し，高磁界での J_c が改善されるようになった．このような添加元素による特性改善と製造技術の進展と相まって，現在は高磁界用超伝導マグネット用線材としては，Ti あるいは Ta 添加複合多芯 Nb_3Sn 線材が実用化されている．しかし，上述のごとく複合多芯 Nb_3Sn 線材で高磁界マグネットが巻かれるようになったのは二十数年前のことでしかない．

以上のごとく 1953 年に A15 型超伝導体が発見され，V_3Si で T_c が 17 K であることが分かり，1954 年には Nb_3Sn が発見され，約 30 年を要して材料の改善，加工・製造方法の改良があって A15 型 Nb_3Sn や V_3Ga が複合多芯線材として実用化された．

このようにして開発されたブロンズ法による複合多芯 Nb_3Sn 線材もいくつかの欠点を持っている．その一つはブロンズ（Cu–Sn）合金の Sn 濃度が高いほど臨界電流特性はよいが，ブロンズ中の Sn 量を多くすると加工硬化が著しく，数 10% 加工のたびにブロンズを軟化させるための焼きなまし処理が必要となり，最終線材に加工するまでに 20 回を超える熱処理が必要となる．現在，Cu–Sn ブロンズ合金の Sn 濃度は $Cu\alpha$ 固溶限に相当近い 13 wt% Sn が用いられている．これ以上の Sn 濃度をもつ合金を Nb 管中に入れ反応生成した Nb_3Sn はブロンズ法以上の J_c 特性を示した．以上のように，Sn 濃度は高くしたい，加工をもっと簡単にしたいという希望から図 5-20 に示す種々の製造方法[36] が検討されている．

外部拡散法は Nb 棒を Cu 管に入れたものをさらに多数 Cu 管に挿入し多芯化して加工するが，Nb，Cu ともに加工性は良好で容易に Nb フィラメントに加工できる．その後表面に Sn を被覆し，熱処理により Sn を Cu マトリックスを通して Nb と反応させ Nb_3Sn とする方法である．内部拡散法は Cu マトリックス中に Nb 棒と加工性の良好な Sn 棒を配置して途中まったく軟化熱処理なしに引抜き・伸線加工し，最終径まで加工の後，熱処理して Nb_3Sn を生成する．チューブ法は図 5-20 に示したように Nb チューブ中に Cu/Sn（Cu チューブと Sn 棒）を入れ，Nb チューブにさらに Cu チューブをかぶせたものを基本単位構造としていて，全体の構成要素が純金属で加工性も良好で，かつ Nb チューブ内の Cu/Sn 比を自由に変えられ，高 Sn 量とすることができる特徴がある．固液拡散法では Nb チューブ法と同様であるが Nb チューブ中に Sn–Cu 合金（Sn-rich）を入れる方法である．この二つの方法では Sn 量を多くとれ，Nb チューブ内に極めて厚い高 J_c の Nb_3Sn が生成し，高磁界電流線材となるが，Nb_3Sn フィラメントをあまり細くまでは加工できない．図 5-20 の最後に示した改良ジェリーロール法では Cu–Sn ブロンズ板と Nb 板にスリットを入れ，横方

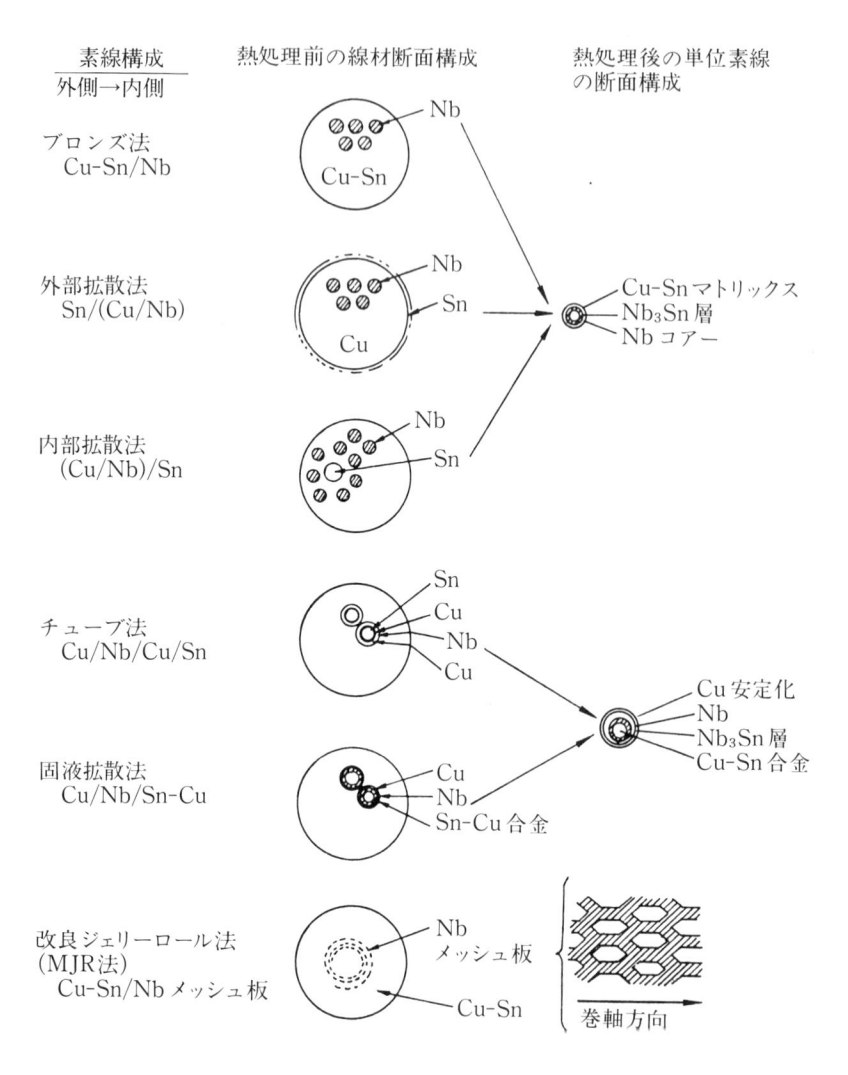

Cu-Snマトリックス中でNbはほとんどNb_3Snとなる．

図 5-20 複合多芯 Nb_3Sn 線材の種々の製造方法[36].

向に伸ばして網目状にしたNb板を重ねて巻き，加工度が低くて細いNbフィラメントとする方法で，熱処理後，NbフィラメントはすべてNb$_3$Snに転換する特徴がある．

このように，ブロンズ法の欠点を改良するため，種々の方法が考えられた．現在の交流線材では，Nb$_3$Snフィラメントをサブミクロンサイズにすることが望まれ，ブロンズ法と内部拡散法が主に試みられている．また，高磁界，高電流用線材としては固液反応によりNb$_3$Snを厚く生成できるチューブ法，固液拡散法が用いられる．

これらの製造法よりもっと簡単な方法も研究されている．これにはインサイチュー法（in situ process）と粉末法などがある．前者はCu-Nb合金やCu-V合金を溶解・鋳造後に加工し，Cuマトリックス中に晶出しているNbあるいはVデンドライトをNbあるいはVフィラメントとして不連続に分散させる．これにSnやGaで被覆し，熱処理によりNb$_3$SnあるいはV$_3$Gaフィラメントとする製造方法で，超伝導フィラメントをサブミクロン以下にすることができる特徴がある．後者の粉末法は，前述のKunzlerの方法と構成的には同じであるが，Kunzlerの当時はNb粉末の変形はあまり考慮されなかった．近年の粉末法では，Nb粉末もSn粉末をともに加工で伸すことを試みている．また，Nb粉末を軽く圧粉焼結して，その隙間にSn溶湯をしみ込ませたのち加工するインフィルトレーション法（infiltration process）なども研究された．この方法による線材は高J_cが可能である．

以上述べたように新しい複合多芯Nb$_3$SnあるいはV$_3$Ga線材，多芯テープの試みはなされたが，いずれも一長一短があり，実用化まであと一歩の段階である．

5.3 合金超伝導体の線材化

この章で扱う合金超伝導体は，いわゆる第1種超伝導体をもとにした超伝導合金ではなく，実用上重要で，現在最も多く使用されているNb-Ti合金へつながる合金超伝導体，すなわち遷移金属をベースにした超伝導合金である．

合金超伝導材料の研究の始まりはやはりアメリカ合衆国で主に行われ，初めに登場する人物はBernd T. Matthias, J. K. HulmおよびTed G. Berlincourtらである．活躍した1950年代後半からMatthiasはBell Labs., HulmはWestinghouse R & D Center，そしてBerlincourtはAtomic Internationalに所属していた．初めに，Nb-Zr超伝導合金の発見とNb-Ti超伝導合金開発経緯をHulm[37]およびBerlincourt[38]が当時を回顧して述べた報告からまとめる．

5.3.1 Matthias と Hulm の出会いそして超伝導材料の研究へ

　Hulm による Matthias との出会いについては 5.2 節でも少し触れた．初めに Hulm と Matthias 二人の超伝導材料開拓者について述べておこう．Hulm[37]によると，Hulm は英国 Cambridge University（ケンブリッジ大学）の小さな研究所の Royal Society Mond Laboratory で低温物理学の研究をしていて，1949 年に The University of Chicago（シカゴ大学）の post-doctoral fellowship を得て物理学教室に行き，そこで assistant professor をしていた Matthias と初めて会っている．しかし，Hulm と Matthias の因縁はそれ以前からあった．Hulm が Cambridge でチタン酸バリウムの研究において，その作製に苦労していたとき，たまたま Cavendish 研究所の Sir Lawrence を当時 Matthias がいた Zürich の Prof. P. Scherrer（Scherrer は X 線回折の Debye-Scherrer 法として有名）が訪問した．当時 Matthias はチタン酸バリウムの結晶育成を塩化バリウムをフラックスに用いて行っており，Prof. Scherrer は「チタン酸バリウム育成のフラックスは塩化バリウムだ」と Hulm に教えた．その結果すぐに Hulm は絶縁性のある結晶を作製することができ，誘電特性とキュリー点を測定し，Nature 誌に投稿の準備をした．Sir Lawrence はフラックスについて Prof. Scherrer に「Scherrer のレシピーを使用したことに問題はないか」と電話で話したが，Scherrer は「問題ない」というので Hulm は Nature 誌に投稿し論文となった．出版されてから 2 週間すると Matthias から険悪な手紙が Hulm のもとに届いた．Hulm はその経緯を書いた手紙を Matthias に送ったがなしのつぶてになっていた．そして Hulm は 1949 年にシカゴ大学に行き Matthias と会った．彼らが初めて会ったのは，物理学教室の chairman であった Andrew Lawson が夕食会に招待したときで，Matthias は少し前から assistant professor としてシカゴ大学に着任し，同時に招待されていた．初めは険悪（?），しかし，食事中いろいろ話すうちに Matthias は低温物理にバックグラウンドがある強誘電体の分かる人を見つけて大変に喜んだ．当時 Matthias はすでに多数の強誘電体を発見しており，低温物理屋と一緒にこの重要な材料の研究を行いたいと考えていた．このようにして Hulm と Matthias の共同研究は始まった．

　それが超伝導材料の研究に向かったのは，1950 年のある日，昼食で偶然に会った E. Fermi に「超伝導は物理学の重要なフロンティアであるから材料学的観点から研究したらどうか」といわれたことに始まる．当時超伝導研究の中心の Cambridge，Oxford や Leiden では，物理学的観点から例えば Sn のような理想的超伝導体の研究

5.3 合金超伝導体の線材化 193

に焦点が当てられており，これらの研究は同位体効果の発見となり，1957年のBCS理論の成立には大いに役立っていた．このため，Hulmは材料研究のchemical approachには疑問を持ったが，Matthiasのアプローチはまったく異なり，その後，高磁界超伝導体を見つけ，超伝導を基礎研究から工業応用の分野に導いたと述べている．

HulmとMatthiasはシカゴで遷移金属の固溶体合金，例えばNb-TiおよびNb-Zr合金の臨界温度，T_cの予備的な研究を始めたが，当初は焼結した試料であったため種々の冶金学的困難が生じうまくいかなかった．

Matthiasはシカゴ大学でテニュア（tenure）が取れず，1951年にBell Labs.に戻った．Hulmも1954年にPittsburghのWestinghouse Research Laboratoriesに移った．

5.3.2 Nb-ZrおよびNb-Ti超伝導合金の開発

5.2節ですでに述べたように，1953年，HulmはHardyとともにシカゴでA15型超伝導体を発見したが[39]，その論文の発表の少し後のやはり1953年にMatthiasは"Transition Temperatures of Superconductors"という論文を報告している[40]．この論文では，遷移金属と超伝導を示さないSi, GeやTeのような非金属との間の化合物で多数の超伝導体を見つけている．この論文の第1頁を図5-21に示す．この論

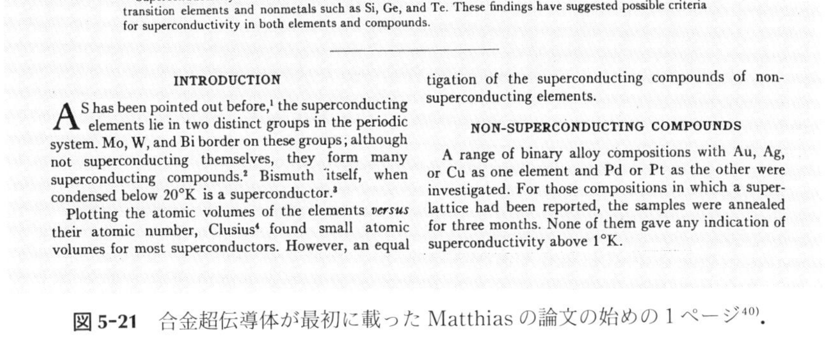

PHYSICAL REVIEW　　　VOLUME 92, NUMBER 4　　　NOVEMBER 15, 1953

Transition Temperatures of Superconductors

B. T. MATTHIAS
Bell Telephone Laboratories, Murray Hill, New Jersey
(Received August 3, 1953)

Superconductivity has been found in a number of new compounds between the non-superconducting transition elements and nonmetals such as Si, Ge, and Te. These findings have suggested possible criteria for superconductivity in both elements and compounds.

INTRODUCTION

AS has been pointed out before,[1] the superconducting elements lie in two distinct groups in the periodic system. Mo, W, and Bi border on these groups; although not superconducting themselves, they form many superconducting compounds.[2] Bismuth itself, when condensed below 20°K is a superconductor.[3]

Plotting the atomic volumes of the elements *versus* their atomic number, Clusius[4] found small atomic volumes for most superconductors. However, an equal

tigation of the superconducting compounds of non-superconducting elements.

NON-SUPERCONDUCTING COMPOUNDS

A range of binary alloy compositions with Au, Ag, or Cu as one element and Pd or Pt as the other were investigated. For those compositions in which a superlattice had been reported, the samples were annealed for three months. None of them gave any indication of superconductivity above 1°K.

図 5-21　合金超伝導体が最初に載ったMatthiasの論文の始めの1ページ[40]．

文の最後に"Superconducting Elements"という節があり，表5-1に示すTableが載っている．ここでは，T_cと価電子/原子（valence electron/atom）比の関係が種々の元素および化合物で成り立ち，原子当たりの価電子数が5より少し小さい値で高い T_c が得られるというアイディアを短く述べている．この表の中に組成が「2Nb-1Zr」のものがあり，T_c は 10.8 K で，これが Nb-Zr 合金超伝導体の最初の報告であろう．この原子当たりの価電子数と超伝導，特に T_c との実験的関係は後に"マティアスの法則"（Matthias rule）と呼ばれ，アイディアは 1955 年の "Empirical Relation between Superconductivity and the Number of Valence Electrons per Atoms" で報告していて[41]，この値が5と7付近で高い T_c の超伝導体になりやすいことを示している．このことは A15 型の化合物超伝導体のみでなく合金超伝導体でも Matthias rule が成立することを示した．

表 5-1 Matthias が最初に報告した合金超伝導体 Nb-Zr 系の T_c[40].

Element or compound	T_c °K	R = valence electrons/atom
Nb	8-8.3	5[a]
Pb-As	8.4	4.5-5[a]
Pb-Bi	7.3-8.8	≈5[a]
MoC	7.6-8.3	5[a]
ZrN	9.3-9.6	4.5[a]
2Nb-1Zr	10.8	4.67[b]
MoN	12-12.5	5.5[a]
V_3Si	17.0	4.75[c]
$Nb(C_{0.3}; N_{0.7})$	17.8	4.85[b]

[a] These data are taken from the references in Shoenberg's book (see reference 21).
[b] Indicate present results.
[c] G. F. Hardy and J. K. Hulm, Phys. Rev., **89**, 884 (1953).

Nb-Zr 合金に限らず Nb-Ti 合金をも含めて，種々の遷移元素の固溶体合金の超伝導，特に超伝導遷移温度（T_c）と組成との関係の総括的な研究が 1961 年に Hulm らにより報告された[42]．ここでは長周期表の IV A-VII A 元素の最初の三つの周期で現れる bcc 固溶体合金で超伝導を調べ，T_c の極大は Matthias rule に従い，原子当たりの価電子数が 4.7 と 6.4 で現れることを示した．図 5-22 および図 5-23 は Zr-Nb-Mo-Re をとなり同士で固溶させた bcc 合金，および Ti-Nb-W-Re と Hf-Ta-W-Re をそれぞれとなり同士で固溶させた bcc 合金における T_c の変化である．このよ

5.3 合金超伝導体の線材化

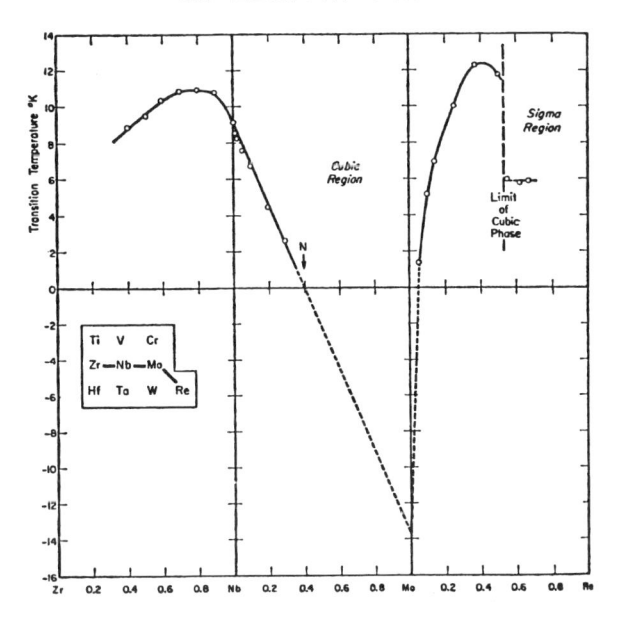

図 5-22 Hulm と Blaugher による Zr-Nb-Mo-Re 系合金における組成による T_c の変化[42]．

うに，この時代までは超伝導特性としてはまだ T_c が主要で，実用上は臨界磁界 (H_{c2}) や臨界電流密度 (J_c) が重要である点には気づいていなかった．しかし，Nb-Ti 合金もただ遷移元素による合金の一つとしか考えられておらず，まだ，超伝導磁石用としては T_c の高い Nb-Zr 合金に衆目が向いていた．ただし，この Hulm の論文が初めて Nb-Ti 合金の T_c を総括的に述べた最初の論文であろう．

1954 年には，先にも述べたように Hulm もシカゴを離れ Westinghouse に移った．また，1961 年に，T. G. Berlincourt らは Nb-Zr 合金が高磁界で高電流密度の材料であることを示した[43]．図 5-24 は彼らが 30 kG (kilogauss) までの磁界中で J_c を測定した結果であり，Nb-25 at%Zr 合金で高い J_c が得られることを示している．この時期から超伝導合金，特に Nb-Zr 合金が高磁界マグネット材料として有望であることが認識され始めた．また，Berlincourt[38] によると，1961 年に Bell Labs. の Kunzler と Matthias により "High Field Superconducting Magnet Consisting of a Niobium-Zirconium Composition" の特許が提出され，その妨害を上述のデータなどを示し楽しんでいたと述べている．このように合金超伝導体，特に Nb-Zr 合金は

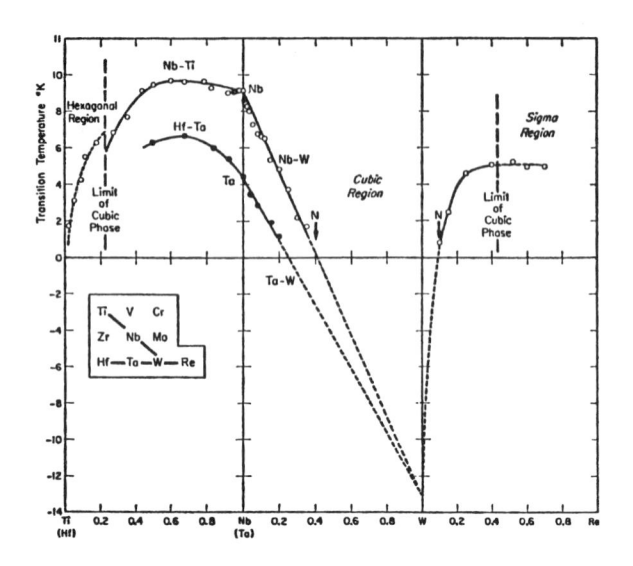

図 5-23　Hulm と Blaugher による Ti-Nb-W-Re および Hf-Ta-W-Re 系合金における T_c の組成による変化[42]．

高磁界マグネットとして有望であると華々しく登場した．これは1961年秋のMIT（マサチューセッツ工科大学）における「高磁界会議」であった．この高磁界会議では，Westinghouse の Hulm らと Atomic International の Berlincourt らが Nb-Zr 合金でマグネットを巻き，それぞれ 60 kG の磁界を発生したと，発表した．そのセッションの第一の講演者は Bell Labs. の Kunzler で，彼は Nb_3Sn 線材で発表前夜に 68 kG の磁界を発生したとまず報告し，続いて発表した Nb-Zr 合金の超伝導線材の二つのグループを打ち負かした[37]．しかし，Hulm はこのようにちっぽけで，極めて不安定で，クエンチで急激に常伝導になるとそれ自体で損傷を受けてしまう当時の超伝導マグネットを「低温物理学者のおもちゃ」と呼んでいる．

以上のように，合金超伝導体としては Nb-Zr 合金が主流と考えられた時代が長く続いた．これに代わる現在の主流である Nb-Ti 合金について，Berlincourt は次のように述べている[38]．

1961年の終わり頃，Hake と私は Atomic International で実験装置をグレードアップした．すなわち，16 T のパルスマグネットを用いて，多数の延性のある遷移金属合金超伝導体の研究を始めた．驚いたことに，超伝導マグネット応用には Nb-Zr

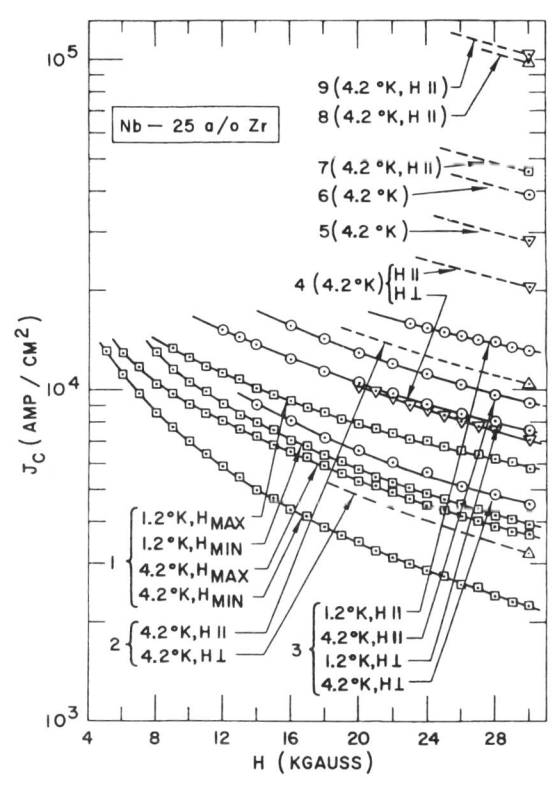

図 5-24 Berlincourt らによる Nb-25%Zr 合金における J_c の磁界による変化．磁界印加方向が圧延面に平行か垂直かにより $J_c(H)$ 特性は異なる[43]．

合金より Nb-Ti 合金が優れていることを発見した．このようにして Nb-Zr 合金の特許妨害はまったく無意味なものになってしまった．Nb-Ti 合金はもちろん Atomic International でも研究されてきていたが，Nb-Ti 合金の優れた高磁界特性および高電流密度特性をなかなか明らかにすることができず，Nb$_3$Sn 化合物や Nb-Zr 合金における興奮のため見逃されていた．

5.3.3 Nb-Ti 超伝導線材の開発

このように，Nb-Zr 合金より Nb-Ti 合金が優れた高磁界特性を示すことを見出した研究は Berlincourt らによりなされ，"Superconductivity at High Magnetic Fields" として 1963 年に報告された[44]．彼らは種々の遷移合金超伝導体で 16 T のパ

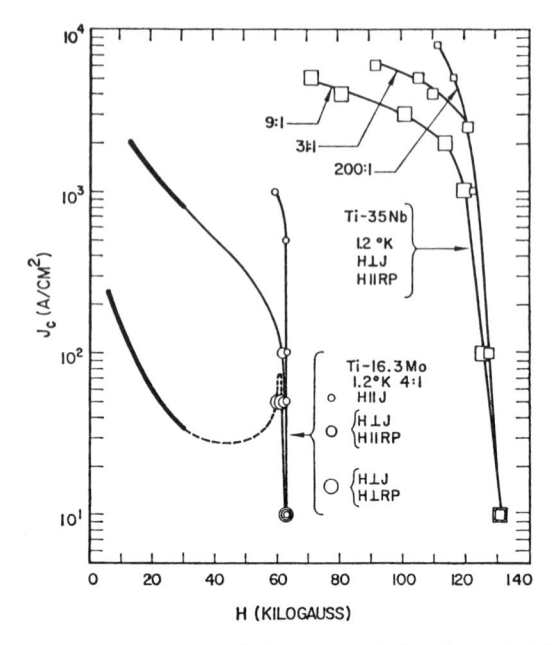

図 5-25 Berlincourt と Hake による高磁界での合金超伝導体の $J_c(H)$ 特性．電流密度が小さくなると加工度，印加磁界方向が変化しても $J_c(H)$ 曲線を外挿して得られる H_{c2} は同じである[44]．

ルスマグネットを用いて，上部臨界磁界 H_{c2} の測定を行った．

その前に述べておかなくてはならない大事なことは，これまで合金超伝導体では加工度や印加磁界の方向で J_c 値が大きく変化し，$J_c(H)$ 曲線の外挿により H_{c2} を求めようとするとバラツキが大きく H_{c2} を決定することができなかった．Berlincourt らは小さい電流密度で測定すれば図 5-25 に示すように，加工度，磁界方向によらず H_{c2} は材料固有の値であることを実験的に明らかにした．これは極めて重要で，現在 T_c，H_{c2} が材料固有の値で材料の組織や磁界方向に依存しないことが知られている．しかし，J_c は組織依存が大きく，材料の組織コントロールが重要である．特に，合金超伝導材料においては加工と熱処理による組織コントロールが重要である．

Berlincourt と Hake[44] による Nb-Ti 合金および Nb-Zr 合金での H_{c2} の組成依存性を図 5-26 および図 5-27 に示す．H_{c2} に関しては Nb-Ti 合金のほうが Nb-Zr 合金より優れ，高磁界マグネット材料として有望であることが分かってきた．

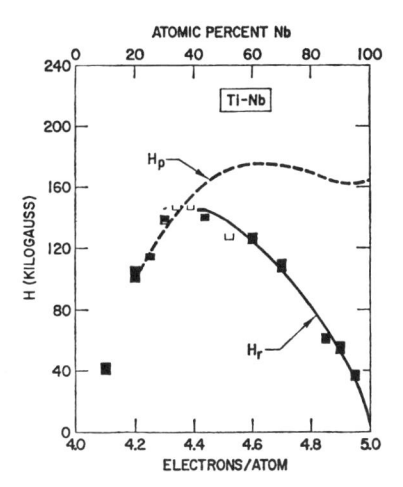

5.3 合金超伝導体の線材化   199

図 5-26 Berlincourt と Hake による Ti-Nb 2元系合金における臨界磁界の組成依存性[44].

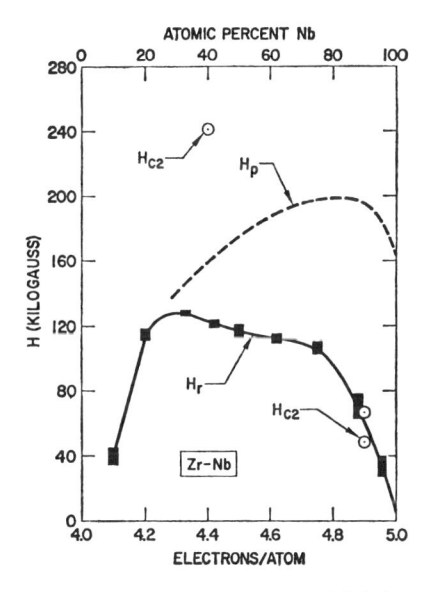

図 5-27 Berlincourt と Hake による Zr-Nb 2元系合金における臨界磁界の組成依存性[44].

次に,線材として重要な特性 J_c に関して,特に,Nb-Ti 合金はどのような道をたどったのだろう.上述のように Berlincourt は Nb-Ti 合金が高磁界超伝導体で Nb-Zr 合金より高い J_c 特性を示すことが明らかになったと述べているが[38]),Westinghouse の Hulm のグループが 1965 年に報告した "A Protected 100 kG Superconducting Magnet"[45]) によると,Berlincourt らは,冷間加工した Nb-Ti シートを用いて 100 kG で 2×10^4 A/cm^2 の J_c を得,100 kG マグネット用材料に適していると報告している[46]),という.

この頃になるとドイツでも超伝導材料の研究が始まっている.Schwaebisch Gmuend の Zwicker が 1963 年に Z. Metallknd. に若干の自分たちのデータを入れた各種 Ti 合金の超伝導についてレビューしている[47])のをみると,当時の特に J_c と加工性に対する見方が分かる.図 5-28 は Zwicker の論文にまとめられた種々の Ti-Nb 合金と Nb-Zr 合金の J_c(H) 特性の比較であり,図中の ref. 46) は Berlincourt の結果[48]) である.このように,Nb-Ti 合金は高磁界,すなわち 7〜8 T 以上の磁界で Nb-Zr 合金より高い J_c が得られることが明らかになり,さらに高加工が可能で,高い H_{c2} と高い J_c が得られることを示している.先に述べた Westinghouse グループが 100 kG マグネットを造ったときの 0.25 mm 直径の Nb-Zr および Nb-Ti 合金線材の J_c の磁界依存性を図 5-29 に示すが,5〜6 T 以上の磁界では Nb-Ti 合金の方がより高い J_c 特性を示しており,彼らは三層にコイルを分け,一番内挿のコイルは

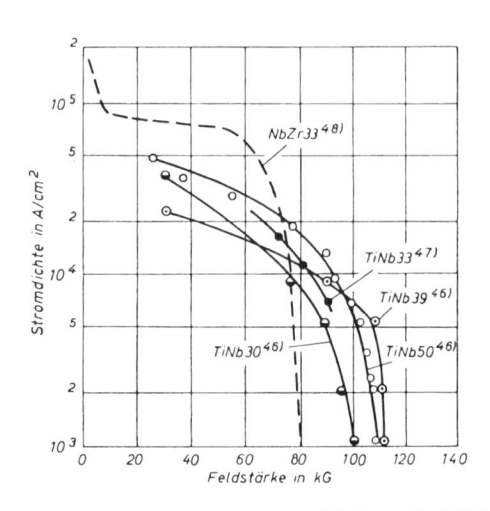

図 **5-28** Zwicker がまとめた Ti-Nb 系合金の J_c(H) 特性[47]).

5.3 合金超伝導体の線材化

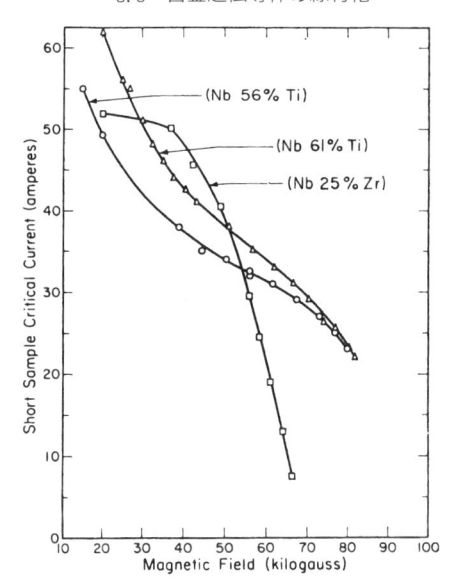

図 5-29 Coffey, Hulm らが 100 kG マグネットに用いた合金超伝導線材の $J_c(H)$ 特性[45].

Nb-56%Ti 合金線材を，中間コイルには Nb-61%Ti 合金線材を，外挿コイルには Nb-25%Zr 合金線材を使用している[45].

1961 年に長尺の高 J_c，高 H_{c2} の合金超伝導線材が製造されたが，普通に絶縁された超伝導線材でマグネットを巻くのは不都合であることがすぐに判明した．問題は超伝導が破壊したときの常伝導化過程にあることが分かった．マグネットの巻線のある部分が常伝導転移したとき，常伝導領域の熱の伝播が外向きに急激に起こり，巻線間に大きな電圧を発生し，絶縁が破壊するばかりでなく，線材に致命的な損傷を生じることが分かった．この問題は銅（Cu）のような良導体とクラッド（合わせ板）することにより解決された．常伝導状態では高抵抗の超伝導体が常伝導転移したとき，銅はシャントとして働き，また，熱や電圧の伝播を数オーダー遅くする効果が銅クラッドにある[49].

このように超伝導マグネットに合金線材が巻かれるようになると銅とのクラッドが超伝導線材の保護以外に，線材の加工の観点からも重要になり，以後超伝導線材が複合多芯化の道をたどる．それ以後，銅との複合化は続き，現在に至る．銅との複合加工性に関しては Nb-Ti 合金の方が Nb-Zr 合金より勝ることも明らかになり Nb-Ti

合金が Nb-Zr 合金にとって代わった一因ともなっている．

加工性のほかに，もちろん，Nb-Ti 合金の高磁界での J_c 特性が Nb-Zr 合金より優れているという材料組織学的な研究がイギリス，ドイツを始め，わが国でも行われた．この材料組織学的観点からの研究については次節で述べる．

このように 1960 年代の前半で Nb-Ti 合金は Nb-Zr 合金より高 H_{c2}，高 J_c が得られることが明らかになった．この Nb-Ti 合金超伝導材料が実際に超伝導マグネットとして巻かれて市販されるようになったのは 1970 年ごろで，それまでは Nb-Zr 合金超伝導線材による超伝導マグネットが主流であった．

ここで日本における合金超伝導線材の研究に少し触れておこう．日本における合金超伝導材料の研究は，当時科学技術庁金属材料技術研究所の太刀川ら[50]による「超伝導マグネット材料としての Nb-Zr 合金の研究」と題して 1964 年に日本金属学会誌に掲載されたものが材料学的には初めての論文と思われる．粉末原料をアーク溶解，電子ビーム溶解後 0.05 mm 厚の箔と 0.25 mmϕ 線に加工し，熱処理による 23 kG までの磁界での $J_c(H)$ 特性と加工性について検討している．その他，日立製作所中央研究所の土井らは Nb-Zr-Ti 3 元系で広範な研究を開始し[51]，三菱電機の小俣ら[52]は Ti-Nb-Ta 系合金で研究を行っている．1969 年には東芝総合研究所の斎藤は Nb-Ti 線材で 100 kG 高磁界マグネットの作製の試みを報告しているが 90 kG にとどまった[53]．

このようにアメリカ，ヨーロッパより遅れて研究がスタートした日本では，材料特許を考慮し，メーカーを中心に 3 元合金を指向する道をたどっている．また，1966 年には旧通産省工業技術院の MHD プロジェクトが始まり，超伝導マグネット開発が研究として取り上げられ，日本での超伝導材料，超伝導マグネットの研究を牽引した．その後 1970 年代になると旧国鉄で磁気浮上列車のプロジェクトが始まり，さらに高エネルギー物理研究用超伝導マグネット，核融合研究用超伝導マグネットの開発へと発展していった．その間，超伝導マグネットの初めての商用として MRI（磁気共鳴イメージ）装置が製造，販売されるに至った．

5.3.4　Nb-Ti 合金超伝導線材の材料組織学的研究

超伝導特性のうち T_c，H_{c2} は組成により一義的に決まる物質固有の性質であるが，J_c は超伝導体中に存在する磁束（常伝導領域）がいかに強くピン止めされているかにより決定される組織依存の特性であり，同じ超伝導材料でも組織制御により J_c は数オーダーも変化する．これは現在ではよく理解されている．合金線材の開発初期で

5.3 合金超伝導体の線材化

は，加工度を上げると J_c が向上するとか熱処理-加工を繰り返すとさらに J_c が上昇するとかいう定性的な研究はあったが，金属組織学的観点より磁束のピン止め中心を観察し，J_c との関連の研究を Nb-Ti 合金で研究したのは次に述べる Pfeiffer や Neal らである．

I. Pfeiffer と H. Hillmann[54] は Nb-50Ti と Nb-65Ti 合金で，加工と熱処理により組織を変化させ，その組織を TEM 観察し，J_c 特性との関連で検討している．代表的結果として Nb-50Ti 合金線材の熱処理と強加工を繰り返した場合の臨界電流密度 J_c の磁界依存性を図 5-30 に示す．熱処理と加工を繰り返し，しかも強加工のほうが高 J_c 特性が得られることを示している．Nb-65Ti 合金では α-Ti 相は多量に析出するが，$J_c(H)$ 特性は Nb-50Ti 合金に劣る．彼らは TEM 観察から，α-Ti 相が熱処理で細かく析出し，その熱処理中に回復して生じたサブグレインがその後の加工により消滅して高転位密度となり，これがピン止めセンターとなり $J_c(H)$ 特性が向上すると考えた．Nb-Ti 系では状態図的にも Ti 量が多いほど α-Ti 相の析出が容易になるが，

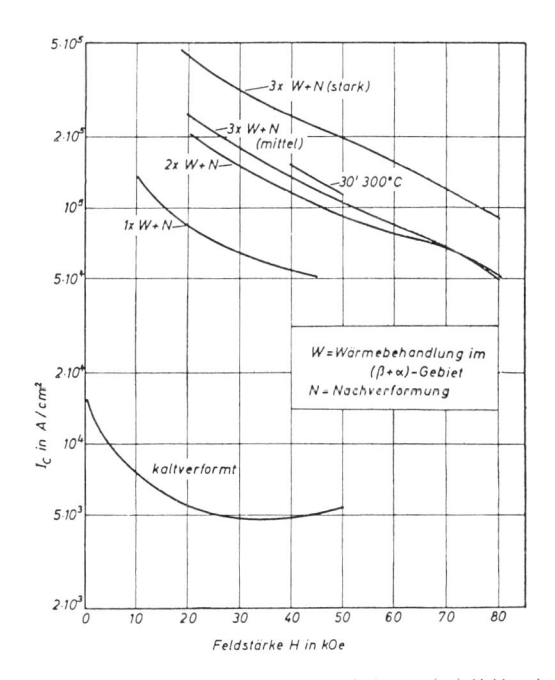

図 5-30 Pfeiffer と Hillmann による Nb-50Ti 合金の $J_c(H)$ 特性の加工と熱処理による改善[54]．

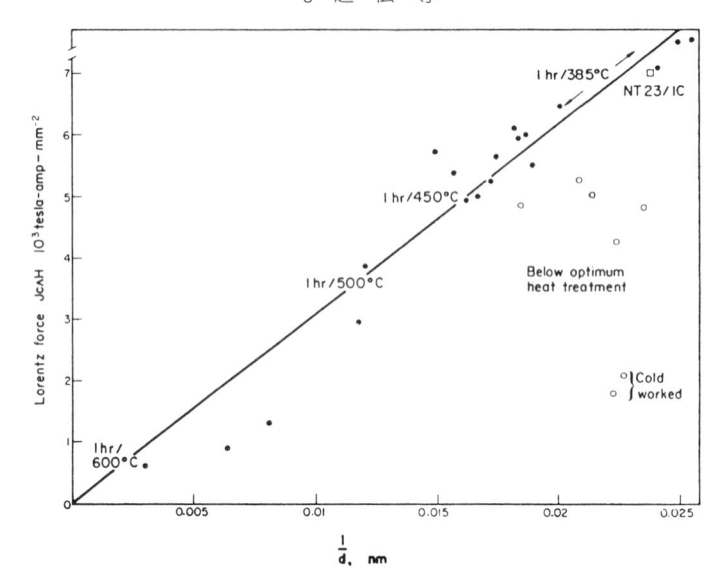

図 5-31 Neal らによる Nb-44%Ti 合金線材の 5 T におけるピン止め力(ローレンツ力)の転位セルサイズ依存性[55].

D. F. Neal ら[55] は α-Ti 析出が生じない Nb-44Ti 合金を用いて種々の加工後 385°C で熱処理してサブグレインサイズを変えピン止め力を検討した．図 5-31 はピン止め力，すなわちローレンツ力 ($J_c \times H$) のセルサイズによる変化であり，小さいセルほど大きいローレンツ力，すなわちピン止め力が得られ，高い $J_c(H)$ 特性が得られることを明らかにした．

Nb-Ti 合金の実用化の基礎となる高 J_c 化の研究は上述のように，Pfeiffer と Hillman[54] や Neal ら[55] により行われた．Nb-Ti 合金は一般の析出合金と異なり，焼き入れしなくても強加工後熱処理すると α-Ti が析出する．現在実用されている Nb-Ti 合金の組成は主として Nb-46.5%Ti と Nb-50%Ti であり，前者はアメリカを中心に，後者はドイツ，日本などで主として使用されている．また，Ti-rich 合金は α-Ti が析出しやすく加工性に劣るので現在はほとんど使用されていない．特にアメリカ合衆国で研究された Nb-46.5%Ti 合金はフェルミ国立加速器研究所 (Fermi National Accelerator Laboratory; FNAL) に設置された高エネルギー物理・粒子加速装置 (テバトロン) 用超伝導マグネットとして，アメリカの大学，国立研究所，企業で共同で研究開発された．Fermi 国立研究所 (FNAL) の超伝導マグネットは 1983 年に

は稼動している．この線材の開発，特に高J_c化では種々の問題があった．例えばNb-Ti合金インゴットの均質化，銅との複合加工におけるNb-Ti合金フィラメントの均一変形などがあり，これがうまくいかないと，多芯線材となったときNb-Tiフィラメントの径に局部的な不均一が生じる．これは後にNb-Tiフィラメントのソーセージング（sausaging）と呼ばれ，n値を低下させ，特に高磁界でのJ_cのバラツキおよび低下を生じる原因となることが明らかになった．n値とは4端子法で臨界電流（I_c）測定のとき，電流（I）をスイープして，超伝導が壊れるとき現れる電圧Vが$V \propto I^n$となる関係から求める値である．このNb-Tiフィラメントの不均一変形は銅被覆のNb-Ti棒を多数銅管に挿入し，不適当な温度で熱間押し出しすると，銅とNb-Ti界面にCu-Ti化合物が生成する．Cu-Ti化合物は変形能がないため，その後の加工でCuとNb-Ti合金の変形を妨害し，Nb-Ti合金フィラメントの均質変形を妨げ，ソーセージングの原因となることが明らかになった．このため，熱間押し出し時の温度コントロールが極めて大切であり，さらにできるだけ低い温度で押し出しできるように静水圧押し出しも利用されている．また，Nb-Ti合金をNbで被覆して銅管に挿入し，銅とNb-Tiとの反応を抑える試みもなされている．

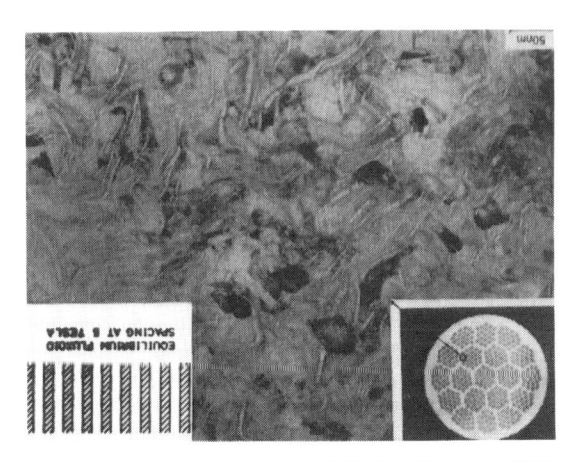

さらに，ミクロ組織との関係でJ_cを決めている組織は何かという研究がFermi国立研究所（FNAL）の線材を用いてUniversity of Wisconsin（ウィスコンシン大学）

図5-32 LarbalestierらによるFermi Lab.超伝導線材のTEM観察による断面組織．$α$-Tiが形の崩れたプレート状に白く観察される．右上の挿入図は5Tにおける磁束の間隔を示している[59]．

の Prof. Larbalestier グループによりなされた．それまでの研究，すなわち Pfeiffer や Neal らの結果で示したように Nb-Ti 合金は熱処理と加工を繰り返すことにより高い J_c の得られることが実験的に明らかであった．しかし，実際の線材での TEM による組織観察は組織が大変細かく込み入っているため詳細はなかなか分からなかった．彼らは Nb-46.5Ti 超伝導合金の多芯線材に種々の熱処理と加工を加え，直接 TEM 観察し，これまで観察できていなかった析出物 α-Ti 相が加工によりリボン状に伸びた組織になっていることを明らかにした[56〜58]．図 5-32 は熱処理後と加工により 4.2 K，5 T で $J_c \simeq 2500$ A/mm^2 を示す高 J_c 線材の断面組織である[59]．プレート状に現れているのが α-Ti 相（常伝導相）であり，厚さは 3〜5 nm，幅は 30〜50 nm である（アスペクト比は 10：1）．この厚さは Nb-Ti 合金超伝導体のコヒーレンス長さ (coherence length) とほぼ同一であり，5 T における磁束の間隔も α-Ti プレートの間隔とほぼ同一となる．このように磁束間隔とピン止めセンターとなっている α-Ti プレートの間隔がほぼ等しく，高いピン止め力が得られ，高い J_c が得られることが明らかになった．Larbalestier はピン止め強さとしては Nb-Ti 合金では 4.2 K，5 T で，結晶粒界のみのピン止め強さは 90 N/mm^2，連続のフィルム状の析出物を持つ結晶粒界のピン止め強さは 200〜300 N/mm^2，そしてリボン状の α-Ti 析出物のピン止め力は 800〜1300 N/mm^2 と見積もっている[58]．

このように，Nb-Ti 合金超伝導線材では Cu と Nb-Ti との極細多芯線材で，Nb-Ti フィラメントサイズは 5 μm 前後の径まで細くなる．さらに Nb-Ti 超伝導フィラメントの内部組織としては，熱処理により析出した α-Ti 相がその後の加工によりリボン状に Nb-Ti フィラメントの長手方向に伸び，熱処理-加工を繰り返すと Nb-Ti のコヒーレンス長さと同程度のサイズや間隔にリボン状の α-Ti 相の分散ができ，高 J_c 化が計られる．

これらの事実から派生したことは，人工的にピン止め中心（人工ピン，artificial pinning center）を導入しようという超伝導線材の設計である．Nb-Ti 合金でピン止め中心となる α-Ti 相は熱処理により析出させる．その後の加工でリボン状にするので，析出物の量，そのサイズ，スペーシングなどを正確に予測するのは不可能である上，リボン状の α-Ti 相は Nb-Ti マトリックス中で不連続である．このため Nb-Ti 合金と反応しないでピン止め中心となる相をあらかじめ複合導入しておき，この相が α-Ti 相と同様なサイズになるように強加工すると連続繊維のピン止め中心として働くと期待できる．このような線材の製造を最初に試みたのはアメリカの IGC (Intermagnetic General Co.) 社である[60]．ピン止め中心になる相は必ずしも常伝導相でな

くてもよく，H_{c2} の低い Nb や Ta など比較的加工性の良好な金属でもよく，連続リボンあるいは繊維として Nb-Ti 合金フィラメント中に分散させようという試みである．この種の複合超伝導線材は，初めの線材構造がちょうど金太郎飴のようにサイズを縮小していくだけなので，加工性に問題がなければピン止め中心の間隔，サイズなどがどれだけになるか計算による予測ができる．現在図 5-33 に模式的に示すような構造の線材が人工ピン止めを導入した線材として研究開発されている．図 5-33(a) は IGC で最初に製造された線材の人工ピンの構造で Nb-Ti 超伝導フィラメントを取り囲むバリア（barrier）型である[60]．図 5-33(b) は Yamafuji ら[61]によるアイランド（island）型の人工ピンであり，図 5-33(c) は Matsumoto ら[62]によるラメラー（lamella）型である．

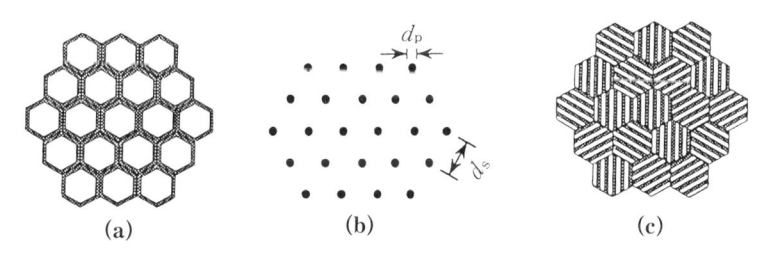

図 5-33 種々人工ピンの形状．
（a）バリア型，（b）アイランド型，（c）ラメラー型．

　この種の線材はそれほど高くない（低-中）磁界で高 J_c 特性を示すので交流用超伝導線材として有望である．交流用線材の開発は活発に行われているが，超伝導フィラメントサイズはサブミクロン程度となり，普通の極細多芯超伝導線材における超伝導フィラメント径の 1/10 以下となっている．このように極めて細いフィラメントサイズになるとピン止め中心として超伝導-常伝導界面，すなわち界面ピンが有効に働くようになるがバルクピンとの区別は比較的難しい．

5.3.5 ま　と　め

　超伝導研究の世界的なリーダーは BCS 理論を 1957 年に提出した Bardeen であり，超伝導材料の開発は Matthias により精力的に行われた．1986 年 Bednorz と Müller により高温超伝導体が発見され，超伝導研究がブームになったが，それに前後して始まった国際学会"Materials and Mechanism of Superconductivity High-

Temperature Superconductors"（M²S-HTSC）においては超伝導研究に貢献した人には Bardeen 賞，超伝導材料研究に貢献した人に Matthias 賞が贈られている．このように超伝導材料の開発研究において Matthias は偉大であった．

5.4 セラミック超伝導体

1986 年に Z. Phys. 誌に掲載された J. G. Bednorz および K. A. Müller の論文（図 5-34）[63] は当初注目されるものではなかったという．この結果を追試した東京大学の北沢宏一らによって，従来の金属系超伝導体の限界を突破する臨界温度が確認され（図 5-35）[64]，世界的な超伝導ブームが湧きあがった．金属系超伝導体の臨界温度を

Z. Phys. B - Condensed Matter 64, 189–193 (1986)

Condensed
Zeitschrift
für Physik B Matter
© Springer-Verlag 1986

Possible High T_c Superconductivity in the Ba−La−Cu−O System

J.G. Bednorz and K.A. Müller
IBM Zürich Research Laboratory, Rüschlikon, Switzerland

Received April 17, 1986

Metallic, oxygen-deficient compounds in the Ba−La−Cu−O system, with the composition $Ba_xLa_{5-x}Cu_5O_{5(3-y)}$ have been prepared in polycrystalline form. Samples with $x=1$ and 0.75, $y>0$, annealed below 900 °C under reducing conditions, consist of three phases, one of them a perovskite-like mixed-valent copper compound. Upon cooling, the samples show a linear decrease in resistivity, then an approximately logarithmic increase, interpreted as a beginning of localization. Finally an abrupt decrease by up to three orders of magnitude occurs, reminiscent of the onset of percolative superconductivity. The highest onset temperature is observed in the 30 K range. It is markedly reduced by high current densities. Thus, it results partially from the percolative nature, bute possibly also from $2D$ superconducting fluctuations of double perovskite layers of one of the phases present.

I. Introduction

"At the extreme forefront of research in superconductivity is the empirical search for new materials" [1]. Transition-metal alloy compounds of $A15$ (Nb_3Sn) and $B1$ (NbN) structure have so far shown the highest superconducting transition temperatures.

[6]. This large electron-phonon coupling allows a T_c of 0.7 K [7] with Cooper pairing. The occurrence of high electron-phonon coupling in another metallic oxide, also a perovskite, became evident with the discovery of superconductivity in the mixed-valent compound $BaPb_{1-x}Bi_xO_3$ by Sleight et al., also a decade ago [8]. The highest T_c in homogeneous oxygen-defi-

図 5-34 Bednorz と Müller の論文の冒頭[63]．

5.4 セラミック超伝導体

JAPANESE JOURNAL OF APPLIED PHYSICS
VOL. 26, NO. 1, JANUARY, 1987, pp. L1-L2

High T_c Superconductivity of La-Ba-Cu Oxides

Shin-ichi UCHIDA,[†] Hidenori TAKAGI,[†] Koichi KITAZAWA[††]
and Shoji TANAKA

Department of Applied Physics, University of Tokyo, Hongo, Tokyo 113
[†]*Also at Engineering Research Institute, University of Tokyo, Yayoi, Tokyo 113*
[††]*Department of Industrial Chemistry, University of Tokyo, Hongo, Tokyo 113*

(Received November 22, 1986; accepted for publication December 20, 1986)

A broad superconducting transition with an onset near 30 K is observed for La-Ba-Cu oxides in the measurement of magnetic susceptibility. The superconductivity is of bulk nature and reproducible after several heat cycles.

More than a decade has passed since the highest superconducting critical temperature $T_c=23.7$ K was recorded in Nb_3Ge.[1] It is a central subject in today's material science to search for new superconducting materials with higher T_c's because of their expected strong impact on the technology as well as on the science. In recent years the frontier of superconducting materials has continually been extended, giving birth to new classes of materials.[2,3,4] Heavy fermion superconductors, one was a mixing of La_2O_3 $BaCO_3$ and CuO and the other a coprecipitation from solutions of La-, Ba- and Cu-acetates with oxalic acid in appropriate cation ratios, La:Ba:Cu=$(1-x):x:1$, in both cases. The starting material with a composition of $x=0.15$ was reacted at 900°C in air. The analysis of X-ray powder diffraction indicated mainly perovskite structure, probably based on $(La \cdot Ba)CuO_3$, mixed with layer-type perovskite, possibly $(La \cdot Ba)_2CuO_4$, and a small amount of other unidentified

図 5-35 Bednorz らの研究を追試した北沢らの論文の冒頭[64]．

高めようとする研究は薄膜やイオン打ち込みなどの先端技術を使った人工物質の合成といった極限的な状態であり，当時，25 K を超えるのは至難の技と考えられていた．それをバルク（塊状）の物質で，しかも，原料となる酸化物を混ぜて焼結する程度の方法で簡単に 30 K を超える超伝導体が得られたのであるから，大きな驚きであった．

さて，Bednorz らの研究は突然に現れたのだろうか．研究にはその導火線となる先駆け的な研究が必ずあり，産みの苦しみを味わう人々がいる．比較的臨界温度の高い金属系超伝導体では，常伝導状態における電気抵抗の高いものが多い．自由電子模型で電気伝導を考えた場合には，むしろ自由電子的でない方向になる．つまり，金属から半導体に近づくと超伝導になりやすい．例えば，Nb や V に半導体元素である Sn, Si, Ge などをうまく結合させると，臨界温度が高くなる．超伝導を示す物質が金属と半導体の中間に位置する物質であれば，何も金属側からだけ攻める必要はない．半導体や絶縁体に近いものからアプローチしても解はあるはずである．ひらたくいえば，これがセラミックスや半導体から超伝導物質の探索を始めた研究者の考え方

VOLUME 12, NUMBER 17   PHYSICAL REVIEW LETTERS   27 APRIL 1964

SUPERCONDUCTIVITY IN SEMICONDUCTING SrTiO$_3$

J. F. Schooley and W. R. Hosler
National Bureau of Standards, Washington, D. C.

and

Marvin L. Cohen
Bell Telephone Laboratories, Murray Hill, New Jersey
(Received 6 March 1964)

Recently there has been some discussion of the possible existence of superconductivity in semiconductors.[1-3] The relevance of several material parameters has been discussed by one of the authors[1,2]; of these, the criteria of high charge carrier concentration, large effective mass, many valleys, and large dielectric constant are met in reduced strontium titanate,[4-6] so that a search for a superconducting transition in this substance seemed appropriate.

Because of the large penetration depth and short mean free path expected in strontium titanate, a value for the Landau-Ginzberg parameter[8,9] $\kappa > 10^2$ was estimated, and the predicted extreme type II superconductivity was observed. At very small measuring fields a large diamagnetism was observed, and estimates made on the basis of sample shape, coil filling factor, and mutual inductance indicate that the effect corresponds approximately to perfect diamagnetism.

図 5-36　Schooley らの論文の冒頭[65]．

HIGH-TEMPERATURE SUPERCONDUCTIVITY IN THE BaPb$_{1-x}$Bi$_x$O$_3$ SYSTEM

A.W. Sleight, J.L. Gillson and P.E. Bierstedt

Central Research Department,* E.I. du Pont de Nemours and Co., Inc., Experimental Station, Wilmington, Delaware 19898, U.S.A.

(Received 10 February 1975 by J. Tauc)

Phases of the type BaPb$_{1-x}$Bi$_x$O$_3$ have been prepared for the first time. These phases all have perovskite related structures, and superconductivity was observed over the range $x \cong 0.05$–0.3. The highest critical temperature is 13 K which is exceptionally high for an oxide and is much higher than that previously observed for any superconductor not containing a transition element. Semiconducting behavior is observed from $x = 1$ to about 0.35.

BaPbO$_3$ has been reported[1] with a perovskite-type structure. An orthorhombic cell of $a = 6.024$ Å $b = 6.065$ Å, and $c = 8.506$ Å has been given by Shannon and Bierstedt.[2] Despite the fact that this is a normal valence compound, BaPbO$_3$ has metallic properties.[2] Presumably, BaPbO$_3$ as well as PbO$_2$ are best described as semimetals.

BaBiO$_3$ has also been reported[3] with a perovskite

prepared by heating appropriate mixtures of oxides, carbonates or nitrates in air at 800–1000°C. A complete solid solution between BaPbO$_3$ and BaBiO$_3$ apparently exists. The pseudocubic cell edge ($\sqrt[3]{V/z}$) vs x is plotted in Fig. 1. The phase appear black up to

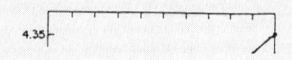

図 5-37　Sleight らの論文の冒頭[66]．

5.4 セラミック超伝導体

である.

　セラミック超伝導体の始まりは 1964 年の J. F. Schooley らのチタン酸ストロンチウム（SrTiO$_3$）の超伝導発見にさかのぼる[65]. 図 5-36 に Schooley らの論文の冒頭を示す. 彼らは米国立標準局（National Bureau of Standard；NBS）とベル電話研究所の研究者である. 得られた臨界温度は 1 K 以下と低いものであった. しかし, 金属系超伝導体と異なり, 電子の状態密度が極めて低いにもかかわらず超伝導を示したことで, 基礎研究分野ではかなり注目された.

　電子の状態密度が低い酸化物でも超伝導体が存在する事実は, この分野の研究者を勇気づけた. セラミックスの超伝導に関する研究も徐々に増え, いくつかの研究を経て, 1975 年には A. W. Sleight らが SrTiO$_3$ と同じペロブスカイト（perovskite）と呼ばれる結晶構造と同様の構造を持つ BaPbO$_3$ と BaBiO$_3$ の混晶 BaPb$_{1-x}$Bi$_x$O$_3$ 系で 13 K の臨界温度を得た[66]. 図 5-37 に Sleight らの論文の冒頭を示す. 超伝導は x が 0.05 から 0.3 の間で現れる. この化合物のもう一つの特徴は遷移金属を含んでいないことであり, さらに, x が 1 から 0.35 の範囲では半導体である. これによって, ペロブスカイト系の結晶を探索すれば臨界温度をさらに高められるかも知れないという期待が持たれた. 結果が分からない, リスクの高い物質探索のような研究にとって, このような見通しは極めて重要である. また, D. C. Jhonston らによって Li-Ti-O で 13.7 K が得られた. その後, ペロブスカイト系などの酸化物結晶が 10 年以上研究され続けたのも, Sleight や Jhonston らの研究に負うところが大きい.

　この間, 金属水素化物で比較的高い臨界温度を持つ物質が発見された. 1970 年には Th$_4$H$_{15}$ で 9 K, 1979 年には Pd 水素化物で 10 K 近くの臨界温度が得られた[67]. Pd 水素化物の場合, Pd が超伝導体でないのに超伝導を示した. したがって, 超伝導体を成分元素として含まなくても, 条件さえ揃えば超伝導になり得るということが研究者をさらに勇気づけた.

　一方, 1964 年, W. A. Little は有機物で電子が移動するとき, 同時に動的な分極が起これば, 高温で超伝導になり得ると提案した[68].

　このほか, 従来の金属系超伝導体では観測されなかった結晶構造の方位依存性が NbSe$_2$ や NbS$_2$ などの遷移金属カルコゲナイドで見出された. これらは六方晶の層状化合物で, 雲母のように結晶の c 軸に垂直な底面で劈開しやすい. この底面に平行な方向では, 他の方向より高い臨界温度が観測される. そこで 2 次元的な構造に超伝導を発現する秘密があるかも知れないという期待が持たれた. また, シェブレル相と呼ばれる PbMo$_6$S$_8$ では 15.3 K が報告されている.

1981年には，超伝導までには到達しなかったものの，ケーン大学（仏）のMichelらは，Bednorzらが合成したLa-Ba-Cu-O系と酷似するペロブスカイトを合成した．発表の内容からみて，もし，極低温まで電気抵抗を測っていたならば，彼が先駆者になっていたかも知れないという[69]．BednorzらはMichelらの合成した$BaLa_4Cu_5O_{13.4}$に興味を持ち，これの合成を試みたが，実験的にうまくゆかず他の化合物になってしまった．これが幸いし，高温超伝導体であるBa-La-Cu-Oを発見したといわれている．

北沢らの高温超伝導の確認により，世界中の材料研究者が探索を始め，1987年にはM. K. WuらがY-Ba-Cu-O系で80〜93 Kの転移温度を示す物質を発見した[70]．図5-38にWuらの論文の冒頭を示す．この研究プロジェクトを率いたのはC. W. Chuである．この発表には裏話があり，Chuは論文の刊行以前に情報が漏れるのを心配して，YをYbとして寄稿した．そして，校正のときにタイプミスとして，Ybを正しいYに変えた．彼の予想どおり，レフリーからYb-Ba-Cu-O系という情報が洩れ，耳の早い人たちがYbを用いた合成の実験をしたという．また，高温超伝導に

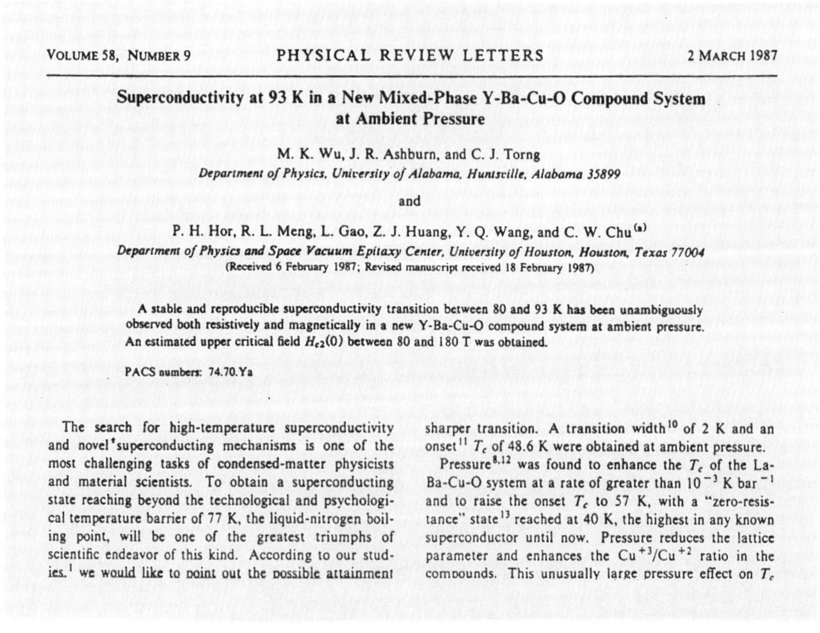

VOLUME 58, NUMBER 9　　PHYSICAL REVIEW LETTERS　　2 MARCH 1987

Superconductivity at 93 K in a New Mixed-Phase Y-Ba-Cu-O Compound System at Ambient Pressure

M. K. Wu, J. R. Ashburn, and C. J. Torng
Department of Physics, University of Alabama, Huntsville, Alabama 35899

and

P. H. Hor, R. L. Meng, L. Gao, Z. J. Huang, Y. Q. Wang, and C. W. Chu[a]
Department of Physics and Space Vacuum Epitaxy Center, University of Houston, Houston, Texas 77004
(Received 6 February 1987; Revised manuscript received 18 February 1987)

A stable and reproducible superconductivity transition between 80 and 93 K has been unambiguously observed both resistively and magnetically in a new Y-Ba-Cu-O compound system at ambient pressure. An estimated upper critical field $H_{c2}(0)$ between 80 and 180 T was obtained.

PACS numbers: 74.70.Ya

The search for high-temperature superconductivity and novel superconducting mechanisms is one of the most challenging tasks of condensed-matter physicists and material scientists. To obtain a superconducting state reaching beyond the technological and psychological temperature barrier of 77 K, the liquid-nitrogen boiling point, will be one of the greatest triumphs of scientific endeavor of this kind. According to our studies,[1] we would like to point out the possible attainment sharper transition. A transition width[10] of 2 K and an onset[11] T_c of 48.6 K were obtained at ambient pressure. Pressure[8,12] was found to enhance the T_c of the La-Ba-Cu-O system at a rate of greater than 10^{-3} K bar^{-1} and to raise the onset T_c to 57 K, with a "zero-resistance" state[13] reached at 40 K, the highest in any known superconductor until now. Pressure reduces the lattice parameter and enhances the Cu^{+3}/Cu^{+2} ratio in the compounds. This unusually large pressure effect on T_c

図5-38　Wuらの論文の冒頭[70]．

5.4 セラミック超伝導体

なるのは，緑色の物質である，あるいは黒いなどと，さまざまな情報が入り乱れた．この頃，一つの学会の講演大会で超伝導関連の研究が100件以上も発表されるという前代未聞のフィーバーになった．毎週のように，新物質の発見というニュースが一般誌にも載り，中には室温で超伝導を示したという報告もいくつかあった．超伝導の確認には抵抗の測定のほか，完全反磁性の測定が必要であるという実験上の問題提起もあった．結局，室温超伝導体は幻に終わった．また，超伝導体を利用した特許が山のように出願されたのも期待の大きさを表している．図5-39に北沢らの報告後，1年半後に公開された日本特許の申請数の推移を示す．

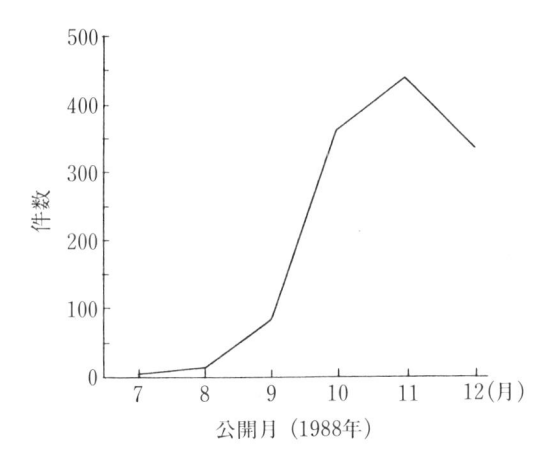

図 5-39 高温超伝導体に関連した日本特許の公開件数推移．

転移温度が液体窒素温度以上になったことで，応用が飛躍的に伸びるという話が期待を込めて語られた．しかし，材料の開発には数10年の年月が必要なことを知っている研究者や技術者からは，もっと地道な努力が必要であるとの意見もあった．この努力は現在も続けられている．

わが国は超伝導の応用に関して世界のトップを走っており，わが国から新物質の発見が出ることを期待する向きが多かった．それに応えたのが前田弘（金属材料技術研究所）である．1988年，彼はBi-Sr-Ca-Cu-Oが100Kを超える超伝導体であることを確認した[71]．図5-40に前田らの論文の冒頭を示す．その後，この物質のBi-SrをTl-Ba[72]およびHg-Ba[73]に変えたもので130Kを超える物質が発見されている．図5-41に代表的なセラミック系超伝導体の結晶構造を示す．

JAPANESE JOURNAL OF APPLIED PHYSICS
VOL. 27, NO. 2, FEBRUARY, 1988, pp. L209–L210

A New High-T_c Oxide Superconductor without a Rare Earth Element

Hiroshi MAEDA, Yoshiaki TANAKA, Masao FUKUTOMI and Toshihisa ASANO

National Research Institute for Metals, Tsukuba Laboratories, Ibaraki 305

(Received January 22, 1988; accepted for publication January 23, 1988)

We have discovered a new high-T_c oxide superconductor of the Bi-Sr-Ca-Cu-O system without any rare earth element. The oxide BiSrCaCu$_2$O$_x$ has T_c of about 105 K, higher than that of YBa$_2$Cu$_3$O$_7$ by more than 10 K. In this oxide, the coexistence of Sr and Ca is necessary to obtain high T_c.

KEYWORDS: oxide superconductor, Bi-Sr-Ca-Cu-O system, rare earth, high T_c, new stable superconductor

Soon after the discovery of high-T_c superconductors of the layered perovskites (LaBa)$_2$CuO$_4$[1] and (LaSr)$_2$CuO$_4$[2] with T_c of about 40 K, YBa$_2$Cu$_3$O$_7$[3] with T_c of 94 K was synthesized. The discovery of these materials stimulated many researchers to investigate new oxide superconductors of still higher T_c and extensive studies have been carried out to search for these oxides. Up to now, however, no new stable superconductors with T_c higher than that of YBa$_2$Cu$_3$O$_7$ have been reported. The values of T_c have not improved by the substitution of other rare earth elements for yttrium.

phase). On the other hand, in the case of a higher sintering temperature, a high-T_c phase appears, the onset temperature of which is about 120 K and T_c extraporated to zero resistance is as high as 105 K. The value of T_c^{off} is higher than that of YBa$_2$Cu$_3$O$_7$ by more than 10 K. Since a little amount of the low-T_c phase still remained in the sample, a complete zero resistance state is achieved at 75 K which corresponds to that of the low-T_c phase. We have not succeeded in synthesizing the oxides with a single phase of the high-T_c material at this moment. From our preliminary experiments, we know that sinter-

図 5-40　前田らの論文の冒頭[71].

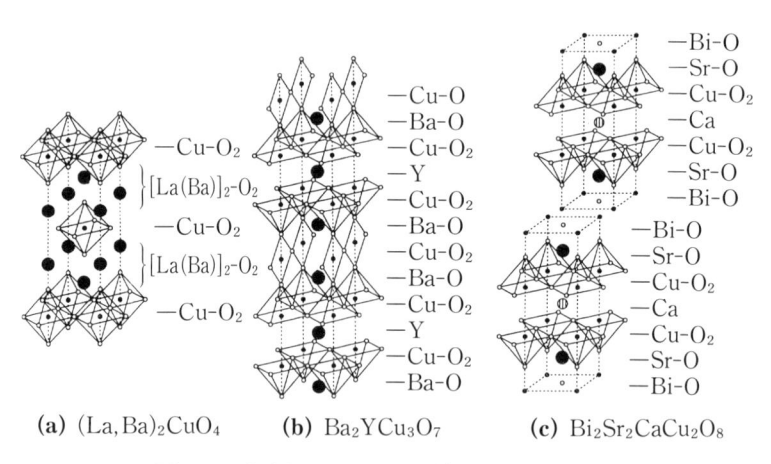

(a) $(\mathrm{La, Ba})_2\mathrm{CuO}_4$　(b) $\mathrm{Ba}_2\mathrm{YCu}_3\mathrm{O}_7$　(c) $\mathrm{Bi}_2\mathrm{Sr}_2\mathrm{CaCu}_2\mathrm{O}_8$

図 5-41　代表的なセラミック系超伝導体の結晶構造.

セラミック系超伝導体の超伝導発現機構の全体像は，まだ解明されていないようである．従来の超伝導体と同様に電子あるいはホールの対（クーパー対）ができて，電子がボーズ凝縮を起こすことは間違いはない．したがって，クーパー対の形成の機構が焦点になる．いくつかの考えが提出されているが，今後の研究が待たれる．

5.5　ジョセフソン効果と超伝導デバイス

第1種超伝導体は低い磁場で，かつ狭い磁場範囲で転移するので，高速のスイッチング素子として使える．D. A. Back は Ta のゲート線に Nb の制御電流線を巻いたものを素子とし，これをクライオトロンと名づけた[74]．

デバイス用回路に広く応用できる発見は，ジョセフソン効果である[75]．これは B. D. Josephson が 1962 年に理論的に予測したもので，極めて簡単に述べれば，薄い絶縁体で隔てられた2個の超伝導体の間では，電子対がそのまま通過できるというものである．このときの電流-電圧特性は半導体の pn 接合に似た非オーミック接合で閾値があるので，スイッチング素子として利用できる．Josephson はケンブリッジ大学在学中に超伝導コヒーレンス長さの研究で有名な Pippard のもとでこの効果を理論

POSSIBLE NEW EFFECTS IN SUPERCONDUCTIVE TUNNELLING *

B. D. JOSEPHSON
Cavendish Laboratory, Cambridge, England

Received 8 June 1962

We here present an approach to the calculation of tunnelling currents between two metals that is sufficiently general to deal with the case when both metals are superconducting. In that case new effects are predicted, due to the possibility that electron pairs may tunnel through the barrier leaving the quasi-particle distribution unchanged.

Our procedure, following that of Cohen et al. [1], is to treat the term in the Hamiltonian which transfers electrons across the barrier as a perturbation. We assume that in the absence of the transfer term there exist quasi-particle operators of definite energies, whose corresponding number operators are constant.

A difficulty, due to the fact that we have a system containing two disjoint superconducting regions, arises if we try to describe quasi-particles by the usual Bogoliubov operators [2]. This is because states defined as eigenfunctions of the Bogo- number on the other side unchanged, and pair creation operators $S_k^{+\dagger}$ which add a pair of electrons on one side leaving the quasi-particle distribution unchanged. The Hermitean conjugate destruction operators have similar definitions. The S operators, referring to macroscopically occupied states may be treated as time dependent c-numbers ††, and we normalise them to have unit amplitude. Relations expressing electron operators in terms of quasi-particle operators, equal-time anticommutation relations and number operator relations may be derived from those of the Bogoliubov theory by requiring both sides of the equations to have the same effect on N_l and N_r, the numbers of electron on the two sides of the barrier. For example,

$$a_{k\uparrow}^+ = u_k\,\alpha_{ek0}^+ + v_k\,\alpha_{hk1}\,, \qquad \alpha_{ek}^+\alpha_{ek} = n_k\,, \qquad (1$$
$$\alpha_{ek}^+\alpha_{hk} = S_k^+ n_k\,.$$

図 5-42　Josephson の論文の冒頭部[75]．

的に予測した．図5-42にジョセフソン論文の冒頭部を示す．翌年の1963年にP.W. Andersonらによって実証された[76]．

ジョセフソン素子は磁場，電圧，マイクロ波などの印加でさまざまな挙動を示すので，記憶回路，演算回路，磁場センサ，マイクロ波検出器，発信器などに応用できる．

S. M. Farisは準粒子の非平衡状態を利用した超伝導3端子素子を作り，これをクイトロンと名づけた[77]．これは超伝導体を用いたトランジスターの先駆けである．この後，電界効果型[78,79]やバイポーラ型[80]の超伝導トランジスターが開発されている．

R. C. Jaklevicはジョセフソン接合を含む超伝導体リングを作った[81]．ジョセフソン接合は量子磁束が通過できるゲートの役割を果たしており，磁束がゲートを通過するたびに周期的に電流が流れる．これによって微小な磁場を測定することができる．

超伝導体を用いた素子はこの他にも考案されているが，半導体集積回路の技術を使っているのでデバイス自体の製造はできる．材料としては，当初Nb系が主であったが，セラミック超伝導体の発見によってY-Ba-Cu-OやBi-Sr-Ca-Cu-Oが使われている．ただし，動作温度が室温以下の低温であるために，現在のところ，一部を除いて実用化は将来の課題となっている．

参 考 文 献

1) H. Kamerlingh Onnes: Commun. Phys. Lab. Univ. Leiden, Suppl., **34** (1913).
2) H. Kamerlingh Onnes: Commun. Phys. Lab. Univ. Leiden, Suppl., **139f** (1914).
3) W. Meissner and R. Ochsenfeld: Naturwissenschaften, **21**, 787 (1933).
4) F. London: Proc. Roy. Soc. A, **152**, 24 (1935).
5) C. A. Reynolds et al.: Phys. Rev., **78**, 487 (1950).
6) E. Maxwell: Phys. Rev., **78**, 477 (1950).
7) L. N. Cooper: Phys. Rev., **104**, 1189 (1956).
8) J. Bardeen, L. N. Cooper and J. R. Schrieffer: Phys. Rev., **108**, 1175 (1957).
9) N. E. Alekseyevsky, J. Phys. USSR, **9**, 350 (1945).
10) W. J. de Haas and J. Voogd: Commun. Phys. Lab. Univ. Leiden, **208b**, 39 (1930).
11) J. N. Rjabinin and L. W. Shubnikow: Nature, **135**, 581 (1935).
12) E. Essmann and H. Trauble: Phys. Lett., **24A**, 5526 (1967).
13) H. Harada, T. Matsuda, J. Bonevich, M. Igarashi, S. Kondo, G. Pozzi, U. Kawabe and A. Tonomura: Nature, **360**, 51 (1992).
14) J. K. Hulm: IEEE Trans. Mag., **MAG-19**, 161 (1983).
15) G. F. Hardy and J. K. Hulm: Phys. Rev., **89**, 889 (1953).
16) B. T. Matthias, T. H. Geballe, S. Geller and E. Corenzuit: Phys. Rev., **95**, 1435 (1954).
17) B. T. Matthias, E. A. Wood, E. Corenzuit and V. B. Bala: J. Phys. Chem. Solid, **1**, 188 (1956).
18) B. T. Matthias, T. H. Geballe, R. H. Willens, E. Corenzuit and G. W. Hull, Jr.: Phys. Rev., **139**, 1501 (1965).
19) J. R. Gavaler: Appl. Phys. Lett., **23**, 480 (1973).
20) L. R. Testardi, W. A. Royer and J. H. Wernick: Solid State Commun., **15**, 1 (1974).
21) J. E. Kunzler: IEEE Trans. Mag., **MAG-23**, 336 (1987).
22) J. E. Kunzler, E. Buehler, F. S. L. Hsu and J. E. Wernick: Phys. Rev. Lett., **6**, 89 (1961).

23) J. J. Hanak, K. Strater and G. W. Cullen : RCA Review, **25**, 342 (1964).
24) M. G. Benz : "Les Champs Magnetiques Intences", Grenoble (1966) p. 203.
25) M. N. Wilson et al. : Rutherford Report (1970).
26) K. Tachikawa and Y. Tanaka : Jpn. J. Appl. Phys., **6**, 782 (1967).
27) M. Suenaga : "Superconductor Materials Science", ed. by S. Foner and B. B. Schwartz, Plenum (1981) p. 201.
28) A. R. Kaufman and J. J. Pickett : Bull. Am. Phys. Soc., **15**, 838 (1970).
29) A. R. Kaufman and J. J. Pickett : J. Appl. Phys., **42**, 58 (1971).
30) K. Tachikawa : Int. Cryo. Engin. Conf., Berlin (1970), Ilittle Sci. Tech. Pub. (1971) p. 339.
31) M. Suenaga and W. B. Sampson : Appl. Phys. Lett., **18**, 584 (1971).
32) M. Suenaga and D. O. Welch : J. Appl. Phys., **53**, 5111 (1982).
33) M. Suenaga, T. S. Luhman and W. B. Sampson : J. Appl. Phys., **45**, 4049 (1974).
34) K. Tachikawa, T. Asano and T. Takeuchi : Appl. Phys. Lett., **39**, 766 (1981).
35) K. Tachikawa, H. Sekine and Y. Iijima : J. Appl. Phys., **53**, 5354 (1982).
36) 永田明彦 : 工業材料, 8月臨時増刊号, 38 (1987).
37) J. K. Hulm : IEEE Trans. Mag., **MAG-19**, 161 (1983).
38) T. G. Berlincourt : IEEE Trans. Mag., **MAG-23**, 403 (1987).
39) G. F. Hardy and J. K. Hulm : Phys. Rev., **89**, 889 (1953).
40) B. T. Matthias : Phys. Rev., **92**, 874 (1953).
41) B. T. Matthias : Phys. Rev., **97**, 74 (1955).
42) J. K. Hulm and R. D. Blaugher : Phys. Rev., **123**, 1569 (1961).
43) T. G. Berlincourt, R. R. Hake and D. H. Leslie : Phys. Rev. Lett., **6**, 671 (1961).
44) T. G. Berlincourt and R. R. Hake : Phys. Rev., **131**, 140 (1963).
45) H. T. Coffey, J. K. Hulm, W. T. Reynolds, D. K. Fox and R. E. Span : J. Appl. Phys., **36**, 128 (1965).
46) T. G. Berlincourt and R. R. Hake : Bull. Am. Phys. Soc., **7**, 408 (1962).
47) Ulich Zwicker : Z. Metallknd., **54**, 477 (1963).
48) T. G. Berlincourt : Symposium on Low Temperature Physics, London, Sept. (1962) p. 249.
49) T. G. Geballe and J. K. Hulm : IEEE Trans. Mag., **MAG-11**, 119 (1975).

50) 太刀川恭治, 岡井　敏: 日本金属学会誌, **28**, 16 (1964).
51) 土井俊雄, 三谷正男, 梅沢　正: 日本金属学会誌, **30**, 133 (1966).
52) 小俣虎之助, 橋本康男, 平田郁之: 低温工学, **3**, 2 (1968).
53) 斎藤幸信: 低温工学, **4**, 234 (1969).
54) I. Pfeiffer and H. Hillmann: Acta Met., **16**, 1429 (1968).
55) D. F. Neal, A. C. Barber, A. Woolcock and J. A. F. Gidley: Acta Met., **19**, 143 (1971).
56) A. W. West and D. C. Larbalestier: Metall. Trans., **15A**, 843 (1984).
57) D. C. Larbalestier and A. W. West: Acta Met., **32**, 1871 (1984).
58) D. C. Larbalestier: IEEE Trans. Mag., **MAG-21**, 257 (1985).
59) D. C. Larbalestier, D. B. Smathers, M. Daeumling, C. Meingast, W. Warnes and K. R. Marken: Proc. Internl. Sympo. on Flux Pinning and Electromagnetic Properties in Superconductors, ed. by T. Matsushita, K. Yamafuji and F. Irie, Matsumuma Press (1985) p. 58.
60) L. R. Motowidlo, H. C. Kanithi and B. A. Zeitlin: Adv. Cryog. Eng. (Materials), **36A**, 311 (1990).
61) K. Yamafuji, N. Harada, Y. Mawatari, K. Funaki, T. Matsushita, K. Matsumoto, O. Miura and Y. Tanaka: Cryogenics, **31**, 431 (1991).
62) K. Matsumoto, Y. Tanaka, K. Yamafuji, K. Funaki, M. Iwakuma and T. Matsushita: Supercond. Sci. Technol., **5**, 684 (1992).
63) J. G. Bednorz and K. A. Müller: Z. Phys. B-Condensed Matter, **64**, 189 (1986).
64) S. Uchida, H. Takagi, K. Kitazawa and S. Tanaka: Jpn. J. Appl. Phys., **26**, L1 (1987).
65) J. F. Schooley, W. R. Hosler and M. L. Cohen: Phys. Rev. Lett., **12**, 474 (1964).
66) A. W. Sleight, J. L. Gillson and P. E. Bierstedt: Solid State Commun., **17**, 27 (1975).
67) R. W. Standley, M. Steinback and C. B. Satterthwaite: Solid State Commun., **31**, 801 (1979).
68) W. A. Little: Phys. Rev., **A134**, 1416 (1964).
69) 泉富士夫: NIKKEI NEW MATERIALS, 8.3号 (1987) p. 32.
70) M. K. Wu et al.: Phys. Rev. Lett., **58**, 908 (1987).

71) H. Maeda, Y. Tanaka, M. Fukutomi and T. Asano : Jpn. J. Appl. Phys., **27**, L209 (1988).
72) Z. Z. Sheng and A. M. Hermann : Nature, **332**, 138 (1988).
73) A. Schilling, M. Cantoni, J. D. Guo and H. R. Ott : Nature, **363**, 56 (1993).
74) D. A. Back : Proc. IRE, **44**, 482 (1956).
75) B. D. Josephson : Phys. Lett., **1**, 251 (1962).
76) P. W. Anderson : Phys. Rev. Lett., **10**, 230 (1963).
77) S. M. Faris : IEEE Trans. Mag., **MAG-18**, 1293 (1982).
78) T. Nishino et al. : IEEE Electron Device Lett., **EDL-6**, 297 (1985).
79) H. Takayanagi and T. Kawakami : Phys. Rev. Lett., **54**, 2449 (1985).
80) D. J. Frank et al. : IEEE Trans. Mag., **MAG-21**, 721 (1985).
81) R. C. Jaklevic et al. : Phys. Rev. Lett., **12**, 159 (1964).

金属学のルーツ

熱 分 析

6.1 はじめに

　熱分析はかなり古い分析技法の一つであり，示差熱電対の導入による示差熱分析の開発，さらに熱天秤の創案に伴って，今世紀初頭から鉱物や金属・合金の研究手段として用いられてきた．初期の熱分析では，測定と温度制御が目視や手動で行われ，長時間に及ぶ労力を必要としたが，当時は，特技を持った研究者や熟練した技術者が，自ら製作した装置を十分に使いこなしながら測定に従事していた．

　第二次世界大戦後，特に1950年代以降は，熱分析機器にも自動化が取り入れられ，電子技術の進歩は，著しい精度の向上をもたらし，同時に熱分析の応用範囲は，セラミックス，高分子材料，医薬品，生体材料，電子デバイスなど多くの分野へと拡大された．それに伴って，機器が製品化され，汎用性を増して，今やボタン一つ押すだけで，誰でも簡単に熱分析データを，そして場合によっては解析結果をも得られるようになった．そして，機器メーカーはそのような点を自社製品の特徴としてユーザーの関心を集めることに力を注いでいるともいえる．したがって，市販の装置を用いて熱分析を行えば，個人差のない，再現性のよいデータが得られるものと期待されがちであるが，意外に，多くの機器ユーザーを十分に満足させるには至っていないし，ときには誤った解析がなされている．そこで，近年，飛躍的に高度化・多様化した熱分析機器を有効に利用し，精度の高いデータを求めるためには，測定原理に加えて，装置の基本構成を含む熱分析の本質を理解することが必要であると考えられる．

　熱分析に関する主要な技法の原理や基本操作については問題点が指摘されるが，熱分析を修得するには，まず原点に還り，熱分析技法の発展経過を辿ることが役立つという考えが示されている[1]．わが国においては，大正時代の前半に本多光太郎が金属学の分野に熱分析の手法を導入し，世界に誇る多くの研究成果を公表したが，その中には，それぞれの装置が持つ特徴を十分に活用し，不足な点を忍耐と努力で補ったパ

イオニア的研究が見られた.本章では,熱分析の手法を確立し,またそれを駆使して物理冶金学的研究を行った先人達の優れた業績の一端を紹介し,完全に自動化した機器を用いる今日でもそれらの基本概念は開発時代とまったく変わりがないことを示すことにする.

6.2 熱分析とは

6.2.1 熱分析の定義

物質に対する熱の効果に人類が係わったのは紀元前に遡るが,近代的な熱分析の形となって現れたのは19世紀以降である.物質が何らかの物理的変化や化学反応を起こすと,エネルギーが放出または吸収される.すなわち,物質中で相や組成に変化が生ずると,物質系はギブズエネルギーまたはヘルムホルツエネルギーが最小の状態をとるという熱力学的安定条件により,多かれ少なかれ熱の発生や吸収を伴うのが普通である.このような熱変化,つまり熱としてのエネルギーの出入りを温度(T)または時間(t)の関数として測定することにより,その物質中で起こる現象を解析し,状態変化の本性を明らかにしようとする手法は,古くから,特に化学や金属学の分野で広く用いられてきた.例えば,融点や沸点が物質固有のものであることを利用する温度計の較正,物質の同定,状態図の作成などは,温度と時間との関係を求める操作によって行われ,熱分析と称して,学生実験や研究の面で多く経験されてきた.

しかしながら,熱分析が普及し,さらに多くの新しい技法が加わると,熱分析に関連する用語の命名法に一定したものがないので,しばしば混乱を引き起こした.そこで,1965年の第1回国際熱分析会議の際に,熱分析における命名法委員会(委員長;R.C. Mackenzie)が結成され,熱分析用語の英語による制定とその統一を目的として活動を開始した.最初の提案[2]は1967年にまとめられ,1968年の第2回国際熱分析会議で第一次報告として承認されたが,それによると,熱分析とは,「物質の任意の物理的性質のパラメーターの温度依存性を測定する一群の関連する技法の総称」である.

命名法委員会は1968年8月に結成された国際熱分析連合(International Confederation for Thermal Analysis; ICTA)の常置委員会の一つとなり,第一次報告ではなお不備な点があるとして,引き続き第二次以降の追加提案を行った.その結果,第四次報告に基づいて1977年8月に京都のICTA総会で承認された定義[3~5]によると,熱分析(thermal analysis)とは「物質の温度を調節されたプログラムに従って

6.2 熱分析とは

変化させながら，その物質のある物理的性質を温度の関数として測定する一群の技法」である．ここで，物質とは物質および(あるいは)その生成物を意味するものとされている．このように定義すると，物理的性質の所に特定の語を入れるだけで，すべての熱分析技法を定義できることになり，諸技法は表 6-1[1] のように分類される[4,5]．なお，日本語訳は，日本熱測定学会熱分析命名法作業グループによるものであり，そのうち同グループの前身である ICTA の日本語による熱分析命名法小委員会が，1971 年に提案して広く意見を求めたものである[6]．

表 6-1 熱分析技法の分類[1]．

物理的性質	定義される技法　（　）内は略語
質　量	熱重量測定　Thermogravimetry（TG） 等圧質量変化法　Isobaric Mass-change Determination 発生気体検知法　Evolved Gas Detection（EGD） 発生気体分析　Evolved Gas Analysis（EGA） エマネーション熱分析　Emanation Thermal Analysis 熱粒子分析　Thermoparticulate Analysis
温　度	加熱曲線法*)　Heating-curve Determination 示差熱分析　Differential Thermal Analysis（DTA）
エンタルピー	示差走査熱量測定　Differential Scanning Calorimetry（DSC）
寸法	熱膨張測定　Thermodilatometry
力学特性	熱機械分析　Thermomechanical Analysis（TMA） 動的熱機械測定　Dynamic Thermomechanometry
音響特性	熱音響放出測定　Thermosonimetry 熱音響測定　Thermoacoustimetry
光学特性	熱光学測定　Thermophotometry
電気特性	熱電気測定　Thermoelectrometry
磁気特性	熱磁気測定　Thermomagnetometry

*) 温度プログラムが冷却モードのときは，冷却曲線法（Cooling-curve Determination）となる．

その後，1991 年になって，熱分析とは「特定の雰囲気中で，試料の温度をプログラムに従って変化させながら，その試料の性質を時間または温度に対してモニターする一群の技法」であり，プログラムには，一定の温度変化速度による加熱か冷却，または等温保持，あるいはこれらの組み合わせを含むことができると改める方向に進ん

できた[7]．しかしながら，1994年8月からカロリメトリーの分野を加えて，ICTAを改名した国際熱測定連合（International Confederation for Thermal Analysis and Calorimetry ; ICTAC）は，その時点ではこの定義を承認していない．

6.2.2 加熱(冷却)曲線法

ICTAの定義[4]に従うと，物質の温度を調節されたプログラムに従って変化させながら，その物質の温度をプログラムされた温度の関数として測定する技法は，温度プログラムが加熱モードのときは加熱曲線法（heating-curve determination），また冷却モードのときは冷却曲線法（cooling-curve determination）と呼ばれる．特に冷却曲線法は，後に述べるように初めて熱分析と名づけられた由緒ある技法であり，装置や手順が簡単なことから，物質の凝固点や融点の決定などに広く用いられてきた．

ここで理解しやすい例として，高温で液体状態にある金属または合金をゆるやかに，厳密には各温度で熱平衡の状態を保ちながら冷却した場合，温度の時間的変化を示す冷却曲線について考えてみよう．物質系の相平衡の条件を規定する相律（phase rule）によると，独立成分の数を c，相の数を p で表したとき，圧力の影響を無視することができれば，系の自由度 f は $f=c-p+1$ で与えられる．

まず純金属の液体状態では，$c=1$ で $p=1$ であるから，$f=1$ となり，温度が変化しても液相として存在できることになる．したがって，図6-1[1]の(a)のように，液

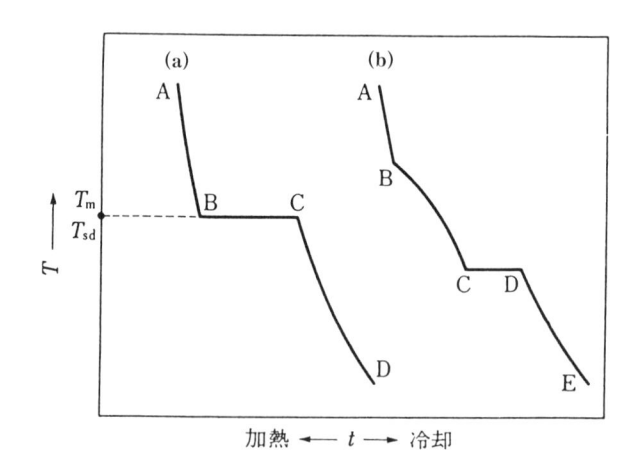

図 6-1　純金属(a)および2成分系合金(b)の冷却（加熱）曲線[1]．T_{sd}：凝固点，T_m：融点．

相のままで温度は AB に沿って降下する．次いで凝固点 T_{sd} に達すると，B で結晶の形成（晶出）が始まり，液相と固相が共存するので，$p=2$ で $f=0$ となり，温度を任意に変えることができない．すなわち，凝固の進行中は温度が一定に保たれ，冷却曲線には水平部分 BC が現れる．これを凝固の温度停滞（thermal arrest）といい，凝固の潜熱によって一定温度が保持される．凝固が完了すると固相のみとなり，$f=1$ であるから，温度は CD のように再び降下する．

2成分系合金（$c=2$）の場合は，一般的には図 6-1 の（b）のような冷却曲線が得られる．液体状態では，どの組成でも AB に沿って温度が降下する．冷却に伴って一つの固相を晶出したり，あるいは別の液相を分離し始めると，$p=2$ で $f=1$ となり，組成が決まれば温度が変わることができる1変系として，冷却はさらに進行する．このとき，潜熱の放出によって温度降下は AB よりはややゆるやかで BC のようになり，例えば凝固点である B には屈曲点が現れる．また，共晶（eutectic），包晶（peritectic）など3相間の不変系反応が起こると，$p=3$ で $f=0$ となり，CD のように温度停滞を示す．いずれも凝固完了後は，DE のように温度が降下する．

金属や合金を加熱して融解する場合は，冷却曲線とは逆向きになるが，温度停滞または屈曲点より融点 T_m などが求められる．

このようにして，物質を一様な速度で加熱または冷却するとき，融解，凝固，蒸発，結晶転移あるいは化学反応など，熱の吸収や発生を伴う相変化（以下，これらを

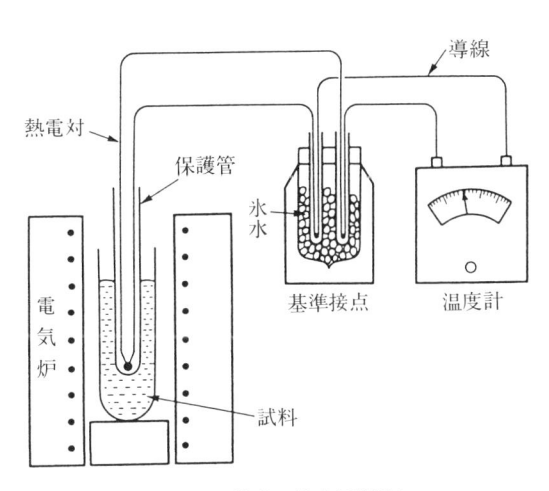

図 6-2 簡単な熱分析装置[1]．

熱変化と呼ぶことにする）が起こると，温度-時間曲線は温度停滞や屈曲点を示して不連続になる．その結果，加熱または冷却曲線の測定は相変化を知る一つの手段となり，図6-2[1]に示すように，試料中に温度計を挿入した熱分析装置が古くから用いられ，多くの物質の融点（凝固点）や沸点がこの方法によって決定されてきた．

6.2.3 "熱分析"の語源

熱分析という語を初めて用いたのは，多少の疑問を持たれながらも，TammannであるとされているD[8]．G. Tammann (1861-1939) はエストニアに生まれ，ドルパト（現在のタルトゥ市；Tartu）にある大学を卒業した．1892年にドルパト化学研究所教授兼所長となったが，1903年，ドイツでゲッチンゲン (Göttingen) 大学の無機化学の教授に就任した．無機化学および物理化学を専門として，さらに金相学の分野を開拓し，結晶成長における核の数・成長速度と過冷却の度合との関係を明らかにしたほか，タンマン炉にその名を残している．1903年，Tammannは，合金の冷却曲線（温度-時間曲線）を求めて状態図を作成するという論文（図6-3(左)）[9]を発表し，冷却曲線の解析により，化学分析を行うことなく，合金の組成を決定できることを示した．次いで1905年には，論文（図6-3(右)）[10]の表題に初めて熱分析 (thermische Analyse) という語を用いている．1905年から1907年までTammannの研究室に学んだ近重眞澄（当時；京都帝国大学，1870-1941）は，1917年に刊行した著書「金相学」（図6-4）[11]において，この技法を"熱理分析法"と訳し，2元合金状態図の作成においては，「異相平衡論の応用に当り晶結又は反応の経過の起始と終結とを明白にする方法を案出し以て平衡論の応用を完全ならしめしはTammannにして之を氏の熱理分析法と称せり．此分析法により合金の化学的性質は一見掌中を指すが如くに摘発せられ，其痛快なる実に言語に絶すると云うべし」と賛美するとともに，「金相学に於ける異相平衡論の応用を完全にし以て斯学の内容を飽くまで学理的ならしむるの道を開けり」と説明している．さらに，「平衡論応用の結果として各合金につき温度と成分とを軸とせる平衡状態図作製せらる．此状態図に対するは吾人は某某二金属か如何なる比を以て混せらるる時なりとも直に其混合か融液より晶結し遂に室温に達する迄の間如何なる変遷を経へきかを直に了知し得るのみに非す其変化の各を凡て定量的に測定し得へき事とさへなれり．是実に熱理分析法の賜にして吾人は深くTammannか金相学上に於ける偉功を讃嘆する者なり」と述べている（以上，カギ括弧内は原文のまま）．

近重は，1909年（明治42年），"Metallography"に金相学という訳を初めてつ

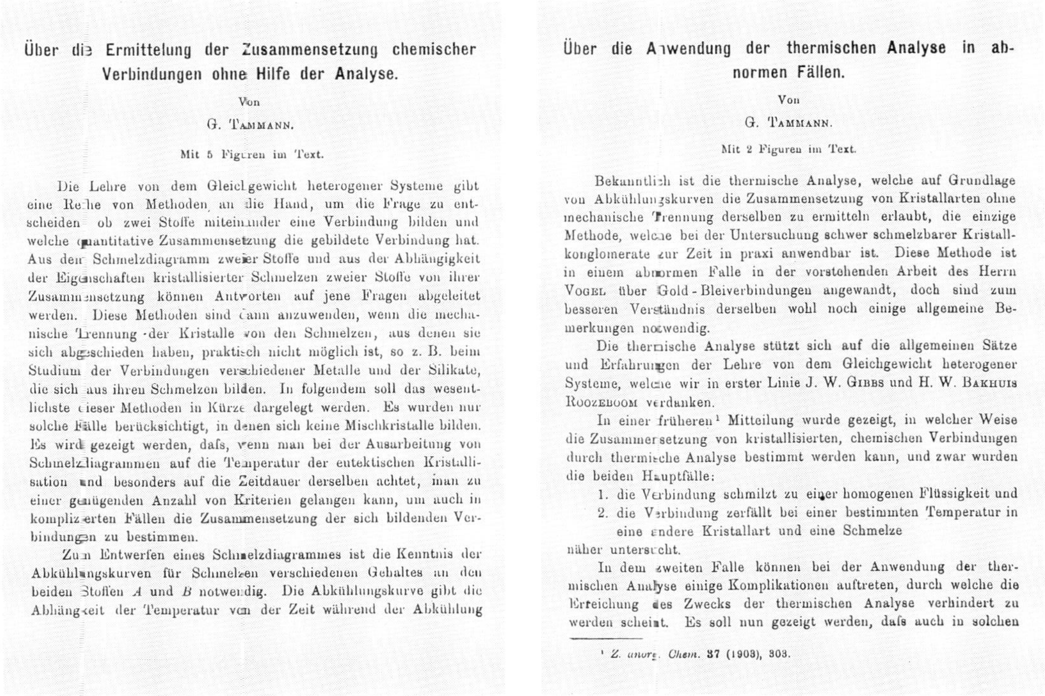

Über die Ermittelung der Zusammensetzung chemischer Verbindungen ohne Hilfe der Analyse.

Von

G. TAMMANN.

Mit 5 Figuren im Text.

Die Lehre von dem Gleichgewicht heterogener Systeme gibt eine Reihe von Methoden an die Hand, um die Frage zu entscheiden, ob zwei Stoffe miteinander eine Verbindung bilden und welche quantitative Zusammensetzung die gebildete Verbindung hat. Aus dem Schmelzdiagramm zweier Stoffe und aus der Abhängigkeit der Eigenschaften kristallisierter Schmelzen zweier Stoffe von ihrer Zusammensetzung können Antworten auf jene Fragen abgeleitet werden. Diese Methoden sind dann anzuwenden, wenn die mechanische Trennung der Kristalle von den Schmelzen, aus denen sie sich abgeschieden haben, praktisch nicht möglich ist, so z. B. beim Studium der Verbindungen verschiedener Metalle und der Silikate, die sich aus ihren Schmelzen bilden. In folgendem soll das wesentlichste dieser Methoden in Kürze dargelegt werden. Es wurden nur solche Fälle berücksichtigt, in denen sich keine Mischkristalle bilden. Es wird gezeigt werden, dafs, wenn man bei der Ausarbeitung von Schmelzdiagrammen auf die Temperatur der eutektischen Kristallisation und besonders auf die Zeitdauer derselben achtet, man zu einer genügenden Anzahl von Kriterien gelangen kann, um auch in komplizierten Fällen die Zusammensetzung der sich bildenden Verbindungen zu bestimmen.

Zum Entwerfen eines Schmelzdiagrammes ist die Kenntnis der Abkühlungskurven für Schmelzen verschiedenen Gehaltes an den beiden Stoffen A und B notwendig. Die Abkühlungskurve gibt die Abhängigkeit der Temperatur von der Zeit während der Abkühlung

Über die Anwendung der thermischen Analyse in abnormen Fällen.

Von

G. TAMMANN.

Mit 2 Figuren im Text.

Bekanntlich ist die thermische Analyse, welche auf Grundlage von Abkühlungskurven die Zusammensetzung von Kristallarten ohne mechanische Trennung derselben zu ermitteln erlaubt, die einzige Methode, welche bei der Untersuchung schwer schmelzbarer Kristallkonglomerate zur Zeit in praxi anwendbar ist. Diese Methode ist in einem abnormen Falle in der vorstehenden Arbeit des Herrn VOGEL über Gold-Bleiverbindungen angewandt, doch sind zum besseren Verständnis derselben wohl noch einige allgemeine Bemerkungen notwendig.

Die thermische Analyse stützt sich auf die allgemeinen Sätze und Erfahrungen der Lehre von dem Gleichgewicht heterogener Systeme, welche wir in erster Linie J. W. GIBBS und H. W. BAKHUIS ROOZEBOOM verdanken.

In einer früheren[1] Mitteilung wurde gezeigt, in welcher Weise die Zusammensetzung von kristallisierten, chemischen Verbindungen durch thermische Analyse bestimmt werden kann, und zwar wurden die beiden Hauptfälle:

1. die Verbindung schmilzt zu einer homogenen Flüssigkeit und
2. die Verbindung zerfällt bei einer bestimmten Temperatur in eine andere Kristallart und eine Schmelze

näher untersucht.

In dem zweiten Falle können bei der Anwendung der thermischen Analyse einige Komplikationen auftreten, durch welche die Erreichung des Zwecks der thermischen Analyse verhindert zu werden scheint. Es soll nun gezeigt werden, dafs auch in solchen

[1] *Z. anorg. Chem.* **37** (1903), 303.

図 6-3 熱分析を発表したTammannの論文[9,10].

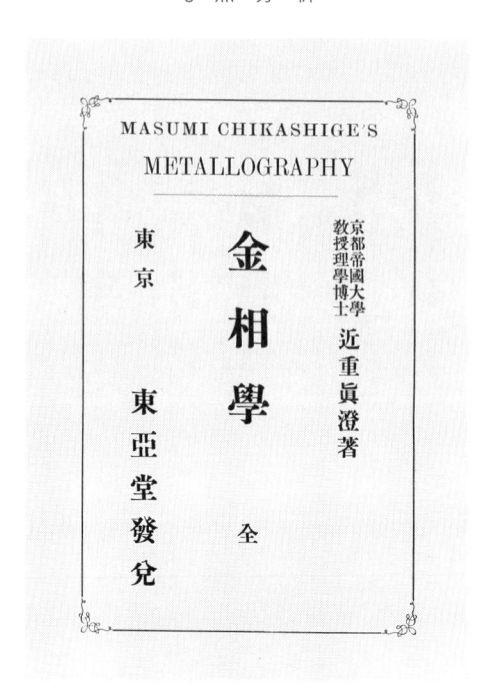

図 6-4 近重の著書「金相学」[11].

け，金属および合金の内部組織を研究して，内部組織と成分との関係や物理的ならびに機械的性質との関係などについて論究する学問であると定義した．金属または合金が溶融状態から凝固する際に生成する内部組織は，異相間の平衡論，すなわち相則（著者注：相律のこと）に基づいて論究することができるから，金相学は物理化学の一つの分科として取り扱うべきであるという．ここで相則の「相」は形態を意味するから，「金相」の2字は一方では金属組織の意味を保持するばかりではなく，他方では日進月歩の趨勢をも参照してこの学問の本領を明示しうることもあると信じている．

近重は，合金状態図の作成法は濃度と温度ばかりではなく，濃度と電気伝導率，濃度と比容積など種々の関係によることができることを指摘しているが，それらの中で，最も重要であり，かつ決定的なものとして濃度-温度状態図以上のものはないと強調している．

6.3 示差熱分析

6.3.1 加熱(冷却)速度曲線法と逆加熱(逆冷却)速度曲線法

合金など多成分系状態図の作成のためには，X線回折による相同定，顕微鏡による組織観察などが重要な手段となるが，初期の時代には，さきに述べた加熱(冷却)曲線法が相変化の検出にしばしば用いられた．しかしながら，金属の同素変態，合金・化合物における析出や規則-不規則転移など潜熱あるいは吸・発熱が小さい固体の相転移，あるいはある温度範囲にわたって徐々に進行する相変化では，曲線上の不連続が不明確で，それを見落とすことがあるから注意しなければならない．そこで，加熱(冷却)曲線を微分することによって変化をピークで表して見分けやすくすることが試みられた．

加熱(冷却)曲線の時間に関する1次微分 dT/dt を温度または時間に対してプロットすると，加熱(冷却)速度曲線 (heating (cooling)-rate curve) が得られる．曲線は関数 dT/dt を縦軸上に，そして T または t を横軸上に左から右へ増加するように図示する．この曲線は，近似的には微小時間の Δt 内に試料に起こる温度変化 ΔT を表すものと考えており，図 6-5[1)] には，純金属の加熱曲線(a)に対比して加熱速度曲線(b)を示す．ほぼ一様な速度で加熱するとき，昇温とともに dT/dt は AB と連続して一定値をとるが，融解により温度 T_m で温度停滞が起こると，$dT/dt=0$ となるので急変してピーク C を示す．融解が完了すると再び連続的な昇温を続け，dT/dt は DE と一定となる．このようにして，加熱(冷却)曲線では検出しにくい熱変化も，その変化速度を求めることによって認められる．ただし，この加熱(冷却)速度曲線法でも，時間間隔が小さすぎると，熱変化の大小が区別できなくなるのが欠点である．なお，加熱(冷却)速度曲線法は，1887 年，Le Chatelier[12)] によって初めて導入されたといわれているが[13)]，それについては次項で述べる．

加熱(冷却)速度曲線法の欠点を補完する技法として逆加熱(逆冷却)速度曲線法が提出された．加熱(冷却)曲線の温度に関する1次微分 dt/dT を，温度または時間のいずれかに対してプロットすると，逆加熱(逆冷却)速度曲線 (inverse heating (cooling)-rate curve) が得られる．関数 dt/dT を縦軸上に，そして T または t を横軸上に左から右へ増加するように図示する．この曲線は，近似的には試料温度が微小間隔の ΔT だけ変化するに要する時間 Δt を温度 T に対して表したものと考えられ，純金属を加熱するときの逆加熱速度曲線を，前の二つの技法による曲線と対

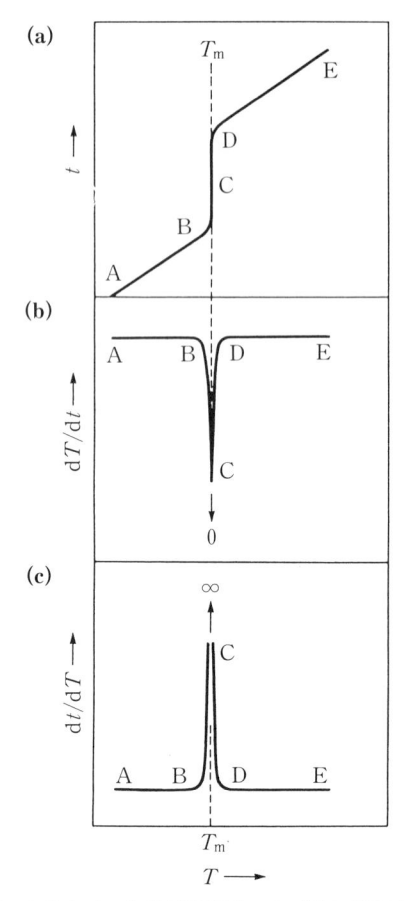

図 6-5 純金属の加熱(a), 加熱速度(b)および逆加熱速度(c)の各曲線[1].
T_m：融点.

比して示すと図 6-5(c)のようになる. 加熱速度曲線(b)と同様に, 熱変化がなければ dt/dT は AB, DE のように連続して一定であるが, 融点 T_m で温度停滞が起こると, 加熱速度 dT/dt はゼロに向かって小さくなるのに対して, 逆加熱速度は $dt/dT \to \infty$ となってピーク C を示す.

逆加熱（逆冷却）速度曲線法は, 古く 1829 年に Uppsala の Jacob Fredrik Emanuel Rudberg (1800-39)[14] が, 鉛, スズ, および種々の合金について逆冷却速度を測定, 記録して, 金属・合金の凝固点決定に用いたことが始まりであるといわれ

ている[13]．さらに1880年代の末期には，F. Osmond[15~18]が鉄鋼の加熱・冷却挙動の研究に適用して，鉄鋼の変態を発見し，炭素やそのほかの添加物の影響を解明することを試みるなど，相転移の研究にも貢献した．この技法は加熱（冷却）曲線に現れないような小さな変化もピークとして検出できる利点がある．一方，欠点として熱変化の温度を正確に知るには不適当であることが挙げられているが，熱変化の検出とその大小の比較のために，加熱（冷却）速度曲線法よりも多用された時代がある．装置についての工夫もなされ，鏡検流計（ガルバノメーター）を用いて微細な変化を検出した上，一定の熱電対起電力の変化が起こったときをクロノグラフで記録し，その時間間隔を正確に測定して好結果を得たという[19]．比較的近年になっても，一定の温度間隔を通過する時間の自動記録装置が考案されている[20]．

6.3.2 示差熱分析への途

加熱（冷却）速度曲線法と逆加熱（逆冷却）速度曲線法は，いずれも試料が熱変化を起こすと吸・発熱によって加熱（冷却）速度が変わり，dT/dt または dt/dT が急激に変化することを利用したもので，加熱（冷却）曲線法における低検出感度の問題はある程度解決されている．しかしながら，これらの方法では，外界の熱的影響が曲線上に不規則な変化を与え，特に加熱（冷却）の速度が一様でないと，試料に起こる熱変化が見分けられなかったり，小さい熱変化は埋もれてしまうという欠点がある．

1887年，フランスのパリで École des Mines の一般化学の教授をしていた Henry Louis Le Chatelier (1850-1936) は，粘土鉱物を加熱し，試料温度の検出に初めて熱電対を用いて検流計の鏡を振らせ，2秒間隔で誘導コイルから発生させたスパークを鏡からの反射により光学的に記録した[12]．感光紙には，一連の縦の線が現れて試料の温度を示すが，熱の発生や吸熱に伴い，温度変化速度に対応して線間隔が変化する．試料が脱水や融解をしている間は温度ははとんど変わらないので，スパークの像はいくつかの連続した線の重なりとなる．このような重なりは試料によって異なる温度で起こるので，粘土鉱物の特性値とみなすことができる．Le Chatelier の名はしばしば示差熱分析の元祖として登場し，"DTA の父"ともいわれているが，彼は正確な温度測定素子としての熱電対を開発し[11]，正しくは1887年にその単一型の熱電対を用いて，加熱に伴う粘土鉱物試料の加熱速度曲線を記録したにすぎない．しかしながら，Le Chatelier[12] の上記の研究は，脱水の特性温度を求めて，複雑な粘土鉱物中の微量構成成分を同定する可能性を示唆した点で有意義なものであり，熱分析，特に，後の示差熱分析（DTA）の基礎を確立したことで高く評価されている．

Le Chatelier による熱電対の開発に続いて，同じくフランスの Osmond は，先述のように逆加熱（逆冷却）速度曲線法により，鉄鋼の加熱・冷却挙動を研究し[15]，炭素やそのほかの添加物の影響を解明することを試みた[16~18]．1890 年になって熱分析の主導権はフランスからイギリスに移り，その後の 10 年間はその状態が続いている．このときの経緯とその後の DTA 創案に至る経過については，R. C. Mackenzie[22] が詳しく，また興味深く述べているので，その多くを引用させていただきながら以下に説明する．

　イギリスの機械工学者協会（Institution of Mechanical Engineers）の合金研究委員会（Alloy Research Committee）の委員長であった Dr.（後に Sir）William Anderson（FRS：王立協会特別会員）は，委員会として「鉄，銅，および鉛の性質に及ぼす微量添加元素の影響」を研究するため，Prof. William Chandler Roberts-Austen（1843-1902, FRS）を招待した．その結果，熱分析の主導権は英仏海峡を渡ってイギリスに移行した．Roberts-Austen は，後に王立造幣局（Royal Mint）の化学者となったが，エネルギッシュな科学者であり，当時，Le Chatelier による熱電対の開発に感銘を受けていたという．

　Roberts-Austen はこの招待を受入れ，まず Pt/Pt-Rh 熱電対の出力を連続的に記録する装置の組み立てを始めた[23]．この装置は"熱電高温温度計（thermo-electric pyrometer）"と呼ばれ，暗箱の一端で垂直スリットを通った光線が他端にある検流計の鏡に入射すると，鏡は熱電対の出力に応じて回転し，反射された垂直光線は水平スリットを通り，暗箱の一端にあって時計仕掛けの機構で上下に移動する写真乾板に投影される．ガルバノメーターのある他端に固定した鏡で反射した光を振り子で周期的に遮断することにより，横軸の時間に対して熱電対の読みによる温度を縦軸に連続的に記録することができる．これによって自動記録・連続・冷却曲線が初めて公表されたが[24]，再現性もよく，当時から約 60 年前に Rudberg[14] が逆冷却速度法に用いたシステムと比較される．なお，当時，加熱曲線上には種々の不規則性が認められ，加熱速度を制御することは困難であったので，加熱速度曲線の代わりに，冷却速度曲線だけを発表し，議論の対象にしたという[25]．

　Roberts-Austen の高温温度計は，連続記録が可能で，検流計はおよそ 0～1500°C という希望の温度範囲にわたっており，Le Chatelier のものよりもかなり進歩したものであったが，小さい熱効果を取り出すには感度が低すぎた．そこで，続く 8～9 年の Roberts-Austen とその協力者の仕事の多くは，極めて小さい熱効果を観測できるように感度を高めることに当てられた．まず，二つの検流計を前後に配置し，感度の

高いほうの検流計の後方に置いた写真記録式高温温度計の組み立てを行った[26]．次いで，二つの検流計を備えた同じ装置を同時に用い，適当にゼロ点を相殺することによって，曲線の小部分だけを調べるため，感度が高いほうの検流計を写真乾板から最も遠い所に置くことにした[27]．

検流計の懸垂のトーションによる誤差を避けるため，Roberts-Austen の助手の Albert Stansfield は高感計検流計に逆起電力を導入し，限られた温度範囲で最小の懸垂ひずみで曲線が得られるよう配置を改良した[25,28]．同時に，暗箱を使わずに済ませ，室内照明が乾板をかぶらないようにスリット系を改善し，装置一式を王立造幣局の照明された地下室に設置した．長い光路が得られた結果，検流計の小さい鏡の振れ，したがって信頼しうる結果を確実なものにした．さらに，写真乾板を動かすために用いた天文時計を水時計に換えたことで，動きがよりスムーズになった．

このように温度記録計の改善に努力している間に，Stansfield は高感度検流計の"冷"接点を硫黄の沸点のようなある一定の高温度に保持し，二つの高温度の間の"差 (difference)"を測定することを考慮して記録したことから，示差熱分析 (Differential Thermal Analysis; DTA) の技法をほとんど偶然見つけたというのである．彼は，ずっと便利で，一般に適用できるように，反対の起電力を導入する系を選択したが，上記の観測が Roberts-Austen をして "differential method" のアイディアを与えなかったかどうかが不思議に思われている．確かに，最後の改良は Roberts-Austen 自身が行い，試料と同じ環境に並んで置かれた適当な基準物質との間の温度差を測定する系を改良し[29]，DTA を創始したのである．

6.3.3 示差熱分析の確立

1899 年，Roberts-Austen[29] は熱電対を示差型に改良し，試料と熱変化の起こらない基準物質との間の温度差を検流計で読み取るという技法を採用して，炭素鋼や鋳鉄の融点，変態点などを中心に Fe-C 系の研究を行った．ここに，今日の DTA が実質的に始まった．すなわち図 6-6(a)[1] に基本的構成を示す本格的 DTA 装置において，試料 (s) と基準物質 (r) とを同一電気炉内の均一温度分布領域に置き，加熱または冷却中の両者の温度差 ($T-T'$) を示差熱電対 A，A_1 により検出する．検流計 G_1 は試料温度 T を測定して普通の加熱（冷却）曲線を，また同 G_2 は DTA 曲線と呼ばれる温度差曲線を求めるために用いられる．このようにすると，試料と基準物質は，外界の熱的影響を同じ条件で受けるから，微小な熱変化も検出可能となる．基準物質としては Pt-Cu 合金，または焼成粘土を用いている．熱電対としては最初 Pt/Pt-Ir

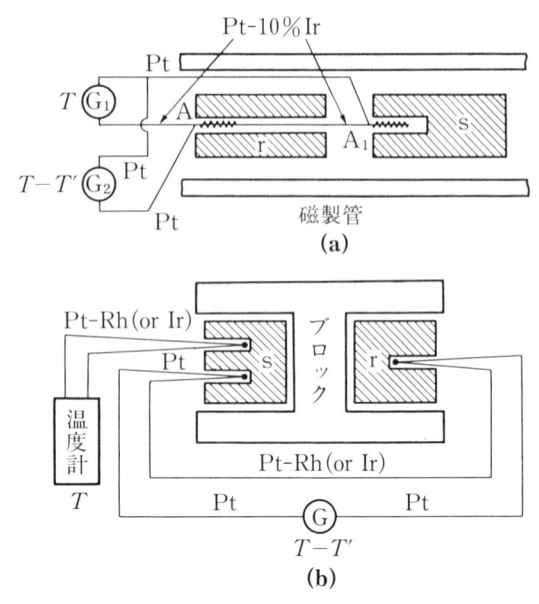

図 6-6 最初の DTA 装置[29] とそれに続く対称的配置の改良型装置[31] の基本的構成図[1]. s：試料, r：基準物質.

を用いたが，Pt/Pt-Rh に変えたようである．これはおそらく直線的出力が大きく，また優れていることによるものであろう．鉄を冷却したときの温度差曲線が示されたが，これが世界で最初に公表された DTA 曲線である．感度は極めて高く，おそらく当時の鉄の純度が原因で現在の変態温度といくらかの違いはあるが，A_3（α 鉄 $\rightleftarrows \gamma$ 鉄）および A_2（鉄の磁気転移）変態に相当する発熱ピークは極めて明瞭であり，さらに A_4（γ 鉄 $\rightleftarrows \delta$ 鉄）と A_0（セメンタイトの磁気転移）の両変態ではないかと考えられるピークも観測される．そのほかに少なくとも二つのピークが明らかにされたが，Roberts-Austen が A_0 変態と判断していると思われる約 580°C のピークは，後に W. Rosenhain[30] により磁製炉管中の石英の転移によることが分かったという[22]．

微小な熱変化を検出するためには，試料と基準物質が外界の影響をできるだけ同一条件で受けることが必要であることから，その後，S. L. Hoyt[31] は両物質を 25%Ni 鋼製の容器に入れ，基本的には図 6-6(b)[1] のように背中合わせに対称的に配置して，できるだけ同一の加熱（冷却）条件下におくことを試みた．この概念は現在の DTA まで引き継がれている．また，温度と温度差の両出力を，平板状または回転ド

ラム式の写真乾板に同時に記録する装置も考案され,1904 年には N. S. Kurnakov[32] が光学記録式温度計を開発することによって,より正確で信頼性のある記録がなされるようになり,DTA の技法はさらに近代的なレコーダーの使用による自動記録へと発展した.

このようにして発展した示差熱分析 (DTA) とは,1977 年の ICTA 総会で承認された定義[3~5]に従うと,「物質および基準物質の温度を調節されたプログラムに従って変化させながら,その物質と基準物質の間の温度差を温度の関数として測定する技法」である.そして,それを記録したものが示差熱曲線 (differential thermal curve),または DTA 曲線 (DTA curve) であり,温度差を縦軸上に吸熱反応を下向きにしてとり,温度または時間を横軸上に左から右へ増加するようにとることにしている[2].熱分析といえば DTA を指すくらい,この技法は広く普及し,理工学の多くの分野で研究・開発に長年用いられてきた.また,装置は,汎用性を重視し便利なものが市販されており,近年の電子技術の進歩によって精度が著しく向上した.その結果,微小な変化も検出できるようになったが,それが真に試料の熱変化によるものかどうかを見極めることが必要で,そのためには DTA の原理と装置の構成を十分に理解しなければならない[1].

ところで,Mackenzie[22]は,DTA は金属学のために開発されたものであるが,1900 年代の初期に冷却曲線法や逆冷却速度曲線法とは違って DTA が金属学の分野で広く使用されたという徴候がほとんどないことを指摘している.そして,この原因は,図 6-6(a) に示した Roberts-Austen の装置では,熱容量や熱伝導率など熱特性が異なる二つの金属ブロックがおそらくは均熱帯の短い炉中に置かれているので,基線のドリフトが避けられないからではないかと推測している.

1908 年,Rosenhain[30] は,試料と基準物質の熱特性の違いが DTA 曲線に及ぼす影響を回避する手段として微分 DTA 曲線の使用を示唆した.図 6-7(a) に基準物質として白金を用いたときの石英 (silver sand) の加熱 DTA 曲線を示す.DTA では,試料と基準物質との間で熱容量や熱伝導率とそれらの温度依存性が異なるので,加熱 (冷却) 速度が一定でも,一般的には,DTA 曲線における基線は温度軸に対してある傾きを持って変化する[1].したがって,当時,基準物質として白金円柱を使用したことからも予期されるように,基線のドリフトは極めて大きい.一方,図 6-7(b) は一定の微小温度間隔 ΔT における試料と基準物質との間の温度差 $(T - T')$ の変化を温度 T に対して表示しており,近似的には DTA 曲線を温度で微分したものに相当する.同図より明らかなように,微分 DTA 曲線では基線のドリフトがほとんどな

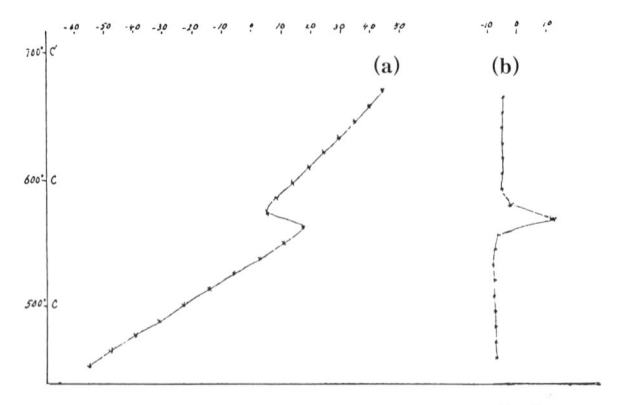

図 6-7 Rosenhain による石英の加熱 DTA 曲線（a）と微分 DTA 曲線（b）[30]．

くなるので，熱変化をより鮮鋭に表すことができる．

G. K. Burgess[33] は，T を試料の温度，T' を電気炉または基準物質の温度，ΔT を微小温度間隔，そして t を時間として，次の四つの熱分析技法を取り上げ，冷却曲線法と示差熱分析についてはそれぞれ 2〜3 種の異なる測定または記録の方法を挙げて，I からVI まで分類して各技法の特徴を述べている．

 冷却曲線法 I．$T\sim t$,
       II．$T\sim t$, $T'\sim t$ (or $T\sim T'$)
 示差熱分析 III．$T\sim t$, $T-T'\sim t$
       IV．$T\sim T-T'$
       IVa．$T\sim (T-T')/\Delta T$
 冷却速度法 V．$T\sim dT/dt$
 逆冷却速度法 VI．$T\sim dt/dT$

そして，次の三つの型の相転移
（a）試料は相転移中は一定の温度を保持している．
（b）試料は相転移中に減速しながら冷却する．
（c）試料は相転移の初期段階で温度が上昇する．

について，技法 I，IV，V，およびVI でそれぞれで観測され得る仮説的な冷却曲線の形を検討し，図 6-8 の結果を得ている．同図において，縦の列は上から相転移の型

6.3 示差熱分析

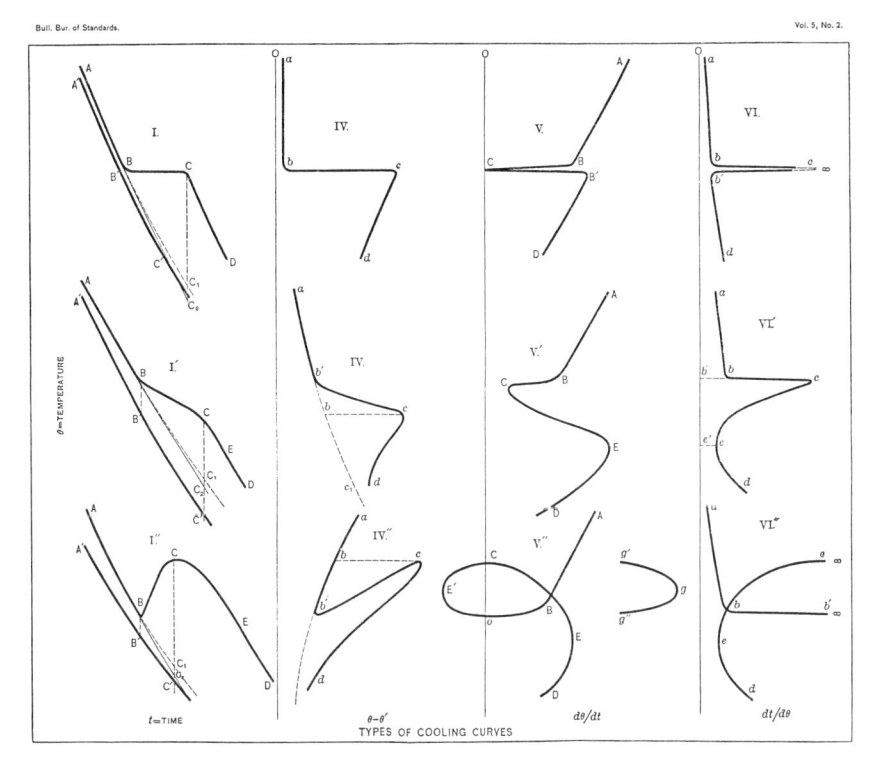

図 6-8 仮想的な冷却曲線，冷却 DTA 曲線，冷却速度曲線および逆冷却速度曲線[33]．

(a)，(b)および(c)に対応している．また，いずれも縦軸は温度であり，曲線の主要部分に付けたアルファベット文字は互いに対応する．また，横軸は図 6-8 にそれぞれ示すとおりである．これによると，相転移の終点は I，V，および VI の曲線上では検出できるが，IV，すなわち DTA 曲線上では検出できない．Burgess はこれらの冷却曲線の性質を比較して，次のような結論を得ている．

 (i) 相転移の最も包括的な見方ができるのは，感度を十分に高められるときには加熱（冷却）曲線（I）である．
 (ii) 最も情報が少ないのは加熱（冷却）速度曲線（V）である．
 (iii) 当時考案されたどのような装置をもってしても直接記録することは容易でないが，最も感度が高く，確実なのは DTA 曲線（IV）である．

6.3.4 わが国における示差熱分析の始まり

わが国では，まず東北帝国大学の神津淑祐教授[34]を中心に，粘土鉱物の熱的挙動の研究がDTAにより行われている．その中でも，東京電気株式会社（現在：(株)東芝）の佐藤進三[35]は図6-9に示す装置を用い，日本で最初の本格的なDTA曲線を得ている．長さ2.54 cm，直径1.27 cmの高品質耐熱管の中間に壁を設けてA，B二つの部分に分け，Pt線とPt-Rh線からなる示差熱電対を，一方の測温接点を壁の左側に，他方の測温接点を壁の右側に，管の軸方向でそれぞれの部分の中央にくるように置く．示差熱電対の出力は高感度の鏡検流計に接続する．Pt-Rh線とPt線との連結部分から別のPt-Rh線を分岐させ，示差熱電対のPt線を利用して一つの熱電対を構成してB内の温度を測定する．A内には試料粉末を入れ，B内には珪砂粉末を

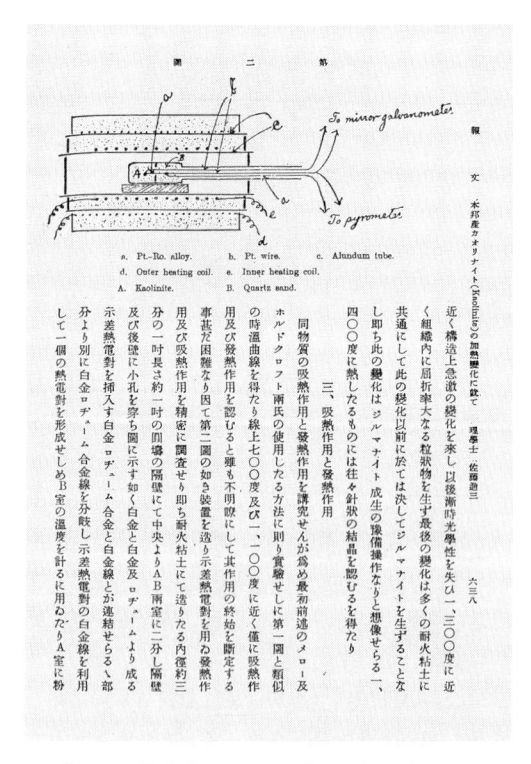

図6-9 佐藤進三のDTA装置と掲載論文[35].

6.3 示差熱分析

満たして，これらを電気炉の中央に置いて加熱する．試料と基準物質である珪砂粉末との間の温度差は高感度の鏡検流計で測定する．なお，鏡検流計の感度は，温度差が1°Cのとき望遠鏡で見た鏡の移動は2mmであった．

図6-10にカオリナイトを加熱したときのDTA曲線を示す．横軸は温度差に対応する検流計の読みである．これによると，100°C前後，450〜600°C付近，および650〜700°C付近に吸熱が，また100〜350°C付近，950°C前後，および1200〜1300°C間に発熱がそれぞれ観測される．同図の中にある直線XYは零線と呼ばれているが，現在では基線（base line）と呼ばれるものに相当し，ある温度における曲線の接線がその左側にあって正の角をなすときは試料は吸熱を起こしており，一方，曲線の接線がその右側にあって負の角をなすときは試料は発熱を起こしていることになるという．電気炉内の位置の関係で，炉内の温度がAよりもBのほうが早く上昇するため

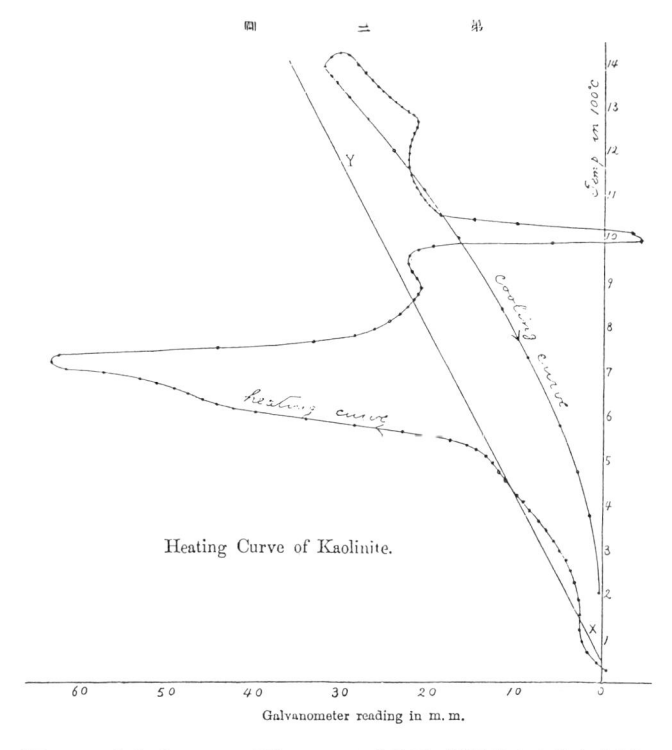

図6-10 佐藤進三による最初のDTA曲線[35]（試料はカオリナイト）．

に，発熱や吸熱が起こらなくても温度差が常に負に増加している．なお，図 6-10 は日本で最初の DTA 曲線として引用されることが多い．

佐藤はこの DTA による研究論文を後にアメリカのセラミックス学会誌[36]や東北帝国大学理科報告（岩石学，鉱物学，鉱床学）[37]に英文で発表している．とくに後者の論文では熱膨張測定や本多式熱天秤による減量測定の結果をも加えて，東北帝国大学の本多・神津両教授の指導と助言に謝辞を述べている．

Tammann の研究室で冷却曲線（温度-時間曲線）法により合金の状態図を作成するという熱分析の一端に接した本多光太郎（1870-1954）は，帰国後は東北帝国大学で精力的に行った金属・合金の物理冶金学的研究に DTA をも導入しており，同教授の研究室からは多くの成果が発表された．まず，1915 年（大正 4 年）に鉄の A_2 変態は結晶学的転移ではなく常磁性-強磁性転移であるとして A_2 変態（磁気転移）の本性[38]を明らかにした本多は，Roberts-Austen 式の DTA 装置により，鉄および鋼を徐々に加熱または冷却したときの変態温度を観測した[39]．これは日本の金属学における最初の DTA 測定であり，純鉄で得られた DTA 曲線を図 6-11[40]に示

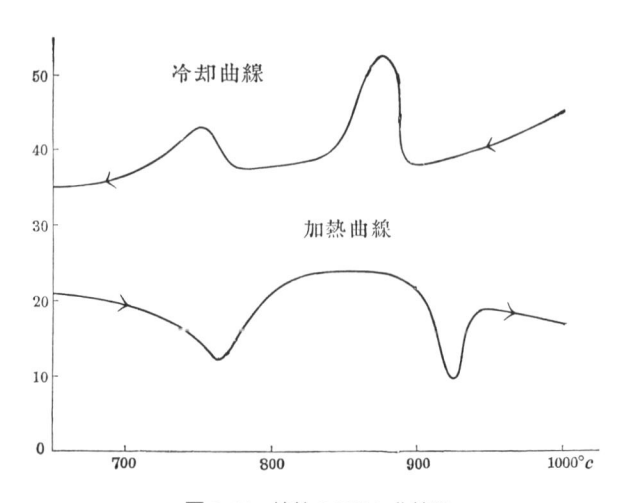

本多光太郎

図 6-11　純鉄の DTA 曲線[40].

6.3 示差熱分析

す．純鉄を1000°C以上に加熱してから極めて緩やかに冷却すると，約890°Cで著しい熱の発生が認められる．さらに冷却すると，熱の発生が780°Cから始まり，かなり広い温度範囲にわたって観測される．第1の熱の発生はA_3変態に，また第2のそれはA_2変態にそれぞれ相当する．逆に低温側より徐々に加熱した場合には，A_2変態による熱の吸収が650°Cから始まり，790°Cまで認められる．さらに加熱すると，約915°CでA_3変態に相当する熱の吸収を生ずる．本多は磁気分析と示差熱分析を中心としたこれらの研究成果「鉄に関する研究」により，1916年，帝国学士院賞を受賞している．

その後1928年，佐藤清吉[41]は本多光太郎の指導の下に，図6-12に示すDTA装置を用い，焼き入れ炭素鋼を加熱した焼き戻し過程を研究した．試料容器は直径26 mm，高さ30 mmの銀製円柱で，図6-12(a)に示すように，中心より等距離に各120°間隔で，直径9 mm，深さ27 mmの3個の孔があけられており，そこに1個の試料と2個の基準物質を挿入する．両物質とも導電性の良い金属・合金であるので，

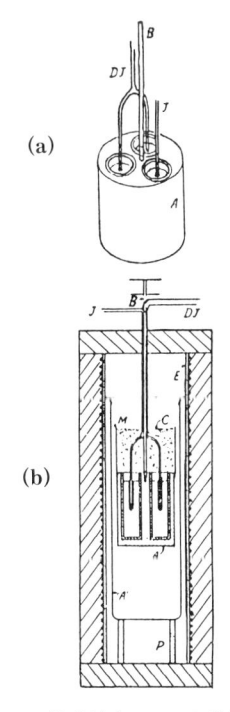

図 6-12 佐藤清吉のDTA装置[41].

242   6 熱分析

孔壁との間は雲母により絶縁するが，600°C以上では雲母が脱水して絶縁不良になるので，後にはドイツ製陶管にするなど苦心がうかがわれる．基準物質には試料と同材

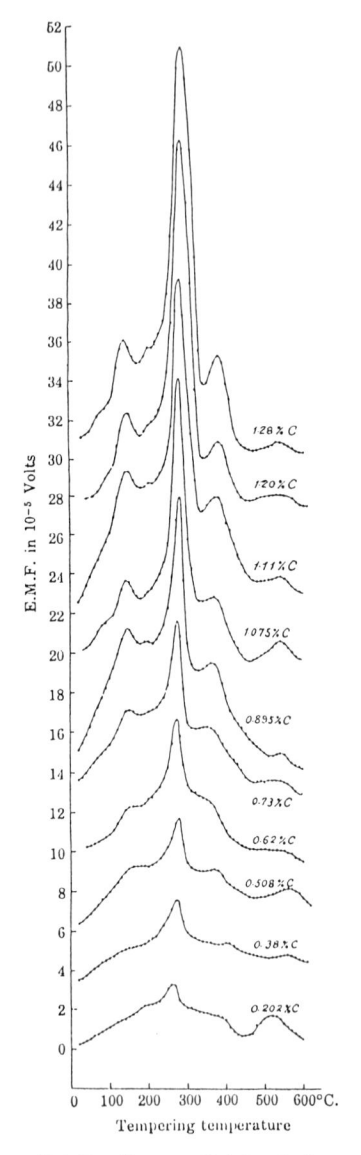

図 6-13 種々の炭素量の焼き入れ炭素鋼を加熱した DTA 曲線[41].

6.3 示差熱分析

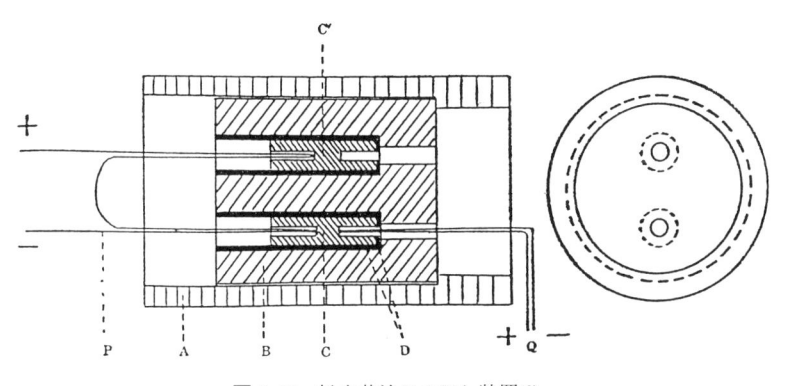

図 6-14 松山芳治の DTA 装置[42].

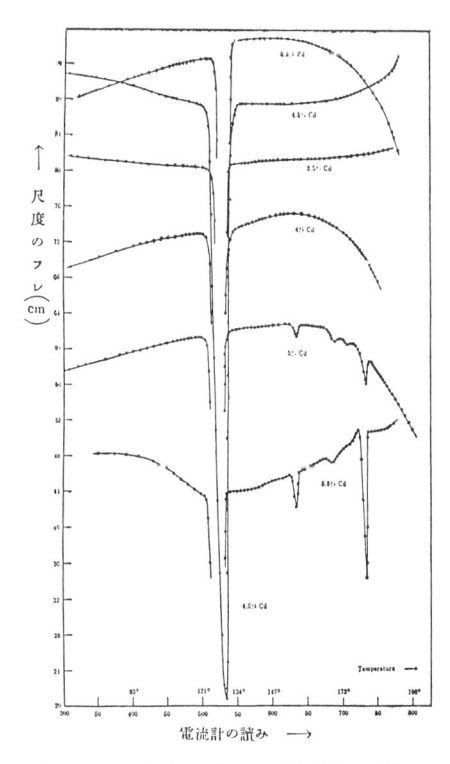

図 6-15 Cd-Sn 合金の DTA 曲線の例[42].

質の焼きなまし鋼を用い，1個は測温用として熱電対 J を，他の 1個は DTA 用として示差熱電対 DJ を取り付けてある．図 6-12(b) には加熱炉 E 内の配置を示すが，温度分布をできるだけ一様にするため，試料容器 A は純銀製の均熱筒 A′ で囲まれている．M は雲母板の環状障壁で内部には石綿 C を軽く充填して，加熱炉内の気流が示差熱電対の両接点に直接触れるのを防止している．DTA において微小な熱変化を明確に知るには，基線が水平に近い平滑線であることが望ましいが，試料と基準物質に同形同大の純銀製円柱を用いたブランク試験では，約 600°C までは ±5μV 程度の示差熱電対起電力が観測されたにすぎない．図 6-13 には種々の炭素量の焼き入れ炭素鋼で得られた DTA 曲線を示す．

次いで，松山芳治[42] が用いた DTA 装置を図 6-14 に示す．A は外径 39 mm，長さ 100 mm の銅製円筒，B は直径 30 mm，長さ 40 mm の純銀の円筒状試料容器，そして C, C′ は B の中に入れた試料と基準物質で，直径 9 mm，長さ 23 mm である．両物質の中央には直径 2 mm，深さ 9 mm の孔が両底面よりあけられており，そこには

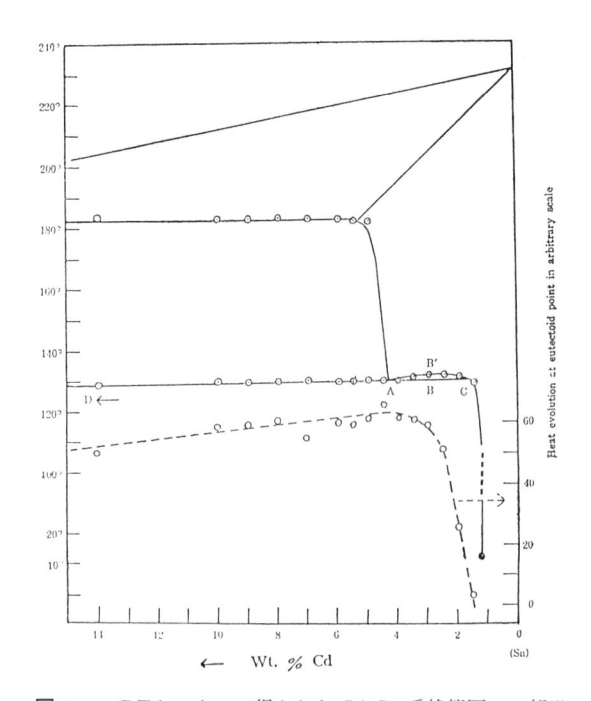

図 6-16　DTA によって得られた Cd-Sn 系状態図の一部[42]．

示差熱電対 P と測温用熱電対 Q を挿入する．D は薄い円筒形雲母板の電気絶縁体である．松山はこの装置による DTA を主としてそれに X 線回折，さらに電気抵抗，熱膨張などの測定を併用して Sn 側の Cd-Sn 系状態図を作成している．基準物質を純 Cd として，Cd-Sn 系の合金を $1.5°C\,min^{-1}$ の速度で冷却したときの DTA 曲線の一部を図 6-15 に示す．130°C 付近のピークは共析反応に，また Cd 量の増加とともに現れる約 180°C のピークは共晶反応にそれぞれ対応している．図 6-16 に DTA より得られた状態図を示す．共析点組成は 4.3%Cd と決定されたが，DTA 曲線では 4.5%Cd 合金が最大のピークを示している．

DTA の感度を向上させるため，佐藤，松山はともに試料容器の形状と配置，そのほか多くの点で実験上注目すべき種々の工夫を行っている．示差熱電対にはできるだけ熱起電力の大きいものを用いているが，60 Au-40 Pd/90 Pt-10 Rh は Pt/Rh の約 6 倍の値を示す．熱電対はできるだけ細い線を使用し，接点を小さくして，熱電対を伝わって出入りする熱流を少なくすることも必要である．示差熱電対の起電力の測定にあたって，古くは電圧感度 10^{-7} V 程度の反照電流計が用いられ，松山は上記の熱電対と組み合わせて，(1/2350)°C の温度差が読み取り可能な感度を得ている．

次節で述べるように，本多[43]は鉄鋼研究の手法の一つとして，熱分析法 (thermal analysis) を挙げているが，示差熱分析については，当時，温度差に相当する電流計のふれ δ と温度 T の曲線ではなく，微小温度変化 ΔT における電流計のふれの変化 $\Delta\delta/\Delta T$ を T に対して図示すると，この曲線の極大は熱の発生または吸収が最も盛んな温度を与えることから，その極大点を変態温度とする冶金学者が多いことに触れている．これは 1908 年に Rosenhain[30]が提唱した近似的には DTA 曲線を温度で微分したものに相当し，微分 DTA 示差熱曲線の使用を示唆したものと思われる．そして，本多は，この方法は A_1 および A_3 変態のように一定の温度で起こる変化の場合には意義を持つが，A_2 点のように元来広い温度範囲にわたって徐々に進行する変化に対しては意義を持たないことを指摘している．また，鉄鋼の場合には，この二つを区別するのは実際には困難なことが多いので，むしろ δ と T との関係を図示したほうが，かえって変化の内容を示すものと考えている．

6.4 熱膨張測定

6.4.1 本多光太郎の物理冶金的研究手法

ドイツ Göttingen 大学の Tammann の研究室では，冷却曲線の解析以外に，熱膨

張計によっても合金の研究を行っていた．近重眞澄よりやや遅れて1907年に同研究室に入った本多光太郎は，冷却曲線（温度-時間曲線）法で合金の状態図を作成するという熱分析の一端に接したが，帰国後は東北帝国大学で金属・合金の物理冶金学的研究を精力的に行い，高温における熱膨張，電気抵抗，磁化率などの測定に加えてDTAをも導入し，数多くの成果を相次いで発表した．後に述べるように，本多が研究の方法として挙げた5項目には，磁気分析法，熱膨張法，電気抵抗法といった物理的手法が入っている．それに対して，その頃，近重[11]は著書"金相学"において，第一章「研究の手段」をⅰ）相則，ⅱ）高温度の測定法，ⅲ）溶融操作，ならびにⅳ）金相顕微鏡，研磨法，および写真法 の4項に分類して説明している．

同じTammannの研究室に学んだ近重が本多と違って物理的手法のことを取り上げていないのは，本多との研究時期の前後のずれ，あるいは近重は化学，本多は物理の出身に由来するのかもしれない．それでも，近重は物理的手法の重要性は指摘している．なお，近重と本多は奇しくも同年生まれであるが，Tammannの研究室における両人の出会いについては，石川[44]の著書に述べられている．それによると，Tammannと近重は化学屋であるのに対して，本多は物理屋であることから，近重は本多が物理的な方法でTammannを助け，化学と物理との結合した境地を拓くことになるかもしれないと，物理冶金学の先駆けとなった将来の本多を見通していた．一方，師のTammannも，本多が磁気の研究を通じて冶金学や金相学を前進させることができると期待していた．

第一次世界大戦によって，主としてドイツから輸入していた医薬品，化学染料をはじめ，外国からの物資の輸入が途絶し，鉄鋼・化学薬品などの自給が必要となって，わが国でも独自の開発研究を行う必要に迫られ，1917年（大正6年），政府補助金と民間の寄付金により(財)理化学研究所が設立された．それに先立つ1916年（大正5年），東北帝国大学理科大学物理学教室内に臨時理化学研究所第二部が設置され，本多光太郎教授が主任となって，鉄鋼の研究を行うことになった．これは1919年には改組発展して帝国大学最初の附置研究所である鉄鋼研究所になり，さらに1922年には現在の金属材料研究所（通称：金研）に改称された．いずれも所長は本多光太郎教授である．

黒岩[45]は，この臨時理化学研究所第二部に始まる金研の非常にユニークな動きの一つとして，研究成果を欧文で発表し，内外の冶金学者の参考にしたばかりではなく，現場技術者のために，たびたび講習会を開いていることを挙げている．すなわち，1918年（大正7年），東京鉄道協会と工学会の尽力で，臨時理化学研究所第二部

の第1回講演会を東京の鉄道協会で開催し研究業績を発表している．当時は，第一次世界大戦でわが国の工業が飛躍したときであったが，聴講者が多く，この第1回研究業績発表会には，鉄道協会の3階の大講堂があふれるばかりであったという．本多は，それ以降6回開催された講演会において，大正5年からそれまでに研究所で行われた鉄，鋼および二，三の特殊鋼に関する研究結果を紹介した．その間，34報の研究論文が発表されたが，すべての詳細を6回で述べることは不可能であるので，極めて重要な事項を選んで順序立てて講演した．

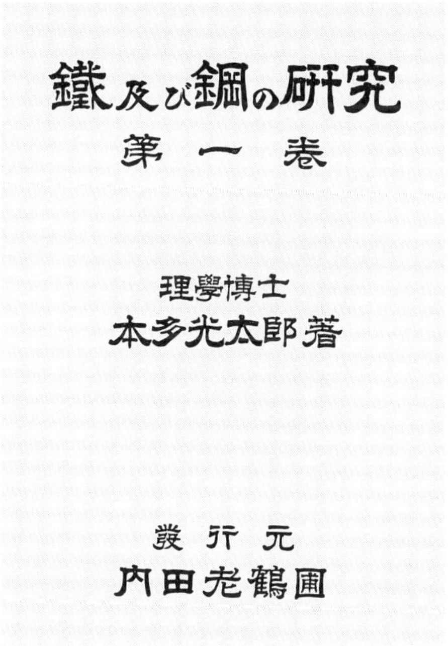
鐵及び鋼の研究
第一巻
理學博士
本多光太郎著
發行元
内田老鶴圃

図6-17　研究の方法として熱分析法を第1番目に取りあげた本多の著書[43]．

本多は，講演の内容を著書として出版することにして，大正8年の第一巻を皮切りに同15年の第四巻まで，現在でも自然科学書出版の老舗として存続し，本書を出版した内田老鶴圃より，「鉄及び鋼の研究」（図6-17）を刊行し，長年にわたり版を重ねた．なお，黒岩[45]によれば，研究業績発表会のほかに鋼の焼き入れについての講習会を，1920年（大正9年）11月および1921年1月の2回東京および大阪で行い，遠くは北海道からも技術者がかけつけ，聴講したという．講演は全部本多所長が行

鐵及び鋼の研究

第一章　研究の方法

爾來冶金學に於て用ゐられたる方法は化學分析,熱分析及び顯微鏡的研究なりと雖も,複雜なる變化は到底是等の方法のみによりては知ること能はず,故に本研究所に於ては磁氣分析法と名づくる新方法を併用す．其他高溫度に於ける熱膨脹,電氣抵抗等の研究も平行に實行しつつあり．一般に物質が或溫度に於て變質するときは,熱の發生或は吸收を伴ふと同時に,諸機械的及び物理的性質に於ても變化あるべき理なり,例へば磁氣の强さ,熱膨脹,電氣抵抗等も非連續的に變化す．從て溫度に對する是等の諸性質の變化を同時に研究することは,物質の變化の內容を明かにする上に於て極て重要なりとす,之れ本研究所に於て諸種の觀測を平行に行ひつつある所以なり。以下順を追つて是等の方法に就て述べんとす．但し化學分析に就ては改めて述るの要なければ之を略す．

I. 熱分析法 (Thermal Analysis)

物體を徐徐に熱するか或は冷却するときは,加熱或は冷却の

図 6-18　本多の「鐵及び鋼の研究」方法[43]．

い，実習の指導は，本多所長および所員があたった．1922 年からは，仙台において行うようになったが，以後毎年の行事として，金属材料講習会が開かれるようになり，主催や形式はいくらか変わりながらも現在に至っている．

本多[43]は，図 6-18 に示すように，「鉄及び鋼の研究」第一巻の第一章「研究の方法」において熱分析法を第 1 番目に取り上げているが，冶金学で従来用いられていた化学分析，熱分析，ならびに顕微鏡的研究だけでは複雑な変化を知ることはできないので，磁気分析法，高温における熱膨張や電気抵抗の研究も平行して実施しているとして次のように述べている．「一般に物質が或温度に於て変質するときは，熱の発生或は吸収を伴ふと同時に，諸機械的及び物理的性質に於ても変化あるべき理なり，例へば磁気の強さ，熱膨張・電気抵抗等も非連続的に変化す．従て温度に対する是等の諸性質の変化を同時に研究することは，物質の変化の内容を明らかにする上に於て極

て重要なりとす，之れ本研究所に於て諸種の観測を平行に行ひつつある所以なり」
（原文のまま）．

本多は研究の方法として，化学分析を除き，次の五つの手法，すなわち熱分析法 (Thermal Analysis)，顕微鏡的研究（Microscopic Investigation），磁気分析法 (Magnetic Analysis)，高温度における熱膨張（Thermal Expansion），そして高温度における電気抵抗（Electric Resistance）を挙げ，それぞれを説明している．顕微鏡的研究を除けば，いずれの手法も試料の温度を上昇または下降させながら物理的性質を測定するもので，諸性質の変化を縦軸にとり，横軸の温度に対してプロットした図面が示されている．黒岩[45]は，本多の業績のうち物理冶金学の創始として，磁気分析法，熱膨張計，熱天秤，電気抵抗の温度変化など，物理冶金的な研究手段を金属の研究に適用したことを挙げている．1977年のICTA総会で承認された熱分析の定義[3~5]に従うと，物質の温度を調節されたプログラムに従って変化させながら，温度の関数として測定するその物質の物理的性質が寸法にとれば熱膨張測定であり，磁気特性ならば熱磁気測定となる．したがって，本多らが常用した物理冶金測定法の多くは熱分析の範疇に入ることになる．

6.4.2 熱膨張測定

熱膨張は普通，各温度における長さ，すなわち線膨張を連続的に測定するが，膨張量が極めて小さいので，膨張計には種々の工夫が凝らされている．膨張計は2種のタイプに大別される．全膨張計は直接に伸びを測定するのに対して，示差膨張計はある基準となる物質と比較して相対的な伸びを測定する．後者のほうがより鋭敏であることは，単なる冷却（または加熱）曲線法よりも示差熱分析のほうが微小な熱変化を検出しやすいことに類似している．

本多[46]は全膨張計としてフランスのP. Chevenard[47]が考案した形式のものを用いて，純鉄のほか，種々の炭素鋼および特殊鋼の熱膨張を広い温度範囲にわたって測定した．図6-19に示す膨張計において，Sは長さ20 cm，直径5 mmの試料で，左端には深さ5 mm，直径3 mmの孔があって，熱電対を挿入するようになっている．bは太さ約1 cm，長さ62 cmの石英管で右端は閉じられ，左端は台dに固定してある．aは直径6 mm，長さ48 cmの石英管で，2個のスプリングによって試料Sをb管の右端に押しつけるようにしている．cは石英管aの左端の移動を反射鏡Mに伝える真鍮製の棒である．この鏡の台には三脚がついており，そのうちの2脚は支持台eに掘った溝に差し込み，残りの1脚は真鍮棒の左端に接する．本装置では，試料の

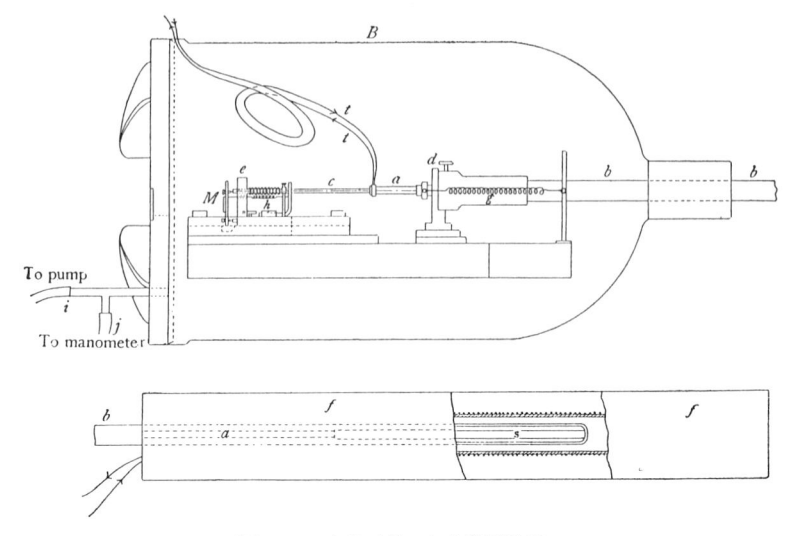

図 6-19 本多が用いた全膨張計[46].

長さが変化すると鏡が傾くので,ランプとスケールによって読み取ることができる. 試料を加熱するには,b 管の周囲に電気炉を置き,試料を均熱帯に位置させる.測温用の熱電対は a 管の左端からその内部に入れ,感熱部を試料に接触させている.この膨張計は,その後,本多の門下生によって多くの改良がなされ,広く用いられた.

図 6-20 に純鉄および種々の炭素鋼について得られた熱膨張曲線を示す[46].純鉄 (0.04%C,スウェーデン鉄)では,加熱とともにほぼ直線的に膨張するが,900°C付近で急激に収縮し,その後,温度上昇とともに再び膨張する.冷却の場合には,870°C付近に急激な膨張が現れ,その後は加熱の場合と一致する.これらの異常変化は鉄の A_3 変態に対応するもので,A_3 点以上と以下では熱膨張係数が著しく異なることは物質が変化したことを表しており,A_2 点以下にほとんど異常膨張が見られないことに注意すべきであるという[43].次に,炭素鋼の場合,低炭素鋼(0.14 および 0.18%C)では A_3 変態のほかに A_1 変態による異常変化が明瞭に認められ,炭素量の増加とともにこの変化量は増大する.これに対して A_3 変態では,炭素量の増加とともに温度が低下し,変化量は次第に減少する.したがって 0.44%C 程度以上になると,A_1 および A_3 両変態の合成効果が現れる.

鉄の A_2 変態の本性[38]を明らかにした本多は,長さの異常変化が A_2 変態では非常に小さく,A_1 および A_3 変態において顕著である事実は,一つの変態が A_2 か A_1 か,

6.4 熱膨張測定

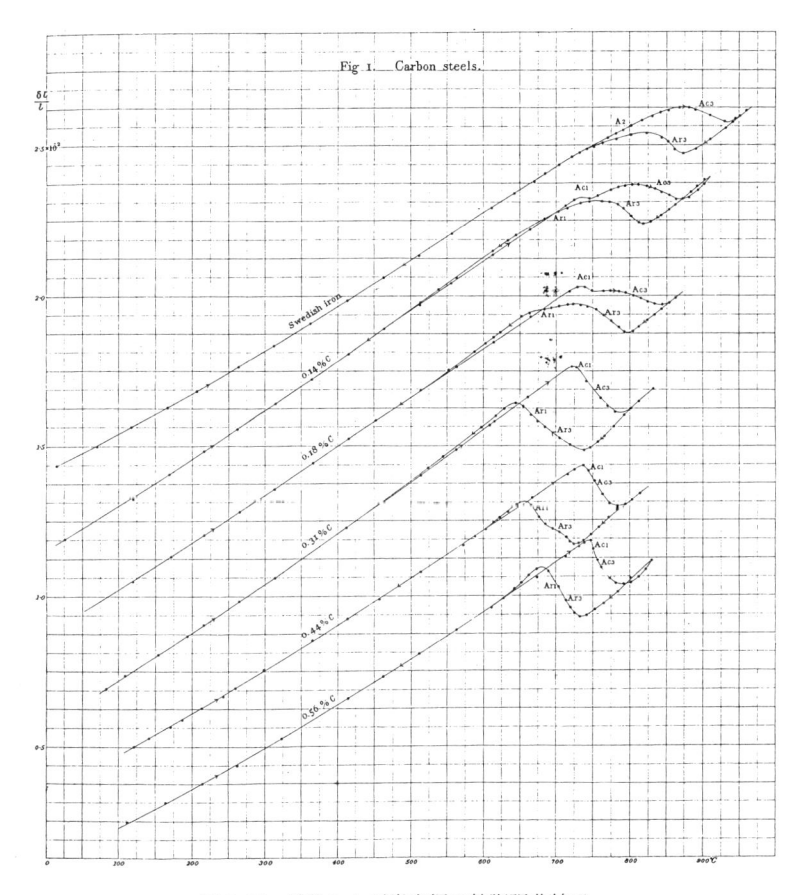

図 6-20 純鉄および炭素鋼の熱膨張曲線[46].

あるいは A_2 と A_1 または A_3 が合致しているかどうかを判定するのに有力な材料となることを強調している．すなわち，熱分析または磁気分析により，A_2 変態にほかの変態が合致しているかどうかを判定することは困難なことがあるが，熱膨張測定からは異常変化の有無から容易に判定できるという[43].

物理冶金学的立場から鉄鋼の熱膨張測定において興味深いのは，1秒間に数 10～数 100°C という急速冷却が行われる鋼の焼き入れの際に起こる収縮および膨張の直接測定である．まず 1922 年（大正 11 年），図 6-21 に示す焼き入れ自記装置が松下徳次郎[48]によって発表された．焼き入れ自記装置に関する研究はこれが最初のものであ

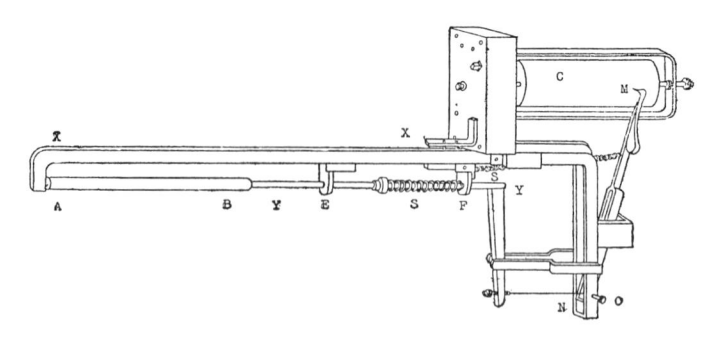

図 6-21 松下が用いた焼き入れ自記装置[48].

ると考えられるが，松下の論文によると，原理は本多教授の焼き入れ研究装置と同一であるという．この装置では，棒状の試験片を一方は固定し，他方には強いバネで支持棒を押しつける．この支持棒には"てこ"を連結し，試料の収縮・膨張に伴う"てこ"の動きを"てこ"の先端に取り付けたペンで，時計仕掛けで回転する円筒に巻き付けた用紙に拡大し，記録する．円筒は一定速度で回転するので，時間と長さの関係を描くことができる．松下は本装置を用い，鋼を焼き入れるとまずオーステナイトの収縮を示し，次いで膨張してオーステナイトがマルテンサイトに変化することを認めた．焼き入れ鋼の物理冶金的研究で東北帝国大学より博士の学位を授与された松下は，本多光太郎教授の指導を受けた後，日本特殊鋼合資会社福寿鉄鋼研究所で研究を行い，上記の焼き入れ自記装置の考案を含む一連の成果を「鉄と鋼」に発表している．その後，村上および八田[49]は，円筒を時計仕掛けで回転させるのでは回転速度を自由に変えられないことから，モーターと歯車の組み合わせによって回転速度を任意に変え，ゆるやかな冷却速度の場合でも曲線を自記できるように改良した．

ところで，これらの焼き入れ自記装置では，長さの時間的変化を求めることはできるが，長さと温度との関係を知ることができない．そこで，佐藤清吉[50]は試験片と平行な位置に温度支持棒を置き，同時に加熱・冷却するという焼き入れ研究用自記膨張計に関する論文（図 6-22）を発表した．温度支持棒には，鋼の焼き入れの場合には 60Fe-20Ni-20Cr 合金を用いたが，熱電対を用いてあらかじめ熱膨張係数と温度との関係を求めておく．試験片と温度支持棒の膨張・収縮は二つの"てこ"にそれぞれ伝達，拡大される．二つの"てこ"は共通の心棒のまわりに動くように重ねて配置してある．"てこ"の各支点には球軸受けを挿入して，共通の心棒のまわりに作動するよう重ねて配置し，二つの"てこ"の動きが合成される点（E），その点の運動を

燒入研究用自記膨脹計附炭素鋼に於ける結節狀吐粒洲の生因に就て

工學博士 佐 藤 清 吉

Seikiti Satô; On a Self-Recording Dilatometer for Quenching and the Mechanism of Nodular Troostite Formation in Carbon Steels. A new self-recording apparatus for the thermal expansion-temperature curves in the case of a rapid cooling, such as quenching, is described. The form of the curves recorded by the apparatus, during the quenching of a steel in various kinds of cooling media, shows the degree of quenching efficiency of these media, and comparing the microstructure of the quenched specimen with the form of the corresponding curve, the mechanism of the formation of nodular troostite is inferred.

(Received, September 12, 1931)

I. 裝 置

第1圖は燒入研究用自記膨脹計の説明圖である。Qは薄い石英管にて作られたる擂木型の支柱であり，Fなるデュラルミン製の臺板に取付けられて居る。gは耐熱合金製の導子であり同じくFに固定せられて居る。S_1は温度指示用棒，S_2は燒入試料である。S_1は變態を有せずして一樣なる熱膨脹係數を有し其の比熱，密度，熱傳導度等がなるべくS_2のそれに近似なる材料より作られる。即S_2が鋼である場合にはS_1はニッケル，ニッケル-クロム合金又はニッケル-クロム-鐵合金で作るのが適當である。S_1及S_2はQ又g並に石英細管q_1, q_2等によつて圖の如く互に平行なる位置に支持せられたまゝ或は爐中に於て同時に加熱せられ又は冷却媒質中に於て同時に冷却せられるのであつてS_1の膨脹を利用してS_2の温度を指示せしむるに供する。さてS_1, S_2兩者の膨脹又は收縮はそれぞれq_1及q_2により挺子l_1及l_2に傳達せられて適當なる倍數に擴大せられる。l_1及l_2は各デュラルミンで作られ駄肉を取り去つて質量を小にし各支點にはそれぞれ球軸承を嵌入し共通の心棒C′の廻りに作動する樣相重ねて配置

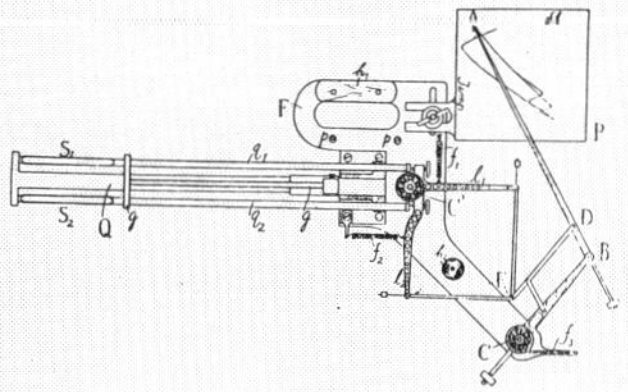

第 1 圖

図 6-22 佐藤清吉による焼き入れ研究用自記膨張計に関する論文[50]．

拡大・縮小するパントグラフ（写図器）の支点（C），そしてパントグラフの先端に取り付けられたペン（A）の3点が一直線上にあるように配置されている．ペン先が描く図形はE点が描く図形と相似である．このような結果，温度支持棒の伸縮はその軸に垂直な直線として，また，試験片の伸縮はその軸に平行な直線としてペン先によって描かれることになる．ここで，温度支持棒の伸縮と試験片の伸縮は，普通，同時に起こるので，二つの運動はE点で合成され，ペン先は熱膨張と温度を二つの軸とする直角座標上に曲線を描くことになる．

測定に当たっては，温度支持棒と試験片の部分を電気炉に挿入し，加熱に伴う熱膨張曲線を描かせる．所要温度に到達した後，温度支持棒と試験片の部分を電気炉中でそのまま冷却すれば炉中冷却曲線が得られ，炉を取り去れば空気中冷却曲線が得られる．また，炉を取り去った後に冷却槽中に急冷すれば，焼き入れの際の冷却曲線が得られる．図 6-23 は 0.9%C の炭素鋼を 850°C から 19°C の水中に焼き入れた場合に得られた曲線で，a は加熱曲線，b は冷却曲線である．冷却後の試験片はマルテンサイトの組織を示しており，同図で収縮が膨張に転ずる温度から，オーステナイトからマルテンサイトへの転移は 250°C 付近で起こることが分かる（図 6-23 は佐藤[50]の原論文では不鮮明であったので，本多の著書[43]より引用した）．

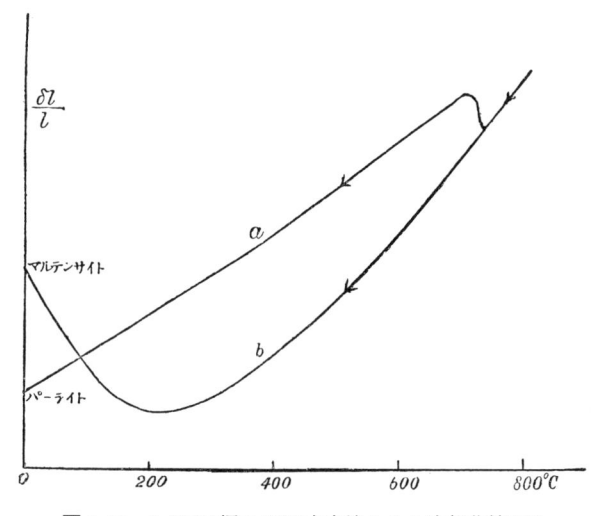

図 6-23 0.9%C 鋼の 19°C 水中焼き入れ冷却曲線[43,50]．

示差膨張計では，Chevenard[51]の創案を今野清兵衛[52]が図 6-24 のように改良したものが広く用いられた．同図において，主要部 A, B は同じ形の 2 個の真鍮製円柱で，それぞれ 2 対のローラー p, q および l, l の上にのって，極めて平滑に水平運動をすることができる．ローラー p の一端には小さい平面鏡 m を固着する．また他端にはそれと釣り合うための錘がつけられている．H は円柱 A, B を垂直面内に保つための支持体で，二つの縦に長い楕円形の孔があけてあり，円柱の細くなった部分が隙間がなく，しかも軽く通るようになっている．円柱 A, B の延長上は石英管で真鍮製容器 E の背面に固着されている．R は試料 S と基準物質 N をそれぞれ A, B に

6.4 熱膨張測定

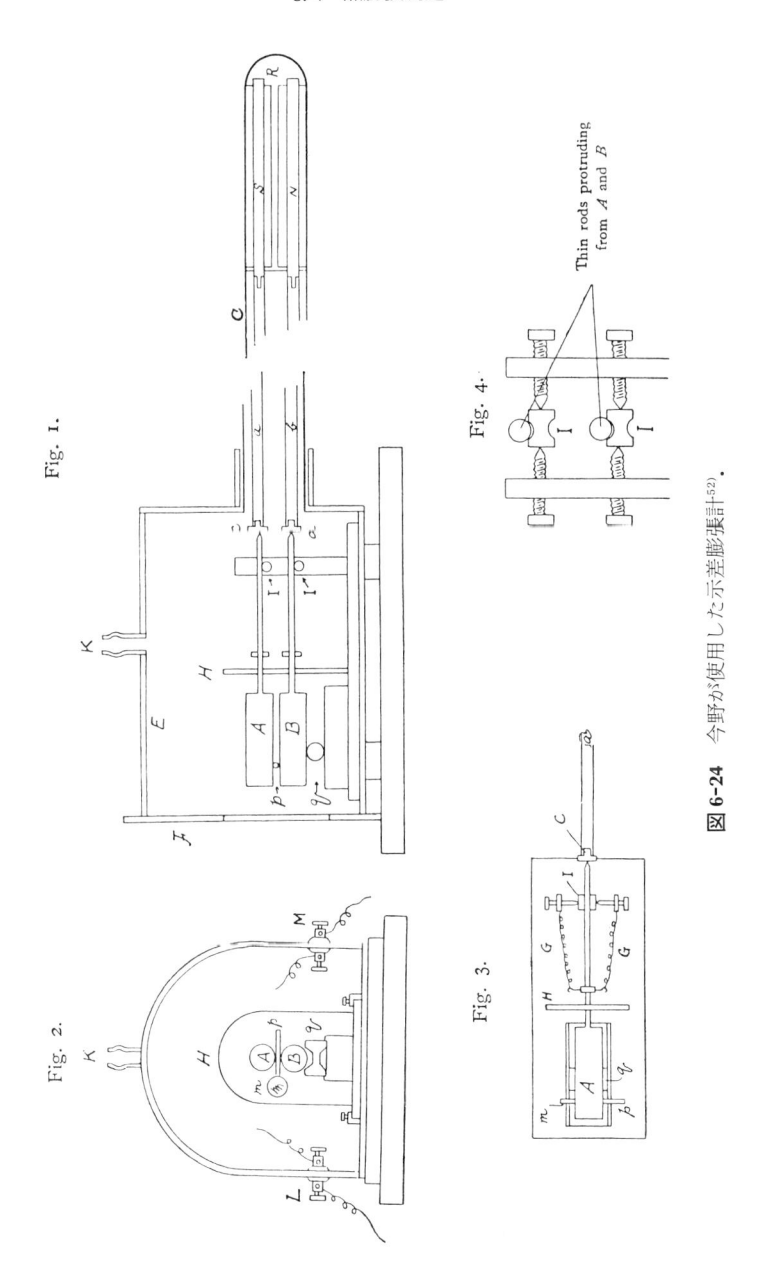

Fig. 1.

Fig. 2.

Fig. 3.

Fig. 4.

図 6-24 今野が使用した示差膨張計[52].

取り付けるニッケル製支持台であり，石英管の底部に押しつけられる．試料Sと基準物質Nはともにその一端が細くなっていて，この部分を長さの等しい石英管a，bに差し込む．石英管a，bの他端にはエボナイト製のプラグc，dを差し込み（後には金属製のキャップをかぶせ），これを円柱A，Bの先端に当てて，2対の細いスプリングG，Gで円柱A，Bをやや右下方に引っ張り，A，a，SおよびB，b，Nがそれぞれ同一軸上にのるよう支持台Rに押しつける．その結果，試料Sと基準物質Nは右には動けないが，左方には自由に動くことができる．測温用熱電対は，測温接点を試料Sと基準物質Nの間の中央部に位置させ，出力は絶縁した接続器L，Mによって真鍮製容器Eの外に取り出す．

いま，加熱に伴い試料Sと基準物質Nに長さの変化が起こり，両者の膨張量が異なると，円柱A，B間に相対的水平運動が生ずる．したがって，ローラーpと反射鏡が回転し，ランプ・スケールの読みが変化する．示差膨張計法は，示差熱分析と同様に試料と基準物質とを同一環境下に置き，加熱または冷却に伴う両者間の物理的性質の差を検出する．したがって，全膨張計法では検出しにくい微小熱膨張の測定に有効である．アルミニウム合金であるジュラルミンは焼き入れによって機械的性質が改良されるが，炭素鋼が純鉄のA_3変態に起因するA_1点以上の温度から焼き入れると強化されること，ならびにジュラルミンに含有されるCu，Mg，Mn，Siなどが550℃以下で相転移を示さないことから，主成分のアルミニウムは300〜500℃間に変態点があるのではないかと疑われた時代がある．そこで，本多および五十嵐勇[53]は，「純アルミニウムに変態点ありや？」と題する論文を発表した．すなわち，前述の示差膨張計を用いて市販アルミニウムを加熱したところ，300〜400℃間に異常膨張を観測したが，冷却の際には認められなかった．この加熱の際の異常膨張が真にアルミニウムの変態によるかどうかを確かめるために，2.22％までの種々の量のSiを含むアルミニウムの示差熱膨張曲線を測定した．その結果，純アルミニウムには550℃以下に相転移はなく，異常膨張は過飽和状態にあるSiの析出によるものであることが明らかにされた．

物質は一般に，温度上昇に伴って，長さが伸び，体積が増加する．この現象が熱膨張（thermal expansion）である．逆に物質の長さや体積が減少することは熱収縮（thermal shrinkage）と呼ばれ，これは負の熱膨張ともいえる．これまで述べてきた冷却曲線法（温度-時間曲線法）や示差熱分析は，試料に起こる物理的または化学的状態変化を検出する．一方，物理的性質として寸法変化，特に加熱の際の熱膨張の測定は，金属・無機材料の分野で古くから行われてきたが，構造変化と対応させた熱物

性測定の一つとみなされ，熱分析としての認識は十分ではなかった．しかしながら，ICTAの定義によると，熱膨張測定（thermodilatometry）とは，「物質の温度を調節されたプログラムに従って変化させながら，荷重を加えずに物質の寸法を温度の関数として測定する技法」であり，熱分析の一つの技法として位置づけられている．測定する寸法により，線熱膨張測定（linear thermodilatometry）と体積熱膨張測定（volume thermodilatometry）とが区別される[1]．この測定で得られる記録を熱膨張曲線（thermodilatometric curve）と呼び，寸法は縦軸に上向きが増加するように，横軸に温度または時間を左から右へ増加するようにとる．

6.4.3　その他の物理冶金的研究手法

6.4.1項で述べたように，本多[43]は鉄鋼の研究の方法として，化学分析のほかに，熱分析法，顕微鏡的研究，磁気分析法，高温度における熱膨張，そして高温度における電気抵抗という五つの手法を挙げたが，以上の諸方法のうちで最も重要なのは，化学分析，磁気分析法，そして顕微鏡的研究であって，これらを適当に併用すると，複雑な特殊鋼の組織もよく探究することができると結論し，そのほかの三つの技法はむしろ補助的な方法であって，特別の場合に用いると便利であると述べている．これら全手法のうち，化学分析と顕微鏡的研究を除けば，すべて熱分析技法として分類されるが，中でも磁気分析法は，本多が基礎物性としての磁性の研究，ならびに熱処理理論の確立と特殊鋼の開発を目指した鉄鋼研究において特に力を入れた研究手法である．しかしながら，磁気分析法は筆者のまったくの専門外であり，熱磁気測定（thermomagnetometry）として熱分析の範疇に入れられるとしても，金属物性の専門家によって説明されるのがより妥当なものと考え，本章では省略する．

電気抵抗を温度の関数として測定する熱電気測定（thermoelectrometry）についても同様であるが，この技法は熱磁気測定に比べれば装置も簡単であり，応用しやすいので，まず，本多の本技法に対する考え方を文献[43]のまま以下に引用する．すなわち，

「鉄鋼の電気抵抗は温度の上昇と共に著しく増加し，其変態点に於ては非連続的に変化す（13図，著者注：本章では図6-25）．故に電気抵抗の温度に対する異常の変化より逆に物質の変化を推定することを得．又一物質が少量の他物質を含むとき，之が混合物として入るときは，其電気抵抗に影響すること少なしと雖も，若し固溶体として入るときは，著しく其抵抗を増す．故に逆に抵抗の測定より，共存せる物質の状態を判定することを得．例えば高炭素鋼の焼入せるものと鈍せるものとは其抵抗約二と

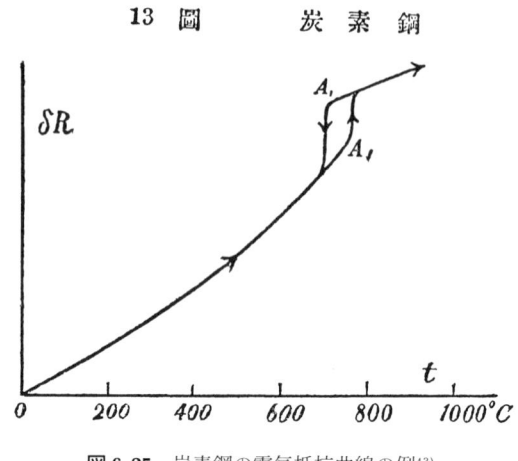

図 6-25　炭素鋼の電気抵抗曲線の例[43].

一の比をなす．故に焼入せる鋼に於ては炭化物 Fe_3C は固溶体となりて存在するを知る．後に述ぶるが如く此固溶体はマルテンサイト（Martensite）の名によりて知らるるものなり．」

「鉄の合金には脆くして針金に引くを得ざるもの少なからざるが故に，抵抗の測定は之を棒に就てなすを便とす．太き棒の抵抗を測定するには之に強き一定の電流 C を通じ，棒の二点間の電位差 V を電位計（Potentiometer）によりて測れば，抵抗 R は V/C により与えられる．若し此棒を温度の分布一様なる電炉中に入れて，種々の高温度にて測定するときは，抵抗と温度の関係を知るを得べく，従って物質の変化を判定するを得．但し此場合も鋼の脱炭を防ぐが為め，棒を真空中にて熱し得るがごとき装置を附せざるべからず．」

さらに金属材料研究所において電気抵抗測定を含めて行われた応用研究の一例を紹介する．「大学教授の随想」を著して本多の一つの側面に触れたとされる[45]岩瀬慶三は，共同研究者とともに，示差熱分析および電気抵抗法に X 線回折を併用して Sn-Sb 系状態図を作成し，新しい知見を見出した[54]．この研究では，示差熱分析および熱電気測定ともに，精緻な測定装置と方法により精密なデータを求めた結果，両測定曲線には 54～80%Sb 合金では約 320°C に，また 43～47%Sb 合金では約 325°C に不連続を観測し，不変系包晶反応に対応するものとしている．このように二つ以上の熱分析技法の併用することは，状態図の作成をはじめ物理冶金的研究に極めて有効であ

り，6.3.4項で述べた松山[42]のSn-Cd系状態図の研究でも同様である．加えて，それぞれの専門家と協力して測定を行うことも効果的で，本多の性格や研究手法を比較的冷静に受け止めた岩瀬の幅広い研究の姿勢を垣間見ることができる．

6.5 熱重量測定

6.5.1 熱重量測定と熱天秤

熱重量測定（Thermogravimetry；TG）とは，「物質の温度を調節されたプログラムに従って変化させながら，その物質の質量を温度の関数として測定する技法」であり，その結果の記録は熱重量曲線（thermogravimetric curve）またはTG曲線（TG curve）と呼ばれる[4]．この技法は以前には熱重量分析（Thermogravimetric Analysis；TGA）と呼ばれることがあった．ICTAではしばらくの間，この用語は使用すべきではないと判断していたものの，最近ではむしろTGAを推奨している[7]ように思われる．わが国では熱天秤が初めて作られたこともあって，熱天秤分析または熱秤分析（Thermobalance Analysis；TBA）という用語が提案されたことがある[55]．TG曲線においては，温度（または時間）を横軸上に左から右へ増加するようにとり，質量は縦軸上に増量を上向きに，減量を下向きにとることがICTAによって提案されている[4]．

TGに用いられる装置が熱天秤（thermobalance）で，これは1915年（大正4年）に本多光太郎[56]が創案，命名し，高温における物質の化学変化ならびに物理変化を連続測定するのに極めて便利な装置であると提唱したものである．また，フランスのC. Duval[57]によると，熱天秤とは温度あるいは時間，または一定温度に保たれた物質の温度あるいは時間の関数として，加熱または冷却された物質の質量変化を読み取り，場合によっては，その変化を写真ないしグラフとして記録することができる装置である．

なお，化学系の用語集などによれば，天秤は「天びん」または「てんびん」とするのが好ましいが，わが国で創案，命名されたという歴史的背景を考慮して，本章では一貫して「熱天秤」を用いることにする．また，広辞苑によれば，天びんは「中央を支点とするてこを用いて，質量を測定する器械」であるから，スプリングバランスなどいくつかのTG用装置は，この天びんの定義からはずれることになる．そこで，すべての装置に対して，「物の重さをはかるに用いる器械」として総称される「秤（はかり：バランス）」を用いて，熱秤（熱はかり）または熱バランスと呼んでもよい

が，慣習的に使用されていることからも，本章では熱天秤で統一する．

固体塩類の熱分解，金属の高温酸化，金属酸化物の還元などの固相-気相反応の速度論的研究においては，しばしば熱天秤を使用し，等温下における物質の質量変化を時間の関数として測定している．熱分析に定義を与えているICTAの立場からは，この技法はTGと区別されることになるが，慣用的に等温熱重量測定または等温TGとして取り扱い，時間の関数として記録した質量変化曲線を，等温熱重量曲線または等温TG曲線と呼んでも差し支えないものと考えている．

6.5.2 連続測定への途と本多式熱天秤の創案

物質の高温度における状態変化を推測する一つの手段として，高温での質量変化を測定することが望まれる．最も単純な方法としては，一応，その物質を所定温度に加熱してから急冷し，デシケーター中で十分に冷却した後，天びんを用いて室温で秤量するやり方がある．しかしながら，この方法では冷却中にさらに質量変化が起こっても，それを高温における変化と区別することができない．このことは，測定装置や技術の改良によってある程度は克服できないこともないが，それにも増して，物質の高温における状態変化を詳しく検討するには，保持する温度と時間の関数として質量を測定しなければならないから，加熱・冷却・秤量を繰り返すことにより，多くの手間と労力を必要とする．

そこで，高温度でも物質の質量変化を温度の変化に応じて連続的に測定したいという着想が芽生えてきた．質量変化を連続的に測定する試みは，高温用ではないが，19世紀末期にすでに行われており[58]，今世紀に入って写真法による自動記録も可能となった[59]．また，1905年にO. Brill[60]が炭酸塩の熱分解を研究した手法は，トーション式の微量天びんで質量変化を求めるもので[61]，従来の方法よりも優れてはいるが，高温度における連続測定には特別の考慮が払われていなかった．1912年になってG. UrbainおよびC. Boulanger[62]は，低温用の化学天びん[58]を用い，ビームの他端から電気炉内に試料皿を吊るして，水和塩類の風化を高温度で研究した．この装置はまさに熱天秤そのものと思われるが，新しい名称を与えられることもなしに終わり，1915年の本多[56]による論文"On a Thermobalance"（図6-26）に至るのである．

ここで特筆すべきことは，熱分析においても不滅の業績を遺した本多光太郎に対する国際的な評価であり，それは特に1915年の熱天秤（thermobalance）の創案と命名[56]，そして実用化によるものである．欧米では長い間，フランスのM. Guichard[63]が本多に先立つ熱天秤の元祖であり，1923年に創始されたものと信じられていた．

6.5 熱重量測定

On a Thermobalance.

BY

KÔTARÔ HONDA.

With two plates.

1. The ordinary method of following a chemical change taking place in a compound at high temperatures is to heat the compound to various temperatures and every time, it is cooled to the room temperature, to measure its weight by means of an ordinary balance. As the process is very troublesome, it is highly desirable to measure, if possible, the change of weight at high temperatures without cooling to the room temperature. For this purpose, the author has constructed a thermobalance, which admits us to follow continuously the change in its weight at gradually varying temperatures. The following is a brief account of the instrument:—

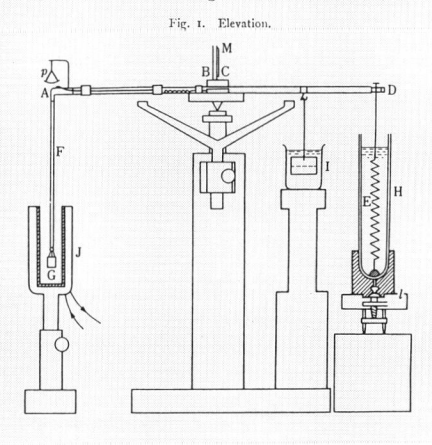

Fig. 1. Elevation.

図 6-26　本多式熱天秤と掲載論文[56].

しかしながら，1960 年前後における齋藤平吉[64,65]（当時；早稲田大学，1892-1983）の内外におけるたゆまない努力と，それに応じたフランスの C. Duval[57] やイギリスの C. J. Keattch[66] などの支持により，過去の出版物には，「賞讃すべき著作を遺した偉大な学者の名声を損なうような不正確な表現が認められた（Duval）[57]」ことが反省されている．その結果，現在，DTA とともに広く普及し，熱分析の大きな分野を占めている熱重量測定に対する本多の卓越した役割が明確にされたのである[67]．

本多[56)]が初めて発表した熱天秤は，図6-26に示した構造となっている．天びんビームのABとCDは，熱膨張係数が比較的小さい石英管で作られている．ビームの一端Aには細い磁性管Fが垂直に取り付けられ，その下端からは白金またはマグネシア製の試料容器Gが白金線により電気炉J中に吊り下げられている．また，ビームの他端Dは鋼製の弱いスプリングEによって下向きに引っ張られ，スプリングの下端はデュワー瓶Hの底に固定されている．デュワー瓶には油が満たされているが，これはスプリングを等温に保つことと，加熱中のビームの振動をできるだけ防止することが目的である．振動防止にはこれだけでは十分でないので，別に円柱状のダンパーIがビームCDにつけられている．

試料温度の測定は，磁製管（porcelain tube）Fの中を通し，測温接点を試料容器Gの中に挿入したPt/Pt-Rh熱電対によって行う．熱電対は天びんビーム上のBで導線（Cu）と冷接点を構成し，非常に弱いスパイラル状の銅線を経て，天びん外の検流計に接続されている．

試料の加熱によって生ずる質量の変化は，2本のビーム間の中央に垂直に取り付けられた鏡Mと，その前方の適当な位置に置かれたランプ・スケールと望遠鏡とを用い，鏡によって反射されるスケールの変位からビームの傾きを測定して求められる．測定にあたっては，まず試料約0.6gを試料容器に採取し，あらかじめ較正されたねじlを用いてデュワー瓶Hを上下しながら，天びんビームが水平の位置にくるよう

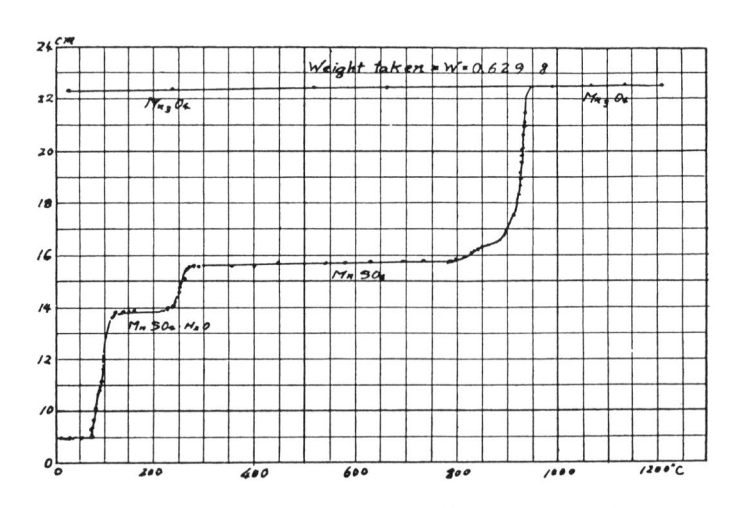

図6-27 世界で最初のTG曲線[56)]（試料は$MnSO_4 \cdot 4H_2O$）．

に調節して，このゼロ位置をスケールと望遠鏡で読み取る．次にビーム AB の一端にある小皿 p に 10 mg の分銅をのせ，スケールの変位を観測して，装置の感度を決定する．鏡とスケールの間の距離が約 1 m であれば，約 1.7 mm 位が 1 mg の質量変化に相当している．この測定方法は変位法（deflection method）であるが，スケールの像をゼロ位置に戻すようねじ l を回転することにより，零位法（null method）を採用することもできる．

表 6-2 $MnSO_4 \cdot 4H_2O$ (0.629 g) の加熱による質量変化[56]．

質量変化 (g)	$-3H_2O$	$-H_2O$	$MnSO_4 \rightarrow Mn_3O_4$
計算値	0.154	0.050	0.210
測定値	0.156	0.051	0.200

$MnSO_4 \cdot 4H_2O$ を試料として，0.629 g を大気中で加熱したときの測定結果を図 6-27 に示す[56]．加熱により $MnSO_4 \cdot 4H_2O \rightarrow MnSO_4 \cdot H_2O \rightarrow MnSO_4 \rightarrow Mn_3O_4$ の順序で熱分解が起こるものとすると，各段階における質量変化の測定値と計算値とは，表 6-2[56] に示すように，極めてよく一致している．すなわち，結晶水のうち 3 分子は 70〜110°C 間で，残り 1 分子は 230〜260°C 間で離脱し，280°C から 820°C まで無水の硫酸塩

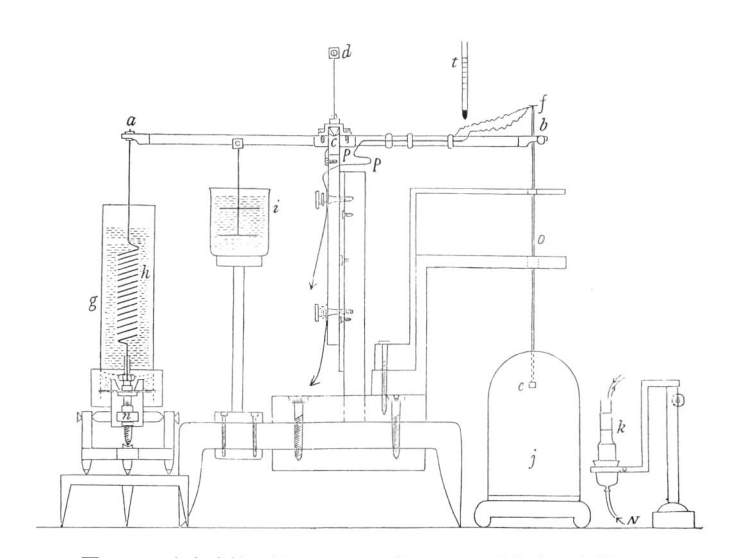

図 6-28 本多式熱天秤のルーツと考えられる磁化率測定装置[71]．

が安定に存在してから，約950℃でMn_3O_4に分解する．空気中であるので，Mn_3O_4の状態から冷却しても質量変化はほとんど認められない．なお，図6-27は世界で最初のTG曲線である．なお，同図では，質量減少に相当するスケールの読みを，縦軸で上向きにとっており，ICTAの提案[4]とは逆になっている．

本多式熱天秤のルーツについて，本多，またはその周辺で書き残された文献は見当たらないが，本多式熱天秤の研究で学位を取得したイギリスのKeattchは，アメリカに移ったD. Dollimoreとともに熱重量測定の歴史と発展過程を詳細に調べている[68,69]．それによると，本多が使用した磁化率測定装置に始まると推論されている．すなわち，本多は物質の磁性の研究にあたり，最初，トーション式バランスを組み込んだ装置を作製したが[70]，満足すべき結果が得られなかったので，図6-28に示す装置[71]に改良したのであり，これはまさに熱天秤設計の基礎となったものであるという．

本多により開発された熱天秤は，6.5.4項で述べるように多くの改良が加えられ，各種塩類の熱分解，金属の高温酸化，硫化鉱のばい焼など，質量変化を伴う固相-気相反応の研究に広く使用されたばかりではなく，金属の凝固収縮量や蒸気圧のような物理測定にも応用され，今日のTGの先鞭をつけた[64]．

6.5.3　TGにおける温度測定

熱分析では，試料の温度をできるだけ正確に知る必要がある．TGにおける測温には熱電対を用いるのが普通であり，主に次の二通りの方式で行われている[1]．

（a）　試料または試料容器に直接に熱電対を接触させる方式：この方式は，試料温度をかなり正確に示すという利点があり，最初に創案された本多式熱天秤（図6-26参照）では，熱電対を天びんに取り付け，測温接点を試料中に挿入して，スパイラル状の銅細線を導線として検流計に接続させていた．しかしながら，この方式では，熱電対がバランスと一体になるので，熱電対の出力を取り出して，導線を増幅・記録回路に接続するとき，バランスの感度をできるだけ低下させないような工夫が必要である．市販の熱天秤では，上皿型の多くがこの方式を採用しており，バランスの試料ホルダー底部に熱電対の測温接点を溶接し，銀，銅などの軟らかい毛細線をα型に十分たるませて，電気回路に接続している．

（b）　試料容器近傍に熱電対を置く方式：バランスに取り付けられた熱電対と外部回路との接続が機構的に困難であったり，あるいはバランスの感度を許容限度以上に低下させるときには，熱電対の測温接点を試料や試料容器に接触させることはしないで，容器の近傍に置くことになる．位置関係の例を図6-29に示す．スプリングバラ

6.5 熱重量測定

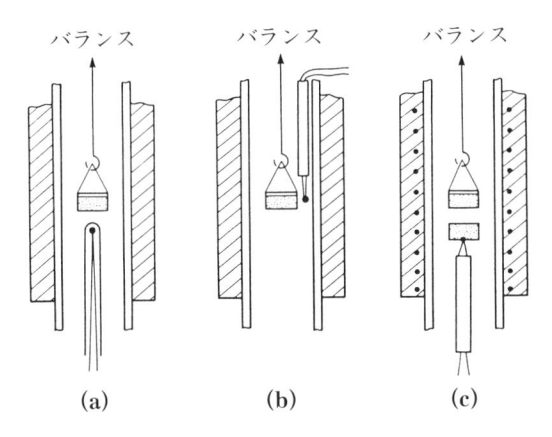

図 6-29 TG の試料容器近傍における熱電対の位置[1].

ンスを含む吊り下げ型熱天秤ではこの方式がしばしば採用されている．この方式は，熱電対の測温接点と試料容器が電気炉の均熱帯の中にあることを前提としている．しかしながら，熱電対と試料では熱容量が異なる上，電気炉を一定速度で加熱したとき，熱は炉壁から容器へ，そして試料へと伝導によって伝えられるので，炉壁と試料の間には温度勾配を生ずる．そのため，炉壁と容器や試料との間には，加熱とともに温度差を生ずる．図6-29において，(a)および(b)は熱電対の測温接点を試料容器の下か横にできるだけ近づけているが，熱電対は試料温度よりもむしろ電気炉の温度を検出しているといえる．そこで，(C)ではバランスから吊り下げた試料容器と同一の試料容器を真下に固定し，この第2の容器にはバランス側の容器とほぼ同じ質量の試料を入れて，その温度を測定する．

6.5.4 本多式熱天秤の改良

　創案当時の本多式熱天秤は，その後，次第に構造上の改良が加えられ，使用に当たっては種々の工夫がなされた．広く普及した改良型では[72]，感度の微細な調節を可能にするため，天秤主要部の構造を普通の化学天びんとまったく同様にしている．また，熱分解や蒸発によって生じた揮発性生成物が，試料容器を吊り下げた磁製管 F の低温部に凝縮付着することによる誤差を少なくするため，ビームの一端から直接に白金線を吊るして，その先端に試料容器を取り付けた．この改良型も含めて，本多式熱天秤は，理工学の分野で多くの研究に使用され，諸外国に先駆けて数々の有意義な

成果をもたらしたが，操作上，次のような諸点が不備であることが経験された．

（i） 天びんの感度を高めると，小さな質量変化でもスケールの変位が大きくなるので，測定中のスケール像が観測視野外にはずれることがあり，図 6-26 でビームの試料側端部につけた皿 p にのせる分銅を加減して，スケールの位置を元に戻さなければならない．したがって，この操作をしている間に質量変化が起こっても，測定できないおそれがある．

（ii） 熱電対をビームから離した改良型では，熱電対の測温接点を試料容器に固定できないので，質量変化が大きいと，熱電対と試料の間隔が変化し，正確な試料温度を読み取れないおそれが出てくる．

以上のような支障を避けるために，柴田善一および福島政治[73] は電磁力応用の本多式熱天秤を作製した．すなわち，デュワー瓶側のビーム端に極軟鋼製の鉄心を吊り下げ，電磁石コイルの中を上下に移動できるようにした．試料に質量変化を生じたときは，コイルに通す電流を調節してビームを常に水平位置に保ち，零位法により，コイルに通す電流値から間接的に試料の質量変化を求めることができる．これにより，大きなスケールの変位も急速に追跡することと，試料容器に対して熱電対の測温接点

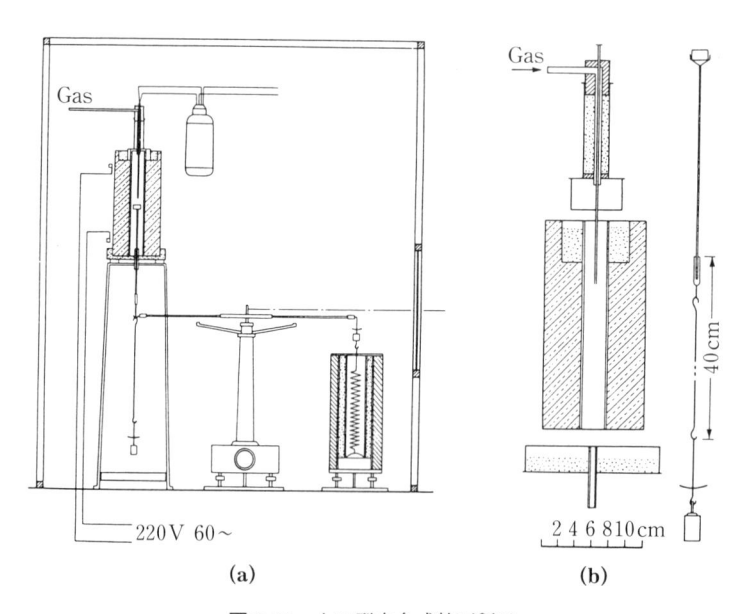

図 6-30　上皿型本多式熱天秤[75]．

6.5 熱重量測定

を常に同一の位置に置くことが可能になる．そのほか，また，齋藤平吉[74,75]は，図6-29(b)の方式により，試料容器と電気炉壁との間の中央の位置に熱電対を挿入し，容器の中の温度と熱電対を挿入した中央位置の温度との差をあらかじめ別の実験から求めた結果により補正し，容器内の温度としている．

本多式熱天秤では，電気炉からの熱による対流や人の出入りが原因で，熱天秤を設置した室内の空気が流動すると，天びんビームが不規則に振動して，ときには測定が困難になる．そこで，天びん部だけを木枠の囲いの中に入れて電気炉をその外に出したり，熱天秤を設置した実験台の下に電気炉を置き，台にあけた小孔を通して白金線で容器を吊り下げたりした．齋藤（平）は，電気炉内の雰囲気を変えるため，種々のガスを長時間，電気炉の上部から送り込んだ．しかしながら，開放系の電気炉では炉内における気相の均一化が容易でなかったので，本多式熱天秤を図6-30に示すように上皿式に改良した[75]．この方式では，同図(a)のように，石英製の天びんビームの試料端には，石英管を垂直上方に取り付け，試料容器を下から支えるようになっている．したがって，電気炉は上部に設置され，同図(b)に示すように，ガスを上方から送り込み，試料部分を通過後，下方に流出する構造になっている．この上皿型熱天秤の使用により，H_2またはCOガスなどによる金属酸化物の還元，空気＋SO_2混合ガスによる硫化鉱の硫酸化ばい焼，CO_2または不活性ガスなど任意雰囲気における種々の物質の加熱変化などの研究が容易になった．特に，電気炉中に試料容器を吊り下げる方式では，対流による見かけの質量変化が起こりやすく，また，揮発性物質を生成する場合は，揮発物が容器の吊り線，そのほか上部の冷却部分に凝縮，付着するおそれがある．上皿型はこれらの点を軽減するという利点があり，今日，市販されているTG装置はほとんど上皿型を採用している．齋藤（平）は，研究当時，久原鉱業株式会社（後に日本鉱業株式会社，現在は日鉱金属株式会社と(株)ジャパンエナジー）に在職し，福島県の高玉鉱山に勤務していたが，本多光太郎と同郷で当時の鉱山所長の深見俊三郎の紹介により，しばしば東北帝国大学金属材料研究所に出向いて本多所長の指導を受け，村上武次郎教授と岩瀬慶三助教授（当時）の助言を得ている．その結果，熱天秤を用いた任意雰囲気における種々の物質の加熱変化に関する「熱秤分析法の研究」により，1926年（大正15年），帝国学士院東宮御成婚記念賞を受賞している．民間人の学士院賞受賞は，同時に「日本紋章学」で恩賜賞を受賞した沼田頼輔とともに当時としては異例のものであったといえよう．また，帝国学士院では本邦科学者の創始的新研究や新発見などを広く，かつ速やかに世界の学会に紹介することの必要性から，欧文記事として帝国学士院紀要（Proceedings of the Imperial

Academy）を刊行することにしていたが，齋藤（平）が受賞に先立つ1925年10月12日，学士院会員の本多の紹介により帝国学士院第188回総会で講演を行った際，学士院長代理幹事の桜井錠二（後に学士院長）は，講演に対する謝辞の中で，当日の講演などは早くその概要を記事にして世界に知らせたいと述べたという．なお，このときの講演概要は翌年に印刷公表された[76]．

熱天秤は，本多門下生以外で開発されたものもあるが[77]，種々の機種の考案や機構の研究が盛んに行われ，多くの改善がなされた．特に，温度制御と記録方式の自動化，他の技法と組み合わせた同時測定などの面でめざましい発展を遂げ，電子技術の進歩とあいまって，基礎科学から応用分野へと，熱天秤の適用範囲は著しく拡大された．初期における著名な熱天秤の特色については多くの解説が行われているが[64,78~82]，改良型を含めて本多式熱天秤にみられる創意と工夫は，微に入り細にわたる行き届いたもので，現在の市販熱天秤にとって根底となるすべての特性に注意が払われていることが分かる．したがって，これら初期の熱天秤について，それぞれの構造，機構，そして改良の推移を知ることは，実際に使用する熱天秤の長所・短所とTG曲線に影響する諸因子とを理解するのに，大いに役立つものと思われる．

6.6 おわりに

近年，飛躍的に高度化し，また多様化した熱分析機器を有効に利用し，精度の高いデータを求めるためには，装置の基本的構成と動作原理を含む各熱分析技法の本質を理解することが必要であり，そのためには，原点に還って熱分析技法の発展過程を振り返ることが大いに役立つものと考えられる[83]．そこで本章では，熱分析の中でも古くから用いられてきた示差熱分析の歴史を辿り，わが国でこの技法が金属学の分野に取り入れられた当初の優れた業績を紹介した．また，物理冶金測定法の一つとして，状態図の作成，相変態の解明，熱処理法の発展などに大きく貢献した熱膨張測定と，熱天秤の創案によって国際的にも高く評価されているわが国における熱重量測定とのルーツに注目し，今日の発展に至る基礎を築いた先駆者の努力の一端に触れた．先端的技術の導入によって物理的分析法が飛躍的に進歩したことから，熱分析は地味で目だたない立場に置かれているが，適切な使い方により，金属学，あるいは広く材料科学の分野において今後も有力な技法としての地歩を占めるものと信じている．

終わりに臨み，示差熱分析の歴史についてのDr. R. C. Mackenzieの論文[22]をはじめ，多くの文献を引用させていただいたことに感謝の意を表する．また，歴史的図面

6.6 おわりに

であっても，不鮮明であったり，文献が古くて入手できない一部のものについては，基本的な部分を活かして著者が書き直したり，間接的に引用して，それぞれの文献番号を付記したことをお断りする．

参 考 文 献

1) 齋藤安俊:"物質科学のための熱分析の基礎",共立出版 (1990);同2刷 (1994).
2) R. C. Mackenzie: Talanta, **16**, 1227 (1969);熱測定研究会ニューズレター, **1**, 22 (1970).
3) R. C. Mackenzie: J. Themal Anal., **13**, 387 (1978).
4) G. Lombardi: "For Better Thermal Analysis", 2nd Ed. (1980), ICTA.
5) 神戸博太郎:熱測定, **5**, 167 (1978).
6) 神戸博太郎 (代表):熱測定研究会ニューズレター, **2**, 45 (1971).
7) J. O. Hill: "For Better Thermal Analysis and Calorimetry", 3rd Ed. (1991), ICTA.
8) 神戸博太郎:理学電機ジャーナル, **10**, 2 (1979).
9) G. Tammann: Z. anorg. Chem., **37**, 303 (1903).
10) G. Tammann: Z. anorg. Chem., **45**, 24 (1905).
11) 近重眞澄:"金相学",東亜堂書房 (1917).
12) H. Le Chatelier: Bull. Soc. Fr. Mineral. Cristallogr., **10**, 204 (1887).
13) R. C. Mackenzie: Thermochim. Acta, **73**, 251 (1984).
14) F. Rudberg and K. Sven: vetenskapsakad. Handl., 1829, 157 (1830); F. Rudberg and K. Svenska: Ann. Phys. Chim., **18**, 240 (1830).
15) F. Osmond: C. R. Acad. Sci., Paris, **103**, 743, 1135 (1886).
16) F. Osmond: C. R. Acad. Sci., Paris, **106**, 1156 (1888).
17) F. Osmond: C. R. Acad. Sci., Paris, **110**, 242, 346 (1890).
18) F. Osmond: Ann. Mines, **14**, 5 (1888).
19) 村上武次郎:金属の研究, **4**, 111 (1927).
20) R. L. Cunningham, H. M. Weld and W. P. Campbell: J. Sci. Instrum., **29**, 252 (1952).
21) H. Le Chatelier: C. R. Acad. Sci., Paris, **102**, 819 (1886).
22) R. C. Mackenzie: Thermochim. Acta, **73**, 307 (1984).
23) W. C. Roberts-Austen: Proc. Inst. Mech. Engers. (London), 543 (1891).
24) W. C. Roberts-Austen: Proc. Royal Soc. London, **49**, 347 (1891).
25) A. Stansfield: Philos. Mag., **46**, 59 (1898).
26) W. C. Roberts-Austen: Proc. Inst. Mech. Engrs. (London), **102**, 145 (1893).

27) W. C. Roberts-Austen: Proc. Inst. Mech. Engrs. (London), 238 (1895).
28) W. C. Roberts-Austen: Proc. Inst. Mech. Engrs. (London), 31 (1897).
29) W. C. Roberts-Austen: Proc. Inst. Mech. Engrs. (London), 35 (1899).
30) W. Rosenhain: Proc. Phys. Soc., **21**, 180 (1908).
31) S. L. Hoyt: "Metallography", 1st Ed., p. 156, McGrow-Hill, New York (1920).
32) N. S. Kurnakov: Z. anorg. Chem., **42**, 184 (1904).
33) G. K. Burgess: Bull. Bur. Stand., Washington, **5**, 199 (1908).
34) S. Kozu and M. Masuda: Sci. Rep. Tohoku Imp. Univ., Ser. III, **3**, 33 (1926-1929).
35) 佐藤進三:工業化学雑誌, **21**, 631 (1918).
36) S. Satoh: J. Am. Ceram. Soc., **4**, 182 (1921).
37) S. Satoh: Sci. Rep. Tohoku Imp. Univ., Ser. III, **1**, 156 (1923).
38) K. Honda: Sci. Rep. Tohoku Imp. Univ., **4**, 169 (1915).
39) K. Honda and H. Takagi: Sci. Rep. Tohoku Imp. Univ., **2**, 203 (1913).
40) 本多光太郎:"磁気と物質", 増訂改版第三版, 裳華房 (1922) p. 150.
41) 佐藤清吉:金属の研究, **5**, 174 (1928); Sci. Rep. Tohoku Imp. Univ., Ser. I, **18**, 303 (1929).
42) 松山芳治:金属の研究, **9**, 1 (1932); Sci. Rep. Tohoku Imp. Univ., Ser. I, **20**, 649 (1931).
43) 本多光太郎:"鉄及び鋼の研究", 第一巻, 内田老鶴圃 (1919).
44) 石川悌次郎:"本多光太郎伝", 日刊工業新聞社 (1964).
45) 黒岩俊郎:人物叢書 "本多光太郎", 日本歴史学会 (編), 吉川弘文館 (1977).
46) K. Honda: Sci. Rep. Tohoku Imp. Univ., **6**, 203 (1917).
47) P. Chevenard: Rev. Metall., **11**, 841 (1914).
48) 松下徳次郎:鉄と鋼, **8**, 557 (1922).
49) 村上武次郎, 八田篤敬:金属の研究, **12**, 173 (1935).
50) 佐藤清吉:金属の研究, **9**, 174 (1932).
51) P. Chevenard: Rev. Metall., **14**, 610 (1917).
52) 今野清兵衛:金属の研究, **1**, 375 (1924).
53) 本多光太郎, 五十嵐 勇:金属の研究, **2**, 306 (1925).
54) K. Iwase, N. Aoki and A. Osawa: Sci. Rep. Tohoku Imp. Univ., Ser. I, **20**, 353 (1931).

55) H. Saito: Proceedings of the Imperial Academy, **2**, 58 (1926).
56) K. Honda: Sci. Rep. Tohoku Imp. Univ., **4**, 97 (1915); 金属の研究, **1**, 543 (1924).
57) C. Duval: Chim. Anal., **44**, 191 (1962).
58) K. Angstrom: Ofvers. K. Vetensk Akad. Forh., **9**, 643 (1895).
59) E. Abderhalden: Scand. Arch Physiol., **29**, 75 (1913).
60) O. Brill: Z. anorg. Chem., **45**, 275 (1905).
61) W. Nernst and E. H. Riesenfeld: Chem. Ber., **36**, 2086 (1903).
62) G. Urbain and C. Boulanger: Compt. rend., **154**, 347 (1912).
63) M. Guichard: Bull. Soc. Chim. Fr., **33**, 258 (1923).
64) 齋藤平吉：“熱天秤分析”, 技術書院 (1962).
65) H. Saito: "Thermal Analysis", Proc. 2nd ICTA, Vol. 1, Ed. by R. F. Schwenker, Jr. and P. D. Garn, Academic Press (1969) p. 11.
66) C. J. Keattch: Salford 大学学位論文 (1977); "熱・温度測定と熱分析 1977", 日本熱測定学会編, 科学技術社 (1977) p. 65.
67) 齋藤安俊：日本金属学会会報, **22**, 984 (1983).
68) C. J. Keattch and D. Dollimore: J. Thermal Anal., **39**, 97 (1993).
69) C. J. Keattch and D. Dollimore: J. Thermal Anal., **39**, 755 (1993).
70) K. Honda: Ann. Phys., **32**, 1027 (1910).
71) K. Honda and H. Takagi: Sci. Rep. Tohoku Imp. Univ., **1**, 229 (1911).
72) 遠藤彦造：日本化学総覧, 第 II 集, 進歩総説, 2, 46 (1928).
73) 柴田善一, 福島政治：金属の研究, **4**, 108 (1927).
74) 齋藤平吉：日本鉱業会誌, **41**, 726 (1925).
75) H. Saito: Sci. Rep. Tohoku Imp. Univ., Ser. I, **16**, 37 (1927).
76) H. Saito: Proc. Imp. Academy, **2**, 58 (1926).
77) 宗宮尚行：工業化学雑誌, **31**, 217 (1928); **32**, 249 (1929).
78) S. Gordon and C. Campbell: Anal. Chem., **32**, 271 R (1960).
79) 齋藤平吉：分析化学, **13**, 941 (1964).
80) 齋藤平吉：日本鉱業会誌, **80**, 1071 (1964).
81) 齋藤平吉：日本金属学会誌, **3**, 709 (1964).
82) C. J. Keattch and D. Dollimore: "An Introduction to Thermogravimetry", Heyden & Sons (1975).
83) 齋藤安俊：資源と素材, **110**, 7 (1994).

金属学のルーツ

電子顕微鏡

7.1 はじめに

　17世紀の後半にA. van Leeuwenhoekにより光学顕微鏡が製作されてから，人間の認知できるミクロの世界は急速に拡がり，各種病原菌の発見を始め，この顕微鏡が人類の発展や福祉のために果たした役割は計り知れないものがある．しかし，19世紀の後半になると，その顕微鏡に限界のあることが分かってきた．E. Abbeにより，限界が理論的に明確に示されたのである．そのAbbeは光学顕微鏡の限界を示す講演の中で，「現在の顕微鏡には光の本性で定まる限界があって，何ものもこれを打ち破ることはできない．しかし，人類の英知は，いつの日か，この限界を超えるときがあるであろう．だが，その装置は顕微鏡という名前のほか，現在の顕微鏡と共通する点はほとんどないであろう」と予言した．だが，皮肉にもそれから50有余年後，その光学顕微鏡に代わって出現した顕微鏡，つまり，電子顕微鏡は光学的にはまったく前者と類似のものであった．

　その電子顕微鏡は現在，原子，分子レベルの極微構造を直接観察できる唯一の手段として，医学，生物学を始め，各種材料科学などの研究分野，さらには昨今の半導体や新素材で代表される，いわゆるハイテク産業分野において，広く用いられるようになってきている．

　電子顕微鏡は1930年初頭に，ドイツを中心とする西ヨーロッパで生まれた．しかし，その後この電子顕微鏡技術の発展にわが国が果たした役割は大きく，現在では世界有数の電子顕微鏡生産国として全世界に装置を輸出しており，人類の科学技術発展のために大きく寄与している．

　以下，「電子顕微鏡の誕生」，「わが国における電子顕微鏡事始め」，「結晶格子像の観察と分解能競争」，「超高圧電子顕微鏡の開発」の4節に分けて，その進歩，発展の歴史的経緯について述べる．

7.2 電子顕微鏡の誕生

7.2.1 技術の源流と背景

電子顕微鏡技術の源流は，19世紀の中葉に考案されたガイスラー管やクルックス管に求めることができる．

これらの放電管に高電圧を印加すると，陽極側の管壁が緑色に輝き，その中に陽極板の影が鮮明に映し出される（図7-1）．このことから陰極から何らかの放射線が出ているものと考えられ，その放射線は陰極線と名づけられた．その後，陰極線は電界や磁界で曲げられること，また，ソレノイド・コイルによって細く集束できることなどが分かり，それは電気を帯びた粒子の流れであろうと考えられるようになった．

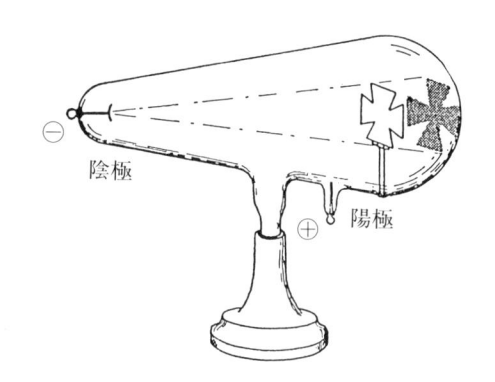

図7-1 Sir W. Crookesの有名なマルタ十字の陰極線管．

19世紀末になると，K. F. Braunはこの陰極線のレスポンスのよさに目をつけ，放電などの電気的過渡現象を観測することを目的とした陰極線管を製作し，販売を始めた．これが有名なブラウン管の始まりである．

今世紀に入ると，陰極線管はガラスの封じ切り管から常に真空ポンプで排気を続ける大型の金属管へと発展し，いわゆる高圧陰極線オシログラフとなる（図7-2）．

一方，物理学における「電子」に関する発明，発見の歴史は，次のようであった．

まず1874年にG. J. Stoneyは，電気分解の法則から電気量にある最小の単位があり，その量がおよそ10^{-20}クーロンであることを予想し，後にその荷電素子を「電子 (electron)」と名づけた．

7.2 電子顕微鏡の誕生

図 7-2 高圧陰極線オシログラフ (50 kV).

次いで，J. J. Thomson は 1898 年に陰極線管を使って陰極線の電荷と質量の比 (e/m) を測定し，それが負の素電荷をもつ粒子，つまり"電子"からなることを発見した．

その後，1924 年に L. V. de Broglie は有名な物質波の概念を提唱し，さらに，1927 年には C. J. Davisson と L. H. Germer はニッケル結晶表面からの電子線反射の実験から電子回折の現象を見出して，電子線の波動性を実証した．

一方，電子線の幾何光学に関する理論的な研究も進んでおり，1927 年に II. Busch[1] は，短いコイルの作る軸対称磁界が，あたかも光に対する光学レンズのように電子線に対してレンズ作用をすることを明らかにした．光学レンズの焦点距離の公式が，そのまま電子レンズにも適用できることを示した．

7.2.2 高圧陰極線オシログラフの研究

さて，第一次世界大戦後，1920 年代に入って，ヨーロッパでは重化学工業を中心に経済が活況を呈し始め，次第に大容量の電力が必要になってきた．そして，各地に高圧送電線塔が建てられるようになった．ところが，これにしばしば雷が落ち，大き

な被害が発生した．このため，送電線への落雷の影響を調べる目的から，前記の高圧陰極線オシログラフの研究が盛んに行われるようになった．

ベルリン工科大学の B. T. Matthias 教授の高電圧研究室においても，この高圧陰極線オシログラフの研究開発が進められていた．あのホログラフィーの発明で有名な D. Gabor も，この研究室で博士課程のためオシログラフの研究を行っている．1925年頃のことである．

彼の作った装置は加速電圧が 50 kV，管内の底部に 4 枚の写真乾板が装填でき，当時としては技術的に最も進んだものであった．しかし，何といっても彼の最大の考案は，陰極線を集束するコイルに鉄板のカバーをかけたことである．これはコイルからの漏洩磁界が他に影響を及ぼすのを防ぐ目的で行われたが，図らずも磁界の発生を鉄板のギャップに集中させ，レンズ作用を強くすることに役立った．これが鉄製の磁路を持つ磁界レンズの始まりであった[2]．

さて，この Matthias 研究室では，Gabor が卒業した後，1928年に，新たに M. Knoll がリーダーとなって陰極線オシログラフの研究が続けられた．当時，Knoll は31歳，彼を取り巻く研究陣もほとんどが 20 歳代で，博士論文を目指す若い学生達であった．そしてその中に，後に電子顕微鏡の開発でノーベル賞を受賞する E. Ruska がいた．彼はそのとき 21 歳の学生であった．

Ruska には，磁界レンズの光学特性を実験的に調べるテーマが与えられていた．つまり，磁界レンズに関する Busch の理論を実験的に証明することであった．そこで，彼は陰極線オシログラフを利用し，ソレノイド・コイルの作るレンズの焦点距離や倍率を測定し，レンズ特性を調べていった．

当時のオシログラフには電子源としてガス放電が用いられていたので，それまでは管内の真空が悪く，正確な測定ができていなかった．これに対して Ruska は陽極に小さい絞りを設け，これを光源として測定を行ったので管内の真空も向上し，正確な測定ができたのである．こうして彼は裸のコイル・レンズだけではなく，Gabor の鉄の磁路を持つレンズについても測定を行い，それらのレンズ特性が Busch の理論と 5% の誤差の範囲内で一致することを証明した．

彼はその結果を卒業論文として工科大学に提出し，さらに論文にまとめて Z. techn. Phys. 誌[3] に投稿した．その論文は 1931 年 4 月 28 日に受理された．この一連の研究によって Busch の論じた磁界レンズと光学レンズの類似性は実験的にも証明されたのである．

7.2.3 電子顕微鏡の誕生

1929年，ニューヨークのウォール街で起こった株価暴落が引き金となって，世界中が大恐慌に陥っていた．なかでもドイツ経済の受けた打撃は深刻なものがあり，工業生産指数は一挙に前年の半分近くにまで低下したといわれる．しかしこの不況のさ中にも，ベルリンでは，電子顕微鏡の誕生に向かって，少しずつ陣痛が始まっていた．

その頃すでに一部の物理学者の間では，「電子顕微鏡」という言葉が囁かれていたらしい．たしかに de Broglie により電子線の波動性が論じられ，Busch により電子レンズの理論が出された以上，後から考えると，いつ誰が電子顕微鏡を考案しても決しておかしくない状況にあった．

しかし，物事は決してそんなに単純なものではなかった．あの Gabor も当時，物理屋のある友人と電子顕微鏡の可能性について議論しているが，そのとき彼は，これに真っ向から反対しているのである[4]．つまり，電子線は真空を必要とするし，物体

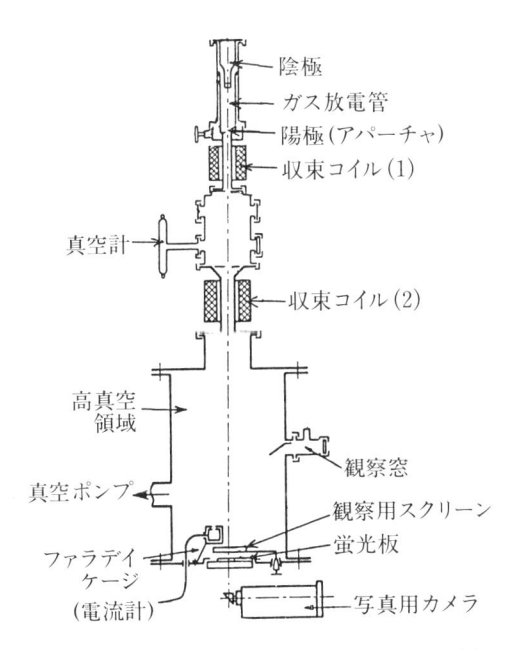

図7-3 Ruska らの最初の電子顕微鏡実験装置（1931年）[2]．

図7-4 世界最初の電子顕微鏡実験をする Knoll（左）と Ruska.
E. Ruska: "Die frühe Entwicklung der Elektronenlinsen und der Elektronenmikroskopie", Acta Historica Leopoldina, No. 12 (1979), Deutsche Akademie der Naturforscher Leopoldina, 1979 より転載.

は電子線に当たると，ひとたまりもなく黒焦げに焼けてしまう．したがって，技術を知る者にとって，電子線と生物を生きたまま見る顕微鏡とを直接結びつけて考えることは極めて難しかった．

さて，話は再びベルリンの Matthias 研究室に戻るが，この研究室では，毎日，ティータイムになると，教官も学生も一室に集い，ひとしきり議論に花を咲かせていた．そしてそんな議論の中にも，時々，電子顕微鏡のことが話題に上るようになってきた．そこで Knoll と Ruska は，手持ちの陰極線オシログラフを改造して，電子顕微鏡の予備実験をしてみることにした．

その実験は，それまで電子レンズの実験をしていた Ruska らにとっては，さして難しいものではなかった．まず陽極孔に金属メッシュを置き，次に倍率をかせぐために裸のコイルを2段に設け，2段のレンズでメッシュの拡大像を作ったのである．倍率は17倍であった[5]．したがって，顕微鏡というよりも，虫メガネといったほうがよい程度のものであった（図7-3, 図7-4）．

しかし，それはとにもかくにも，人類が初めて意識して作った電子線による最初の

拡大像であり，まぎれもなく世界で初めての電子顕微鏡像であった．こうして電子顕微鏡は誕生したのである．1931年4月7日のことであった．

しかし，この実験の成功にもかかわらず，KnollとRuskaらはあまりにも慎重に過ぎた．彼らがその結果を初めて公式の席で発表したのは，その年の6月4日，学内のコロキウムの席上であった．しかも，そのときにも「電子顕微鏡」という言葉は意識して避けていたといわれる．

やがてその年も暮れ，1932年がやってきた．大恐慌に続く不景気は依然として回復の兆しを見せず，社会は混乱していた．しかしそんなある日，Knollらは，学内の物理学者から，初めてde Broglieの物質波の理論を聞かされた．そして，早速de Broglieの式に従って電子線の波長を計算してみた．ところが，それは光の波長よりも5桁も短かったのである．ひょっとすると，原子が見えるかも知れない．このときRuskaらは，初めて，電子顕微鏡の前途に明るい光を見出したのである[5]．

彼らはもう一度，真剣に電子顕微鏡の実験に取り組んだ．明るさを得るためにコンデンサーレンズを設け，拡大レンズにはコイルに鉄板を覆せた焦点距離の短い，強いレンズを用いた．その結果，倍率を150倍にまで高めることができた．

そこで直ちに，その結果をZ. Phys.誌に投稿し，今度はためらうことなく表題も"Das Elektronenmikroskop"とした．そして，波動光学的に電子顕微鏡の分解能を計算し，それが2Å，つまり原子の大きさであることを付記した．その論文は1932年6月16日に受理され，電子顕微鏡に関する世界最初の学術論文[6]となった．

7.2.4 電子顕微鏡の特許

次いでRuskaらは，とにかく，まず光学顕微鏡を凌駕する電子顕微鏡を作ろうと，研究開発に乗り出した．

しかし，そんなときであった．Ruskaらは新着のNaturwiss.誌に"Elektronenmikroskop"と題する1932年6月7日付けの短いレター[7]を見たのである．論文の著者はR. Rüdenbergというジーメンス社の技師であった．

その論文は要約すると，「筆者は目下，電子顕微鏡の開発を目指して実験を行っている」という予告めいた内容のもので，学術的に意味のある文章は少しも書かれていなかった．だが，その末尾に「筆者はすでに電子顕微鏡に関する特許を申請している」と書かれていた．事実，Rüdenbergは1931年5月31日に，電子顕微鏡に関する特許を申請していたのである．それはKnollらが学内のコロキウムで初めて電子顕微鏡の話をした，そのわずか5日前のことであった．

実際にRüdenbergがその頃，電子顕微鏡の実験をしていたかどうか，今となっては知る由もない．しかし，彼の出願した"電子顕微鏡"という名称の特許は，内容的には完全なものであった．そこには少なくとも二つの重要なアイディアが明記されている[8]．その一つは，電子線の波長は光よりも数桁も短いので，光学顕微鏡よりも遥かに高い分解能が得られるということ．第二は，電子レンズを複数段シリーズに配置することにより，十分に高い倍率が得られる，というものであった．

その特許は，その後，フランス，スイス，オーストリア，アメリカなどの諸外国にも出願され，次々に登録されていった．しかし，本国のドイツでは，なかなか権利化されなかった．実はRüdenbergは前記のレターを出すと，間もなくアメリカに亡命してしまっていたのである．時はまさにナチス・ヒトラーが権力を握り，やがて狂信的な第三帝国の樹立を目指して，世界戦争に向かって歩みを始めたときであった．したがって，亡命したRüdenbergの特許が握りつぶされていたとしても，決して不思議ではなかった．

ところで，その特許は，戦後，1953年になって，新生ドイツ連邦共和国によって初めて認可された．これによりRüdenbergは，電子顕微鏡の開発にほとんど寄与することはなかったにもかかわらず，電子顕微鏡の公式的な発明者になったのである．だがその反面，Ruskaらは，わずか数日の差でRüdenbergに先を越されてしまった．

7.2.5 光顕微鏡を超えて

しかも悪いときには悪いことが重なるもので，1932年の暮には，Ruskaのよきリーダーであった Knoll は，大学を去りテレビジョン研究のために，テレフンケン社に移ってしまった．しかしRuskaは屈しなかった．独り，本格的な電子顕微鏡の開発に向かって研究を始めた．

彼は像を明るくするためにコンデンサーレンズを加え，試料室には一度に4個の試料が入れられる機構を設け，全体にがっちりとした装置を作り上げた．なかでも最も大きな考案は，磁界レンズにポールピースを設けたことであった．これはポールピースをつくる狭いギャップに磁界が集中して発生するため，レンズの焦点距離を画期的に短くすることができ，高い倍率を得ることができた．このポールピースのアイディアは，すでにRuskaが同僚のB. von Borriesと共同で考案し，1932年に特許を得ていたものである．そして，このレンズにより新しく試作した電子顕微鏡の倍率は12,000倍にも達し，分解能は500Å，明らかに光学顕微鏡のそれを大幅に上回っていた[9]．1933年の暮であった．こうして，世界で初めて光学顕微鏡を凌駕する電子顕微

鏡が完成した．

　だが，当時の経済状態は，Ruska に十分な研究継続の時間を与えてはくれなかった．研究費は大幅に削減されてしまい，彼は満足な応用写真ひとつ撮ることができなかった．このため，周囲の人々はこの新しい顕微鏡に対して評価することができず，反応は極めて冷やかなものであった．こうして彼もまた，Knoll と同様に，テレビジョンの研究に移ってゆかざるを得なかった．

7.2.6　生物試料の観察

　Ruska が去り，ベルリン工科大学における電子顕微鏡の開発は，一頓挫してしまった．しかし，彼らの研究は世界中の研究者たちに大きな影響を与えていた．世界の各地で電子顕微鏡の研究が始められたのである．

　なかでも，ベルギーのブラッセルにおける L. Marton の研究はユニークであった．彼は乏しい研究費をやり繰りして，自ら電子顕微鏡の試作を行うと同時に，初めから，生物組織を観察することを目標に研究を行った．そして 1934 年に，電子顕微鏡像のコントラストが，電子線の吸収ではなく散乱によって生じることを見出し，試料を薄くして観察すれば試料の発熱が抑えられることに気づいた．さらに試料の支持膜に熱伝導のよい薄いアルミ箔を用いることを考案し，こうして世界で初めて植物細胞の観察に成功するのである[10]．そして，その写真は，電子線はすべての物を焼き尽くしてしまうというイメージを，人々の頭の中から少しずつ払拭してゆくのに役立った．

7.2.7　製品第一号機

　このように，Ruska が去った後，世の中の電子顕微鏡に対する考え方は少しずつ変わってきていた．1878 年に Abbe によって顕微鏡の分解能に限界があることが発表されてから 50 有余年，人々は一日も早く新しい顕微鏡が出現してくれることを願っていた．

　ところで，Ruska には一人の弟（H. Ruska）がいた．彼は医学専攻であり，1936 年までに大学を卒業していた．彼は当時の医学，生物学が電子顕微鏡に期待するところがいかに大きいかをよく知っていた．そこで，彼はしばしば兄の Ruska と義兄となった Borries とに会い，彼らが再び電子顕微鏡の開発に努めてくれるよう説得を続けた．そして 1936 年になって，とうとう彼らは意を決し，彼らの研究に資金を出してくれる企業はないかと探し始めた．このとき，H. Ruska の先生であった R.

Siebeckは，彼らの計画に賛意を表し，企業の説得に積極的に協力したといわれる．この強力な支援により，Ruskaらは，遂にジーメンス社との交渉に成功し，1937年の初めから，製品化を前提に，同社において電子顕微鏡の研究開発ができるようになった．

　BorriesとRuskaは，再び，あたかも堰を切ったように電子顕微鏡の製作に励み始めた．今度は弟のH. Ruskaも加わり，医学，生物学の立場から試料作りなどの応用面で協力した．そして1938年に，遂に，製品の原型となる試作装置を完成させた（図7-5）．

　この装置は加速電圧が80 kV，2段の拡大レンズを持ち，試料や写真乾板をエアロック方式により自在に真空中で着脱できるもので，全体に精度と信頼性を重視した頑丈な構造をしていた．そのため分解能は50Åに達し，光学顕微鏡のそれを遥かに凌ぐものであった[11]．

図7-5　BorriesとRuska[11]による世界最初の製品プロト型電子顕微鏡（1938年）（出典は図7-4と同じ）．

早速，弟の H. Ruska はこの装置を使って未知の微生物の観察にとりかかった．光学顕微鏡でよく知られた大腸菌を手始めに，各種の菌類やウイルスの観察を試みた．そして間もなく，バクテリオファージの観察に成功した[12]．そこには，今まで見たこともないオタマジャクシのような奇妙な形をした微生物が明瞭に写し出されていた．この写真はたちまちのうちに衝撃となって世界中を馳け回り，世界中の科学者たちに，一斉に電子顕微鏡に対して目を見開らかせたのである．

そして翌 1939 年の暮，Ruska らの手になる電子顕微鏡製品第一号は完成し，ジーメンス社から出荷されていった．こうして，電子顕微鏡は，その誕生の最も苦しい時期を終え，世に出た．

7.3 わが国における電子顕微鏡事始め

7.3.1 技術の胎動

Ruska らの一連の仕事は世界中の研究者達に刺激を与え，30 年代の末には，イギリス，フランス，ベルギー，カナダ，アメリカと，次々に電子顕微鏡の研究開発が行われるようになっていた．

わが国においても，1933 年の電気学会雑誌に，すでに「電子顕微鏡」という文字が見当たる[13]．また，1937 年の日本金属学会誌には，東北大学の大久保らによる解説記事が掲載され，浅尾によるテキストが出された[14]．しかし，当時，まだ電子顕微鏡の重要性について正しく認識していた人は少なかった．だがその中で，大阪大学の菅田栄治は例外中の一人であった．

菅田は 1932 年に阪大を卒業すると，Ruska らの論文に刺激され，1934 年には，すでに電子顕微鏡の研究に着手している．そのときの電子顕微鏡は Ruska らの透過型の電子顕微鏡ではなく，陰極の表面から放出される電子をそのまま結像する，いわゆる自己放射型の電子顕微鏡（emission microscope）であった．この放射型電子顕微鏡の研究はヨーロッパにおいても比較的早くから手が着けられており，例えば 1932 年には AEG 研究所の E. Brüche ら や，ベルリン工科大学の Knoll らにより，数倍から数十倍程度の装置が試作され，酸化物陰極の研究のために使用されていた．しかし，菅田は装置の試作に大変手こずったようで，最初の像が得られるようになったのは，1938 年になってからといわれる[15]．

また，大久保らも 1936 年から同じような放射型電子顕微鏡の開発に着手しているが，これも 100 倍の像を得るまでに 3 年を要している[16]．

7.3.2 学振第37小委員会の設立

　これらの研究とは別に，わが国において電子顕微鏡の重要性に早くから着目し，積極的に行動した人物がいた．それは当時，電気試験所に所属していた笠井完であった．彼は1926年から1年間，ドイツに留学しており，その間，ベルリン工科大学のMatthias研究室にも訪れ，そこで見た高圧陰極線オシログラフの研究に大変興味を抱く．そして帰国後，その研究に没頭するようになる．つまり，KnollやRuskaらと同じ研究に入っていったのである．そのためRuskaらの研究論文には関心が高く，特に1938年に発表されたバクテリア類の電子顕微鏡写真には，強い衝撃を受けたといわれる．そして早速，わが国においても，このような電子顕微鏡の開発に着手すべきと考え，当時，日本学術振興会第10常置委員会の委員をしていた関係から，その委員長であった東京大学の瀬藤象二に相談を持ちかける．

　やがて，笠井の熱心な訴えに心を動かした瀬藤は，一緒になって当時の学術部長であった長岡半太郎を説得し，学振の中に第37小委員会を発足させ，ここに電子顕微鏡の総合研究が始まった．

　瀬藤は後に当時を回想し「1938年頃，ジーメンス社のRuskaらが約2万倍の電子顕微鏡を作り上げたという情報が入ってきた．このような電子顕微鏡の可能性については，おおよその理解はできたが，その実現については分からないことが多かった．しかし，ドイツ人がやったのだから，われわれだってできないわけがないと思い，急いで電子顕微鏡に関係のありそうな人々に呼びかけた」と述べている[17]．

　こうして1939年5月8日，東京有楽町ビルの電気倶楽部で，学振第37小委員会の第1回の会合が開かれた．その委員会は瀬藤委員長以下14名で構成されており，早速，瀬藤委員長が自ら起草したといわれる設立趣意書を配り，笠井委員から設立の趣意説明があった[18]．

　その趣意書は，「電子幾何光学の最近の進歩は遂に従来の顕微鏡の企及し能わざる倍率を有する電子顕微鏡の実現を確実ならしめた…」で始まる大変名文のもので，研究事項は，(1)高電圧陰極線放射管，(2)陰極電圧の安定法，(3)電子レンズの設計，(4)試料および試料支持膜，などで構成されていた．また，研究期間は第1期として3年間，経費は締めて8万円であった．

　以後8年間，この委員会は戦中，戦後を通して常にわが国電子顕微鏡学発展の牽引車的な役割を果たす．戦後，わが国の電子顕微鏡技術が先進国に比べてさほどの見劣りをしていなかったのも，この小委員会の力によるところが大きい．

ところで、この委員会での研究の進め方は、まず、簡単な装置で基礎データをとり、次に、このデータをもとに精巧の限りを尽くした装置を作り、最後に、これを実用的な装置にまとめる、というものであった．また、毎回、委員長は各委員に宿題を出し、その成果に対して全員で討議を行った．さらに、各委員がそれぞれの専門分野を研究するためには、各自が手元に自作の実験装置を持つことが必要であるという考えから、それぞれが電子顕微鏡の試作を行った．しかし、そこで得られた研究成果は、あくまでも委員会ですべて公開する、ということが大原則であった．

7.3.3　わが国における電子顕微鏡揺籃期

第37小委員会の発足当初、最も提出資料の多かったのは収差計算についてであった[18]．また、高圧電源の安定化に関する研究や、さらには、電子レンズの素材の購入先などについても議論がなされた．

なかには「わが国でも、ジーメンス社の電子顕微鏡を買おうとしているところがある」というクレームが出され、これに対して委員長から、「優秀な外国品を自由に使いこなすためにも、この委員会で十分に研究を進めておく必要がある」とたしなめられる場面もあった．

余談になるが、そのジーメンス社の電子顕微鏡は、初め密かにドイツ海軍の潜水艦で運ばれてくることになっていたが、すでにヨーロッパでは戦争が激化しており、その潜水艦はとうとう日本にやってくることはなかった．

ところで、当時の委員会の一つの大きな仕事に、M. V. Ardenne の「Elektronen Übermikroskopie」という著書の翻訳がある．瀬藤委員長はかねてからこの本をドイツに注文していたが、1940年9月に入手できたので、皆で手分けして翻訳しようということになった．やがてその翻訳は本にまとめられ、1942年3月に「アルデンヌ超電子顕微鏡」[19]という書名で、丸善書店から出版された．この著書には、電子顕微鏡の基礎理論を始め、真空技術、各種顕微鏡の構造、電源装置、カメラや試料交換機構、さらには生物学や医学への応用に至るまで、電子顕微鏡に関する技術が実に内容豊富に、かつ詳細に記述されている．その上、すでに走査型顕微鏡や陰影顕微鏡、X線顕微鏡に関する提案までなされていた．そのため、この本は当時の電子顕微鏡研究者にとっては、まさにバイブルのような存在で、わが国における初期電子顕微鏡学の発展に大きく貢献した．

著者である Ardenne は当時、すでに自分で研究所を持っており、1937年頃から電子顕微鏡の研究を始め、1939年には拡大率5万倍の電子顕微鏡を完成させている．

この電子顕微鏡には明視野像の他に暗視野像や立体像の観察までできるようになっており，前記の著書は，これらの経験と技術を集大成させて1940年に刊行させたものであった．さらにこの著書には，最高50万倍の写真も掲載されており，当時のドイツにおける技術がいかに高かったかをうかがい知ることができる．

さて，1941年になると，わが国においても京都大学（笹川委員），大阪大学（菅田委員），東京大学（山下，谷委員），電気試験所（鈴木委員），東京電気（浅尾委員），日立（笠井委員）などで，そろそろ試作装置ができ上がり，それらの装置で撮影された電子顕微鏡写真が，委員会を賑わすようになってきた[18]．なかでも，京大の笹川委員の示したジフテリア菌や黄金色ブドウ状球菌などの細菌類の写真は，わが国で初めての生物写真として耳目を集めた．また，東京電気では，すでに静電型と磁界型の両方の電子顕微鏡を試作しており，かなり技術的に高度のものがあったといわれる．

筆者の属する日立製作所では，初め豊田博司が委員として出席していたが，間もなく笠井が電気試験所から移って日立の委員となった．笠井は電子顕微鏡を本物にするには，メーカーに入って，そこで製品化までやるべきと考えたものと思われる．そして日立で，HU-1型（図7-6）という横型の，倍率が3000倍の電子顕微鏡を試作した．

その装置は1941年に完成したが，初めはなかなかよい写真が撮れなくて，実験を担当した只野文哉は大変苦労したらしい．ある日，只野はたまたまピントの合った綺麗な写真が撮れたので大喜びで暗室から飛び出してみると，辺りは森閑として人っ子ひとりおらず，いつの間にか真夜中になっていた．その時，只野は「はっ」と気づい

図7-6 日立における最初の電子顕微鏡，HU-1型（1941年）．

7.3 わが国における電子顕微鏡事始め

たという[20]．つまり像のボケは装置の機械的な振動が原因だったのである．とにかく，すべてが初めての経験であり，こうやって手探りの状態で一つずつ基礎データを積み上げていった．

そして1942年に，日立ではHU-1型で得た経験を基に，本格的な電子顕微鏡であるHU-2型（図7-7）を作り上げた．しかし残念なことに，それまでのリーダーであった笠井はその完成をみることなく，急逝されてしまった．その後，日立では只野がリーダーとなり，電子顕微鏡の開発を進めた．このHU-2型は分解能50Å，3万倍の像が得られ，Ruskaらの開発したジーメンス社製にも劣らぬ性能を有していた[21]．この装置は2台製作され，そのうち1台は名古屋大学工学部の榊研究室に納入され，わが国初めての市販電子顕微鏡となった．

図7-7 日立における最初の本格的な電子顕微鏡，HU-2型[21]（1942年）．

ところで，1941年の12月に始まった大東亜戦争は，1944年に入って一段と厳しさを増し，米軍機による激しい本土空襲が始まっていた．だが，この間にも第37小委員会は休むことなく続けられた．しかし，その会議はしばしば空襲警報のサイレンに

よって中断されることがあった．あるとき，西千葉の東大第2工学部での会議中に空襲警報が発令され，全員が避難したことがあった．しかし，一部のメンバーはそのまま千葉の街へ行って一杯やっていたらしく，後でそのことが露見して，委員長から厳しくお叱りを受けるという一幕もあったらしい．

一方，東京の空襲は激しさを増すばかりで，日立の中央研究所のある国分寺も危ない状態になってきた．このため，一時は電子顕微鏡の研究室も装置と一緒に信州の山奥に疎開してはということになった．しかし，只野はそうなっては研究が中断すると思い，そのままHU-2型の周囲に土のうを築き，鉄カブトを被って実験を継続した．そのため戦中，戦後を通して休まずに研究を続けることができ，これはその後のわが国における電子顕微鏡の発展に大きく寄与した．

7.3.4 戦後の混乱を越えて

1945年8月に戦争は終った．しかし，敗戦による社会の混迷と食糧事情の悪化によって，まともに研究のできる状況にはなかった．しかし，そんな中にあっても，瀬藤委員長のもと，学振第37小委員会では活動の継続が確認され，電子顕微鏡の研究だけは営々として続けられた．

その後，次第に外国の学術雑誌やPBレポートが入ってくるようになり，諸外国における電子顕微鏡の進歩を知ることができるようになってきた．その結果，わが国の電子顕微鏡技術は決して諸外国に遅れをとっていないことが分かった．しかし，応用面では米国での研究が著しく進んでおり，特に，レプリカ法による表面観察技術の進歩は，わが国の研究者達に大きな衝撃を与えた．そして，1946年11月の委員会における只野委員の表面観察に関する報告[18]を皮切りに，各所で実験が進められ，金属学，歯科学などへの応用の道が開けていった．

このような研究活動に刺激されて，研究意欲を持つ若い研究者たちは次々に電子顕微鏡の研究グループに参加してきた．そしてわが国における電子顕微鏡人口は急激に増加し，活発な研究開発が進められるようになった．また，方々の大学や研究機関でも電子顕微鏡を使いたいという要求が出始め，それぞれのメーカーでは電子顕微鏡を製造しようという動きが出始めてきた．

しかし，日立ではまだ工場での生産態勢が整っていなかったので，研究所で電子顕微鏡を製造し，研究者自らが装置の組立，調整や営業活動に走り回った．1947,8年の頃である．そのときの電子顕微鏡はHU-2型を改良したHU-4型で，分解能は30Åであった．そして，東大，京大，北大などの主要大学に納入している．

7.3 わが国における電子顕微鏡事始め

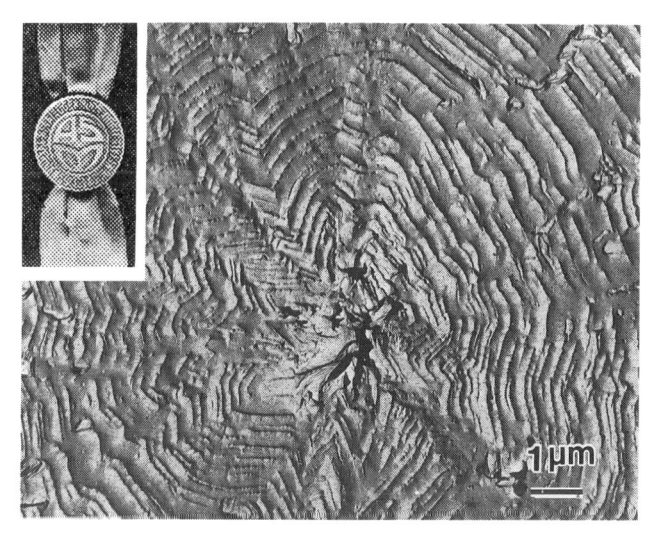

図 7-8 ノジュラー鋳鉄中の球状黒鉛の断面写真（レプリカ法による），1952 年度米国金属学会写真賞受賞．

　一方，すでに電子顕微鏡を保有しているメーカーの研究室には，各大学から研究意欲に溢れた研究者達が訪れ，メーカーの技術者と一緒になって試料技術の開発から写真撮影まで行い，共同研究が行われた．図 7-8 の写真も，当時，日立中研で行われた共同研究の成果の一つで，1952 年度の米国金属学会の写真賞を受賞している．

　ところで，1950 年に始まった朝鮮動乱は，わが国の経済にインパクトを与え，それと同時に，電子顕微鏡のメーカーも雨後の筍のように乱立してきた．戦中からの日立，東芝，島津などのほかに，新たに電子科学，後の日本電子，明石などの専門メーカーも加わり，一時は国内における電子顕微鏡の総需要台数よりもメーカーの数の方が多い，といわれる時期もあった．そして，それぞれに死活を賭けて猛烈な受注合戦が繰り広げられた．まさに過当競争である．この過当競争によって，その後，メーカーの数も次第に淘汰されてくるのだが，その反面，このような激しい競争によって，わが国の電子顕微鏡技術は急速に進歩を遂げてゆく．

　そして 1955 年には，3 段の拡大レンズ系を持ち，電子顕微鏡像と同時に，その視野の電子回折像も得られる新型の電子顕微鏡が開発される．このときの日立の装置は HU-10 型（図 7-9）で，加速電圧は 100 kV，それまで高圧部分が大気中に露出していたものが完全に密閉型となり，最高倍率 10 万倍，分解能 10 Å，初めて商品らしい

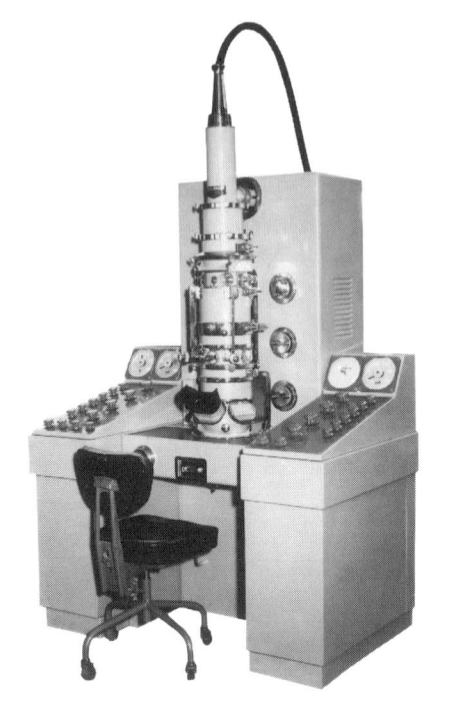

図 7-9 日立の HU-10 型電子顕微鏡,分解能 10Å(1955 年).

まとまりのある電子顕微鏡ができ上った.そしてこの型から,ジーメンス社の Elmiskop I 型に伍して,全世界に輸出が始まった.

7.4 結晶格子像の観察と分解能競争

7.4.1 初めての結晶格子像

輸出が始まった翌年,1956 年に,電子顕微鏡の歴史におそらく永久に残ると思われる画期的な出来事があった.それは英国の J. W. Menter[22]による世界で初めての結晶格子像の観察である(図 7-10).結晶は白金フタロシアニン,観察された格子面の間隔は 11.9Å,しかも,それらの写真の中には,結晶の中で格子面が途切れる刃状転位像まで写されていた.Ruska 以来,電子顕微鏡の究極の目標は原子,分子を直接観察することにあったから,このような原子,分子の配列を直接観察した格子像

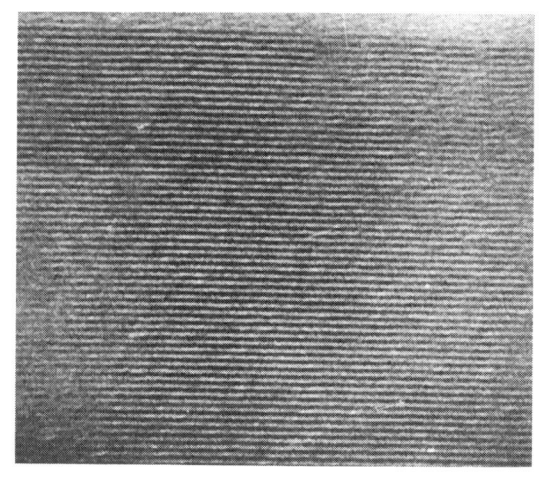

図 7-10 Menter[00] により世界で初めて観察された白金フタロシアニン結晶格子像，格子間隔 11.9Å（1956 年）（Menter（1956）[22]より転載）．

は，その目標に大きく近づいたものであった．

その Menter が使用した電子顕微鏡はジーメンス社の Elmiskop I 型で，当時すでに分解能は 10Å を割っていた．したがって，11.9Å の格子像が観察できたことは，いわば当然のことであったのかも知れない．だが，それを実際に写真で示したMenter の功績は大きく，人々に多くの影響を与えていた．筆者もその一人で，その写真に大きな感銘を受け，その後の十数年間，電子顕微鏡による結晶格子像観察の仕事に専念するようになる．

ところで，結晶格子は，結晶によって格子間隔が一定しているし，また，別の手段，例えば X 線回折などによっても正確に測定されている．したがって，電子顕微鏡の分解能を評価するには極めて好ましい試料であり，分解能を示すよいメジャーであった．そのため，逆に電子顕微鏡の分解能を誇示する目的から，より間隔の狭い格子像が競って観察されるようになる．

7.4.2 分解能競争

筆者も直ちに銅フタロシアニンの結晶格子像（12.5Å）の観察に努めた．しかし，格子像が観察できるようになったのは，Menter の論文が発表されてから 1 年後の1957 年になってからであった．そのとき，筆者が用いた電子顕微鏡（HU-10 型）に

は，高圧電源に思いもよらない大きなリップルが入っていて，色収差となって格子像の観察を妨げていたのである．このような欠陥も，格子像の観察によって，初めて明らかになった．

こうして筆者らがどうやらフタロシアニンの結晶格子像（12.5Å）を観察できるようになった頃，英国のMenter らのグループは，Elmiskop I 型で，さらに先に進んでいた．1958 年には酸化モリブデン結晶の 6.9Å[23]，1959 年には金とニッケルの単結晶薄膜を重ね合わせた試料で 5.8Å のモワレ縞[24]を，それぞれ観察していた．

これに対して筆者らの電子顕微鏡では高圧電源の安定度が十分でなく，分解能は 10Å で止まってしまっていた．そこで，高圧電源をそれまでの昇圧トランスの 1 次側のみを安定化する方式から 2 次側を負帰還方式で安定化する方式に改造し，やっと塩化白金カリ結晶の 6.9Å の格子像（図 7-11）まで観察できるようになった[25]．1959年のことである．

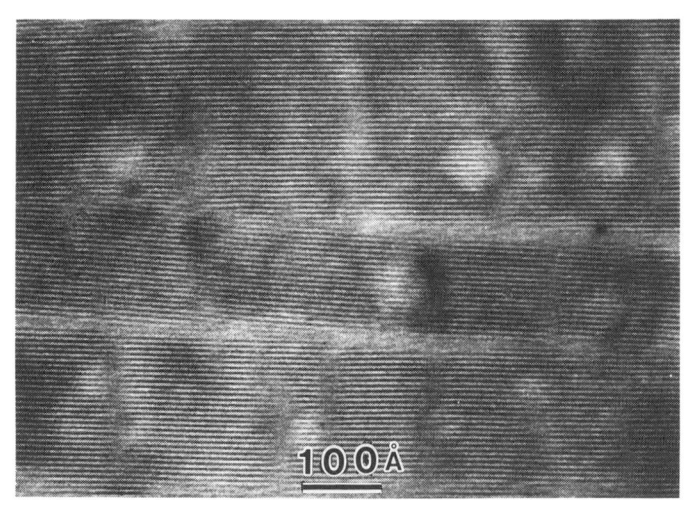

図 7-11 菰田[25] により観察された塩化白金カリ（K_2PtCl_4）結晶の格子像，格子間隔 6.9Å（1959 年）．

ところで電子顕微鏡の分解能は，すでに 1932 年の Ruska の論文によって，理論的には 2Å にまで達し得ることが推論されていた[6]．しかし，実際には上に述べたように，その頃やっと 10Å から 6Å 前後にまで進歩してきたところであった．これは理論が単純に，対物レンズの球面収差と絞りによる回折収差とのみを考慮しているのに対

7.4 結晶格子像の観察と分解能競争

して，実際の分解能は，そのほかに，装置の機械的な不安定性や電気的な不安定性などのもろもろの障害によって妨害を受けていたからである．

例えば，すでに述べたように，加速電圧やレンズ電流の安定度が十分でないと，色収差によって像がボケる．電子レンズのポールピースの加工精度が不十分だったり絞りに汚れが生じたりしていると，非点収差が生じる．また，試料微動台の機械的な安定性についても，とにかく，原子サイズのドリフトや振動があってもいけないのである．そのほかに，試料支持膜の電子線照射による伸縮やコンタミネーションの影響も見逃せない．あるとき，あまりに像のボケが直らないのでよく調べてみると，試料支持膜がまるで太鼓の腹のように，微かに振動していたことがあった．試料に入射する電子ビームに，数％のわずかな電流リップルが入っており，これが支持膜を振動させていたのである．つまり，こうしたもろもろの隠れた障害によって，電子顕微鏡の分解能は制限されていたのである．したがって，電子顕微鏡の分解能向上の歴史は，こうしたもろもろの妨害を一つずつ明らかにして，丹念に取り除いてゆく仕事の連続であった．

当時，筆者はしばしば，皆が寝静まる時間帯をねらって写真撮影をしていたが，そのとき，筆者は，研究室の建物が昼間は振動しているが，夜の7時を過ぎると急速に静まってくることに気づいた．電子顕微鏡は，このように極めて鋭敏なセンサーでもあった．

7.4.3 斜め照射法

1961年になると，今度はベルリンにあるマックス・プランク研究所のW.C.T. Dowell[26]が，実に3.2Åの結晶格子像を観察したと発表した．当時，筆者が観察できた格子間隔は5.6Åであったから，その分解能の高さに，一瞬，わが耳を疑った．しかもそのDowellは，筆者が前の年にベルリンを訪問した際に，これから格子像の観察をしたいので観察法について教えてほしいと色々質問をしてきた，その本人であったからである．その彼に，わずか1年のうちに，大幅に出し抜かれてしまったのである．この発表に刺激されて，筆者もまた，さらに高分解能を目指して格子像の観察に努めた．

早速，電子顕微鏡のあちこちに改良を施し，高分解能化のための整備を行った．また研究室の床に大きな穴を掘り，そこに10トンあまりもあるコンクリート・ブロックの除震台を設け，その上に電子顕微鏡を据付けた．その結果，翌年には，酸化モリブデン結晶の3.8Åの格子像までは，なんとか観察できるようになった．しかし目標

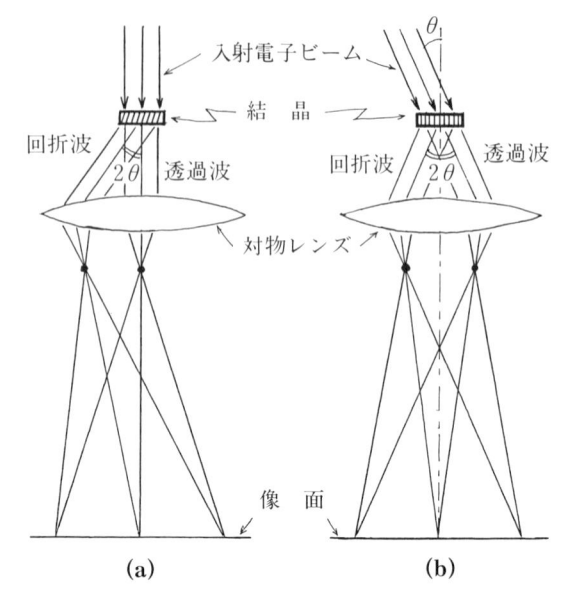

図 7-12 結晶格子像の結像原理図．（a）通常の軸上照射法，（b）斜め照射法．

は，なんといっても Dowell が出した 3.2Å という驚異的な記録であった．

ところで，Dowell の出した記録は，実は，斜め照射法という特殊な観察手法を用いて達成されたものであった．

格子像は一般に，図 7-12（a）に示すように，電子線が光軸に沿って結晶に入射し，そのまま結晶を透過した電子波と，格子面でブラッグ反射した回折波とが像面で重なり，干渉して生じる．これに対して斜め照射法では，図 7-12（b）のように，電子ビームをあらかじめブラッグ角だけ傾けて試料を照射するもので，透過波と回折波とは光軸に対して対称に等しい角度で対物レンズに入る．こうすると，レンズの開き角は実効的に半分になるし，両波の位相は一致するので，多少の電源変動があっても原理的に色収差は零になる．この方法はすでに光学顕微鏡において Abbe によって提唱されていたが，Dowell はこの方法を電子顕微鏡に適用したのである．とにかく，Dowell を追い越さねばならないと思い，筆者もまた，同じように斜め照射法を試みることにした．

ところで，電子顕微鏡で格子像を観察するには，まず，これに適した結晶試料を選び出す必要がある．その結晶は，第一に薄片であり，電子線に対して透過性がよいこ

と,次に,目的の格子面が結晶底面に対して垂直に近く,入射電子ビームに対してほぼ平行になること,さらには,その結晶は電子線照射に対して十分に強いことなどである.しかも,Dowellが3.2Åを出した以上,筆者らはそれを上回る3.0Åか,それ以下の間隔の結晶を探さねばならなかった.だが,そんな都合のよい結晶はなかなか見当たらなかった.

一方,斜め照射の技術についても,実際に筆者の電子顕微鏡に適用して練習をしてみた.ところが,これがまた,とんでもなく繁雑な操作法であった.当時の電子顕微鏡には,まだ,電磁偏向系はなかったので,斜め照射を行うには,結晶試料の方位に合わせて,鏡体の照射系から上を機械的に傾けなければならなかった.それは大変な作業であった.したがって,こんな非能率的な方法では,とても極限を追求する仕事などできないと思った.

そのとき,ふと,筆者の頭に閃くものがあった.それはかつて筆者も実験したことがあった,金の単結晶薄膜試料[27]のことであった.

その結晶はマイカや岩塩を基板にして,その上に真空蒸着でエピタキシャル成長させるもので,基板の上に,まず銀を厚目に蒸着しておくと,その上に金の単結晶薄膜を厚さ数10Åに薄く成長させることができた.そして銀を硝酸液で溶かすと,金の単結晶薄膜のみを取り出すことができる.

これを用いると,試料はメッシュ全面にわたって単一方位の結晶であるから,一度,試料のどこかで斜め照射の軸合わせをしておくと,その後はそのままの照射条件で,メッシュ全面にわたって格子像の撮影ができる.それに,この結晶は真空蒸着で作るので結晶の方位や厚さを自由に選ぶことができるし,また,金属結晶であるから電子線照射に対して極めて強い.すべての条件は満足している.

だが,問題は格子間隔であった.金の結晶では最も幅の広い間隔でも,(111)面の2.35Åである.当時の筆者の記録の3.8ÅはおろかDowellの3.2Åからさえも,あまりにも飛び過ぎているのである.そのため筆者は,そこで何日も考え込んでしまった.

しかし,他に適当な結晶は見当たらなかった.それにこうしている間にも,また誰かが新しい記録を出さないとも限らない,そう思った瞬間,筆者の心は決まった.この金の(111)面にすべてを賭けることにした.

7.4.4 世界新記録

しかし,予想した通り仕事は容易ではなかった.まず,装置が機械的,電気的に最

も安定するように，電子顕微鏡の使用条件を整えてやる必要があった．例えば，写真撮影は，試料のドリフトを避けるために，部屋の温度が一定になる時間帯を選んで行わねばならない．朝，装置のスイッチを入れると，室温は空調とともに上昇する．夕方，空調が止まると，室温は逆に下り始める．室温より遅れて変化していた鏡体の温度は，室温の降下に伴って，夜7時から8時の間に平衡状態に達する．筆者は毎日，このわずかな時間帯を狙って集中的に写真を撮ることにした．

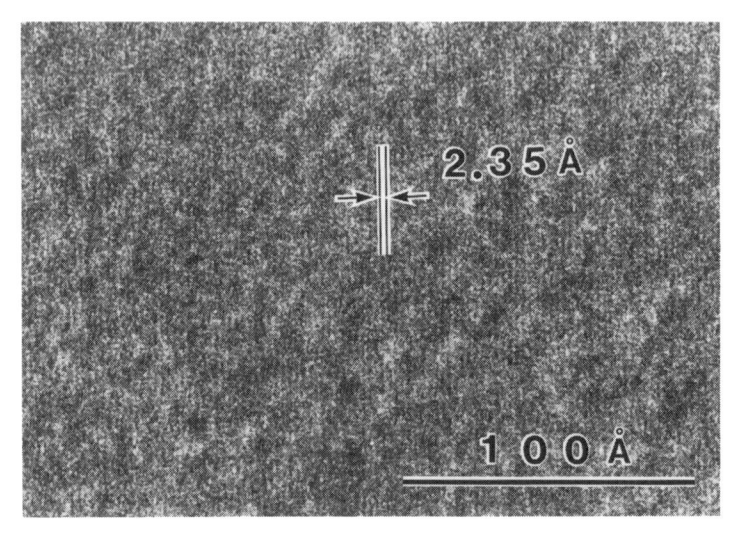

図7-13 菰田[28)]により初めて観察された金(111)面の格子像，格子間隔2.35Å (1963年)．

しかし，毎日，毎日，乾板には何も写っていない日が続いた．何しろ，蛍光板上では格子像など見ることはできないので，すべては勘を頼りに写真撮影をするのである．そんな日が半年以上も続いた．そして，すでに3000枚を越える乾板が，何も写っていないまま，空しくゴミ箱に消えていった．

だが，そんなある日，筆者はとうとう，暗室の中でルーペの奥に，微かではあったが縞模様を見たのである．はやる胸を抑え，早速そのネガを周囲の人達に見せてまわった．しかし誰も「見える」とは言ってくれなかった．仕方なく，それを大きく写真に伸ばしてみせた．皆はそれを縞に沿って下の方から斜めに透かして見て，初めて「見えた」と言ってくれた．そのときの写真が，図7-13の写真である．確かに今見て

も，大変に惨めな写真ではある．しかし，とにもかくにも，金の(111)面は写っていた[28]．

こうして筆者は，生まれて初めて，電子顕微鏡の分解能記録を作ることができた．しかもその間隔は2.35Å，世界で初めて原子間距離を解像したものであった．

7.4.5 原子を見る

その後も電子顕微鏡の分解能競争は続いた．3年後の1966年には再び筆者により1.18Å[29]，そして1968年には東北大学の矢田慶治により0.88Å[30]が観察され，ついにその記録は1Åを割るに至った．

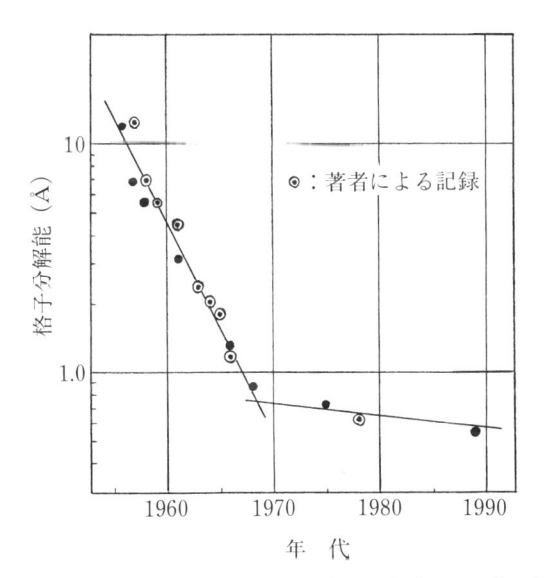

図7-14 電子顕微鏡の分解能向上の歴史（各年代に観察された格子像の最小間隔）．

図7-14は，このような分解能記録を年代に対して示したものである．

このグラフで特徴的なことは，傾向が1970年頃を境にして折れ曲がっていることである．これは，それ以前の分解能が主として装置の電気的，機械的な不安定性によって制限され，それらの要因を少しずつ取り除くことによって向上してきたのに対して，1970年にはそれがほぼ限界に達し，理論的な分解能が得られるようになったことを意味している．それ以後の緩やかな進歩は，電子レンズの収差の低減や波長を短

くする高電圧化，さらには電界放出型電子銃の使用など，本質的な分解能向上の策を講じることによって達成されたものである．そして，1995年時点での分解能の記録としては，日立の川崎猛らにより1989年に観察された0.55Åの格子像[31]がある．これは加速電圧350 kV，電界放出型電子銃を装備した電子顕微鏡により達成された．

そして，電子顕微鏡の分解能は市販装置でも，格子像で1Å前後，つまり原子レベルに達している．だが，それにつけても，ここで見のがすことができないのが，結晶の中に原子を見る"結晶構造像（structure image）"の観察である．

結晶構造像は結晶格子像の一種である．しかし，その極めて限定された特別の場合のものである．簡単にいうと，結晶の一つの晶軸を電子顕微鏡の光軸に正しく一致させたときの格子像で，ちょうど，結晶模型を軸方向に透かして見た場合に相当する．したがって，結晶を構成する各ユニットセル中の対応する原子は，結晶の全厚さにわ

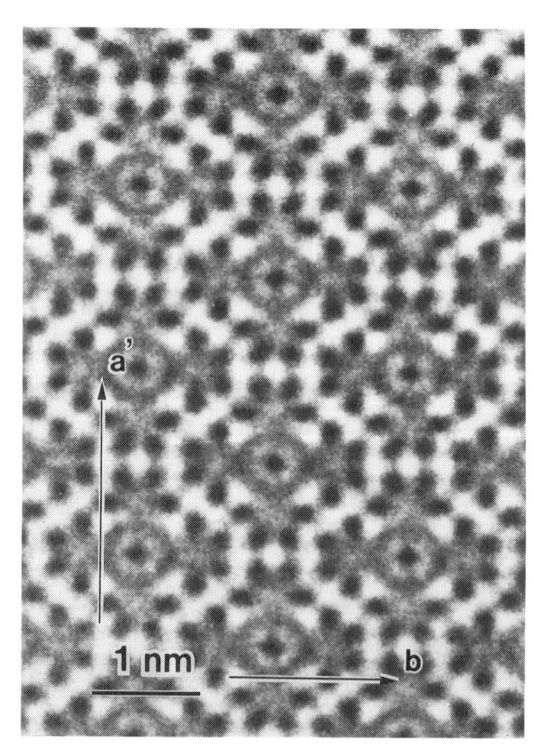

図7-15 植田ら[32]により観察された塩素化銅フタロシアニン結晶の構造像（1979年）（京大化研，小林隆史教授の御提供による）．

たって完全に重なってしまい，あたかも，そこに1個の原子だけが代表して存在しているかのように見えるのである．しかもその像は，ユニットセル中の各原子のポテンシャル分布を，軸に垂直な平面上に投影したものに相当する．これが結晶構造像である．図7-15は植田夏ら[32]により観察された典型的な構造像で，そこにはフタロシアニン分子を構成する原子が，個々に明瞭に写されている．

結晶格子の2次元分布像については，すでに筆者による1966年の金(200)，(020)の交差格子像[29]や，1970年の植田らによるフタロシアニン結晶の分子配列像[33]などがあった．しかし，これらの技術をさらに進めて，結晶構造像（structure image）という名称とともにその観察手法を確立したのが，1974年の飯島澄男らの仕事[34]である．

飯島によると，当時，$Ti_2Nb_{10}O_{29}$などの複雑な結晶の結晶欠陥を試料傾斜装置を使って特定の方向から観察していたが，あるとき，偶然に得られた写真の中に，まるでX線構造解析で求めた結晶モデルとそっくりの像を発見した．そして，これがきっかけとなって彼は，構造像という，まさに結晶内に「原子を見る」技術を見出したのである．

その頃の試料傾斜装置は精度や分解能が低く，苦労されたようである．しかし，その後，この試料傾斜装置の高分解能化が進み，結晶軸を正しく電子線の光軸に合わせて，しかも，高分解能での観察が可能になった．そして，ここで初めて電子顕微鏡で「原子を見る」夢が実現した．

7.5 超高圧電子顕微鏡の開発

7.5.1 超高圧電子顕微鏡の誕生

わが国における電子顕微鏡開発の歴史を語る場合，超高圧電子顕微鏡に関する記事を欠かすわけにはゆかない．現在，世界に存在する超高圧電子顕微鏡の大部分は，わが国産の電子顕微鏡で占められている．以下に，超高圧電子顕微鏡開発の足跡をたどってみる．

超高圧電子顕微鏡の開発は，すでに1940年代の初めに始まっている．Ruskaにより電子顕微鏡が製品化されてから間もなくのことである．当時，通常の電子顕微鏡の加速電圧は50～100 kVであったから，細菌などの厚い試料は電子線が透過せず，内部構造を見ることができなかった．電子線のエネルギーを高くすれば電子線の透過能が増すので，すでにその時代から医学・生物学者から，加速電圧の高圧化が強く要請

されていた．

そのため，1941年にRuskaらは加速電圧220 kV[35]，米国のV. K. Zworykinらは300 kV[36]の電子顕微鏡をそれぞれ試作した．しかし，技術的に問題があったのか，応用面でもほとんど見るべき成果が得られぬまま研究は中断してしまっている．その後1947年，オランダのA. C. van Dorstenら[37]はデンマークのビール会社の要請で，400 kVの超高圧電子顕微鏡を試作している．目的はビール酵母菌の内部構造を生きたまま透過して見ようというものであった．確かに電圧を上げると内部の構造が見えてきたが，菌そのものは電子線の照射によって死んでしまい，生きたまま見たいという望みはかなえられなかった．

ところが丁度その頃，同じオランダのF. Zernikeはツァイス社と協力して，位相差光学顕微鏡の実用化に成功した．これによると，倍率こそ電子顕微鏡にはかなわなかったが，細菌を生きたまま見ることができた．このため，超高圧電子顕微鏡は，次第に医学・生物学者から顧みられぬ存在となってしまった．

7.5.2 わが国における初期超高圧電子顕微鏡

1950年代に入り，ようやく電子顕微鏡の研究開発に力をつけてきたわが国においても，超高圧化の波が押し寄せてきた．そのきっかけを作ったのは，京都大学の小林

図7-16 榊，只野ら[38]によるベルト起電機型の300 kV超高圧電子顕微鏡（1954年）．

7.5 超高圧電子顕微鏡の開発

恵之助の唱える「メザシの黒焼き」説であったといわれる．

電子顕微鏡で細菌のような生物を見ようとするとき，試料は真空中に入れなければならないので，まず，干物になる．次に，これに電子線を当てると，ひとたまりもなく黒焦げになってしまう．つまり，生のイワシを見ているつもりが，実はメザシの黒焼きを見てしまっているというのである．しかし，電圧を上げると試料の電子線損傷が減るので，黒焼きを防ぐ意味から，電圧の超高圧化が期待された．

こうして当時の電子顕微鏡学会の中に超高圧電子顕微鏡委員会が設置され，また，昭和25年に，朝日科学奨励賞が交付された．そして，榊米一郎（名大），只野（日立）のグループと，小林（京大），島津新一（島津）のグループができ，それぞれ独自に300 kV 級の電子顕微鏡を試作することになった．

このうち榊・只野グループの電子顕微鏡は[38]，高圧電源に粒子線加速器であるベルト起電機を使用した非常にユニークなものであった（図7-16）．彼らがこの方式を選んだのは，金をかけずに少しでも早く結果を出したかったからである，といわれている．

図7-17 は，そのベルト起電機の原理を示したものである．電荷は鋭い針の並んだ散布子 S.N からコロナ放電によって絶縁ベルト B に散布される．ベルトは回転しており，電荷は上部に運ばれ，コレクターで吸い上げられてそこに高電圧を発生する．

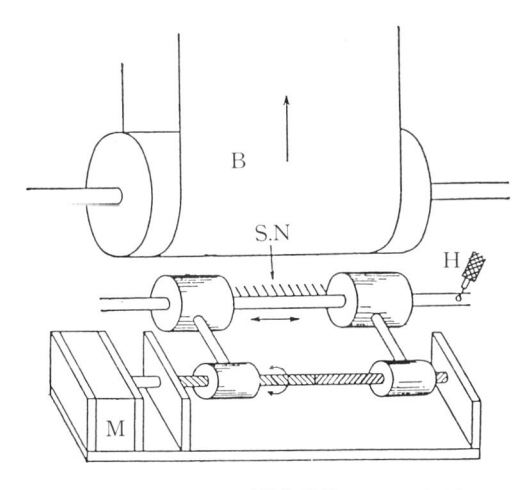

図 7-17 ベルト起電機の原理図．B：電荷搬送用ベルト，S.N：コロナ散布用ニードル，H：コロナ散布用電圧端子．

高電圧部分は大気中に露出しているので,コロナ放電を避けるために竹籠にスズ箔を貼ったり,アルミニウムの大きなタライを継ぎ合わせたりして作られた.また,部屋の床,天井,壁などはすべて,トタン張りとされた.

この装置は設計を始めてから3年以上の年月を費やして,1954年に完成した.しかし分解能は30Åを越えており,通常の電子顕微鏡に比べても,それほど,劣ってはいなかった.そして,ブドウ状球菌をはじめ,色々の試料の観察が行われた.図7-18はその一例で,硫黄快削鋼に含まれる介在物の電子顕微鏡像と,その電子回折像を示している.電圧とともに電子回折像が鋭くなり,電子線の透過能が増してゆく様子が分かる.

しかし,当初期待されていた生物学への応用は,その後,発展することなく,途絶えてしまった.それは1950年代の前半に開発された超ミクロトームの出現のためであった.これにより細菌や生物組織は$0.1\,\mu m$以下の薄い連続切片として切り出され,その切片は50～100 kV級の普通の電子顕微鏡でも十分に観察できた.このた

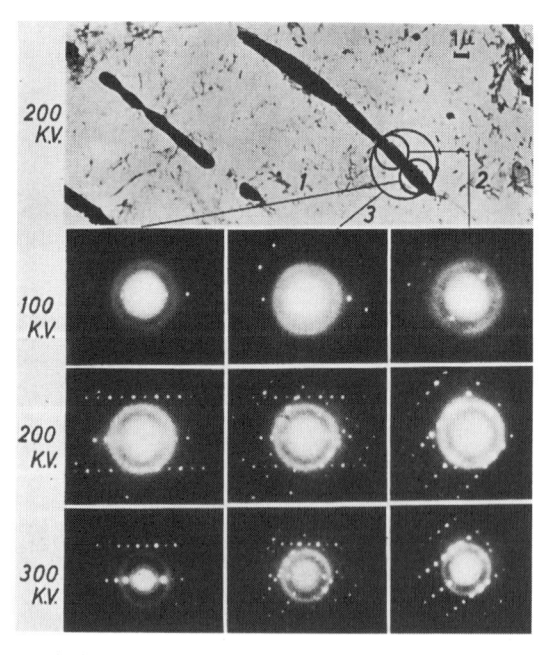

図7-18 300 kV 超高圧電子顕微鏡の応用例[38].硫黄快削鋼の抽出レプリカ像と介在物の電子回折像.

め，超高圧電子顕微鏡は，またもや医学・生物学者から見捨てられてしまったのである．

一方，京大・島津組は，名大・日立組より遅れて1957年に完成した[39]．小林は当初から有機高分子の結晶構造を調べることを目的としていたので，これを早速，試料損傷の基礎研究のために用いた．そして，ある種の高分子，例えば，ポリオキシメチレンは50 kVの電子線ではたちまち分解してしまうが，300 kVでは損傷が著しく軽減され，像として観察できることが実証された．その結果は1961年の磁気と結晶に関する国際会議で発表され，大きな反響を呼んだ．

ところで，これと時期を同じくして，電子顕微鏡による金属結晶中の転位の直接観察という新しい研究分野が開かれた．1956年，英国のP. B. Hirschらのグループは Alなどの金属を化学腐食法により薄片化することに成功し，これを直接，透過して観察する技術を開発した[40]．そして，その結晶の中に，転位像を観察したのである．

しかし転位のネットワークは，試料を通常の電子顕微鏡で観察できる薄さ，つまり 0.5 μm以下にすると，表面に逸脱して変化してしまうおそれがあった．したがって，金属を薄くする技術が如何に進んでも，転位の研究のためには，試料はむしろある程度の厚さが必要であり，したがって，超高圧電子顕微鏡の使用が必要であった．こうして初めて，超高圧電子顕微鏡の用途が開けてきた．

7.5.3　世界初の100万ボルト級超高圧電子顕微鏡

1962年，フィラデルフィアで開催された第5回国際電子顕微鏡学会議で，フランスのG. Dupouyは，自製の120万ボルト電子顕微鏡を発表し[41]，生物試料や金属転位像などの多くの美しい写真を示し，聴衆を魅了した（図7-19，図7-20）．

Dupouyは非常に政治力のある科学者で，フランス国立科学研究所中央機関（CNRS）の総裁を務めたこともある．そこを辞任するや政府から多額の予算を獲得して，Toulouse（ツールーズ）に電子顕微鏡研究所を作り，そこに世界初の100万ボルト級の超高圧電子顕微鏡を設置した．その電子顕微鏡は金と労力と時間に糸目をつけずに製作されたものといわれ，その美しい球形ドーム（図7-21）とともに，フランス電子顕微鏡のシンボルとなった．

この研究プロジェクトの特徴は，加速電圧を従来の30万ボルト級から一挙に100万ボルト以上に飛躍させたところである．ここに，通常の電子顕微鏡では大幅に遅れをとった彼らが，この超高圧電子顕微鏡でフランスの栄光をとり返そうとした強い意気込みが窺える．とにかく，Dupouyは周囲の批判を気にすることなく，自らの見識

図 7-19 Dupouyら[41] により開発された世界初の100万ボルト級電子顕微鏡（1962年）(Dupouy and Perrier (1962)[41] より転載).

と執念とでやり遂げたといわれる．そして超高圧の世界は，これで一挙に100万ボルト級に引き上げられたのである．

7.5.4 普及型超高圧電子顕微鏡の誕生

1961年の磁気と結晶の国際会議を境にして，わが国では，特別の建屋のいらない普及性のある超高圧電子顕微鏡を作ろうという機運が生まれてきた．そのきっかけを作ったのは名大の上田良二で，東洋レーヨンの科学技術研究助成金を基に，上田，榊（名大），只野（日立）の三者の共同で，50万ボルトの普及型電子顕微鏡を作る計画が進められた．これは，後に日本が超高圧電子顕微鏡の製品化で世界のトップを切る，重要な一石となるのである．そして，どうせ作るのならユニークな設計にしようということになり，1962年に設計が始められた．

種々検討の結果，高圧電源と電子線の加速管とを一つの高圧ガスタンクの中に押し

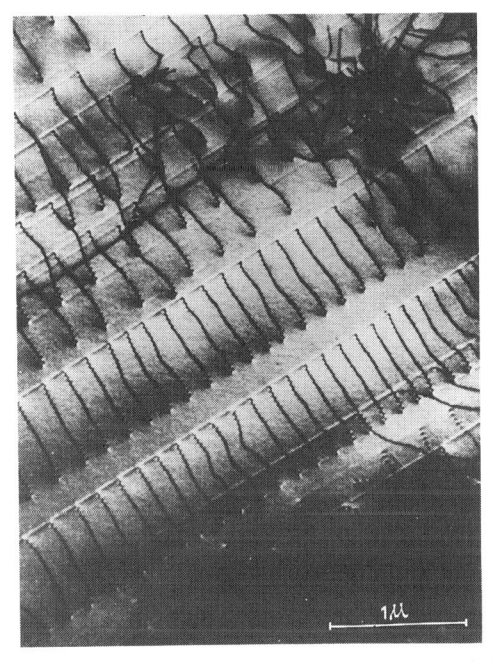

図 7-20 100万ボルト級超高圧電子顕微鏡で観察された不銹鋼の転位像（Dupouy and Perrier（1962）[41] より転載）．

図 7-21 100万ボルト級超高圧電子顕微鏡を設置した球形ドーム（直径 24 m）とツールーズ電子顕微鏡研究所（Dupouy and Perrier（1962）[41] より転載）．

図 7-22 日立製コンパクト型超高圧電子顕微鏡[42] (1964 年).

込め，その直下に顕微鏡の鏡体を配置するという大胆な構造となった（図 7-22）．それまで，このような構造で高度の安定性が要求される電源として使用された例はなく，多くの困難が予想された．しかし，意外に予備実験は順調に進み，1964 年の春に完成して，日立中央研究所で試運転が開始された．

　高圧電源は 10 段のコック・クロフト回路で，抵抗分圧によるフィードバックによって電圧の安定化が図られ，電子銃陰極の交換には重い高圧タンクを開けないですむよう，エアロック方式が採られた．さらに結像レンズ系は，制限視野電子回折のカメラ長を長くするために，従来の 3 段レンズにさらに 1 段の拡大レンズを加え，4 段とした[42]．この基本設計はそのまま 1966 年の 100 万ボルト電子顕微鏡にも引き継がれ，世界で最初のコンパクト型超高圧電子顕微鏡が誕生した．そして，日本電子，島津らのメーカーとともに輸出が始まり，世界における超高圧電子顕微鏡の大部分を，わが国産の電子顕微鏡で占めるようになる．

7.5.5 厚さへの挑戦

このような超高圧電子顕微鏡の特徴は，何といっても厚い試料が観察できることである．超高圧電子顕微鏡が金属科学や材料科学の分野で強い関心が持たれるようになったのも，ここにその最大の理由がある．

ところで，電子線の透過能と加速電圧の関係は，イギリスのHirsh[43]によって理論的に研究され，相対性理論から，透過能は$(v/c)^2$に比例すると結論づけられていた（v：電子の速度，c：光の速度）．これによると透過能は加速電圧とともに増大するが，50万ボルト付近から増し方が緩くなり，100万ボルト以上でほとんど飽和してしまうことになる．したがって，一時は50万ボルト以上に電圧を高くしても無駄であるという説が横行していた．しかし上田らは5万ボルトから120万ボルトまで実際の試料を使って観察実験を行い，より高い電圧の方が，やはり遥かにコントラストの良い鮮明な像が得られることを示した[44]．しかも，100万ボルト以上ではタングステンのような重い材料でも数 μm の厚さまで見ることができ，バルク状態の観察が可能であることが分かってきた．こうして100万ボルト無用論は消滅し，さらに，300万ボルト級電子顕微鏡の開発へと発展してゆく．

7.5.6 300万ボルト電子顕微鏡

1966年6月13日から5週間，シカゴ郊外のアルゴンヌ国立研究所（Argonne National Laboratory；ANL）で，500万ボルト級電子顕微鏡の計画のための研究会が開かれ，世界中から著名な研究者が招待された．わが国からは，当時阪大の橋本初次郎と日立の只野が招聘され，総員約40人で種々討議がなされた．只野はこの時，従来型レンズによる300万ボルト電子顕微鏡の鏡体の設計について発表を行った[45]．この只野の計画は，後に，阪大と共同で開発する300万ボルト電子顕微鏡の重要な伏線となるのである．一方，当のアルゴンヌ国立研究所では，その後にどのような経緯があったのか不明だが，これらの計画はそのまま実現されずに終ってしまっている．

丁度その頃，例のフランスのDupouyは，1970年に開催予定のグルノーブルの第7回国際電子顕微鏡学会議に合わせて，300万ボルト電子顕微鏡を開発しているとの情報が伝わってきた．詳細は不明であったが，Dupouyのことであるから，きっと素晴らしい装置を実現させるであろうと誰もが考えた．

ところが，それとまったく期を同じくして，わが国でも300万ボルト級の超高圧電子顕微鏡の実現に向けて計画を練っていた金属学者がいた．それは当時，科学技術庁

金属材料技術研究所で50万ボルトの島津製超高圧電子顕微鏡を使って色々と成果を上げていた藤田広志であった[46]．彼は間もなく1967年に大阪大学に戻るが，今度は阪大で菅田を中心に300万ボルト級電子顕微鏡設置の計画を進めるようになる．そして，1968年3月に，初めて文部省に概算要求を提出した．しかし，その年は認可されなかった．

だが，ここに同じような計画を持つもう一つのグループがあった．それは，すでに100万ボルト電子顕微鏡の製品化を終え，勢いに乗る日立中央研究所の電子顕微鏡開発のグループであった．日立製作所は1970年に創立60周年を迎えるため，社内ではこれに合わせて記念事業のアイディア募集が行われていた．そこで中央研究所では，創立60周年を記念するモニュメントとして，世界最高の300万ボルト電子顕微鏡を作り上げようと提案した．その提案は本社から，ユーザーである大学との共同開発を

図7-23　阪大・日立共同で開発された世界最高の300万ボルト超高圧電子顕微鏡[47]（1970年）．

7.5 超高圧電子顕微鏡の開発

前提にして認可されていた．こうして 1968 年の秋，目的を同じくする阪大と日立との間で話合いが持たれ，遂に 300 万ボルト超高圧電子顕微鏡が共同で開発されることになった．

目指す目標は 1970 年の夏に開催されるグルノーブルでの国際電子顕微鏡学会議であった．このため，装置はできるだけ従来から実績のある技術でまとめることになった．加速管は 120 段で構成され，高圧発生部は 3 気圧の絶縁ガスを封入した密閉型高圧タンク内に設置された．しかし，その大きさはさすがに大きく，全高 12 m，総重量約 70 トンという巨大なものであった[47]（図 7-23）．その装置は 1970 年の夏に完成し，グルノーブル会議に間に合わせることができた．そして，その会議では，阪大，日立組とフランスのツールーズ組[48] との発表が真向からぶつかり合った．

それから 20 年以上にわたり，阪大の 300 万ボルト電子顕微鏡はほとんど休むことなく稼動を続け，幾多の成果を上げてきた．そして，今日この電子顕微鏡はなお世界最高の電子顕微鏡として，また，世界有数の電子顕微鏡生産国，日本のシンボルとして，活躍を続けている．

参 考 文 献

1) H. Busch: Arch. Elektrotech., **18**, 583 (1927).
2) T. Mulvey: Brit. J. Appl. Phys., **13**, 198 (1962).
3) E. Ruska and M. Knoll: Z. techn. Phys., **12**, 389 (1931).
4) D. Gabor: Proc. 8th Int. Cong. Electron Microscopy, **1**, 6 (1974).
5) E. Ruska: "Nobel lecture, Dec. 8, 1986", EMSA Bulletin 18: 2, Nov., 53 (1988).
6) M. Knoll and E. Ruska: Z. Phys., **78**, 318 (1932).
7) R. Rüdenberg: Naturwiss., **20**, 522 (1932).
8) R. Rüdenberg: J. Appl. Phys., **14**, 434 (1943).
9) E. Ruska: Z. Phys., **87**, 580 (1934).
10) L. Marton: Phys. Rev., **46**, 527 (1934).
11) B. von Borries and E. Ruska: Wiss. Veröff. Siemens, **17**, 99 (1938).
12) H. Ruska: Naturwiss., **28**, 45 (1940).
13) 山下英男 (訳): 電気学会 学界時報, 1933年2月号.
14) 大久保準三, 日比忠俊: 日本金属学会誌, **1** (講義), 1, 93, 177, 264, 317 (1937).
    浅尾荘一郎: ブラウン管並電子顕微鏡概論, 電子工学講座, 共立社 (1938).
15) K. Ura: History of E. M., 11th Int. Cong. Electron Microscopy (Kyoto) (1986) p. 43.
16) K. Yada: History of E. M., 11th Int. Cong. Electron Microscopy (Kyoto) (1986) p. 27.
17) 瀬藤象二: 日本電子顕微鏡学会会報, **1**〜**2**, 2 (1974).
18) B. Tadano: History of E. M., 11th Int. Cong. Electron Microscopy (Kyoto) (1986) p. 1.
19) 文部省専門学務局: "アルデンネ超電子顕微鏡", 丸善 (1942).
20) 只野文哉: 電子通信学会誌, **57**, 901 (1974).
21) 只野文哉: 日立評論, **26**, 413 (1943).
22) J. W. Menter: Proc. Roy. Soc., **A236**, 119 (1956).
23) G. A. Bassett and J. W. Menter: Phil. Mag., **2**, 1482 (1957).
24) G. A. Bassett et al.: Proc. Roy. Soc., **A246**, 345 (1958).
25) T. Komoda and S. Sakata: J. Electron Microscopy, **7**, 27 (1959).

26) W. C. T. Dowell : Proc. Int. Conf. Magne. Cryst. (1961).
27) D. W. Pashley : Phil. Mag., **4**, 324 (1959).
28) T. Komoda : J. Electron Microscopy, **13**, 3 (1964).
29) T. Komoda : J. Electron Microscopy, **15**, 173 (1966).
30) K. Yada and T. Hibi : J. Electron Microscopy, **18**, 266 (1969).
31) T. Kawasaki et al. : Jpn. J. Appl. Phys., **29**, 508 (1990).
32) N. Uyeda, T. Kobayashi, K. Ishizuka and Y. Fujiyoshi : Chemica Scripta, **14**, 47 (1978-79).
33) N. Uyeda, T. Kobayashi, E. Suito, Y. Harada and M. Watanabe : Proc. 7th Int. Cong. Electron Microscopy (Grenoble), Vol. 1 (1970) p. 23.
34) P. R. Busech and S. Iijima : Am. Mineral., **59**, 1 (1974).
35) H. O. Müller and E. Ruska : Kolloid. Z., **95**, 95 (1941).
36) V. K. Zworykin et al. : J. Appl. Phys., **12**, 738 (1941).
37) A. C. van Dorsten, W. J. Oosterkamp and J. B. le Poole : Philips Techn. Rev., **9**, 193 (1947-48).
38) B. Tadano et al. : J. Electron Microscopy, **4**, 5 (1956).
39) K. Kobayashi et al. : Jpn. J. Appl. Phys., **2**, 47 (1963).
40) P. B. Hirsch, R. W. Horne and M. J. Whelan : Phil. Mag., **1**, 677 (1956).
41) G. Dupouy and F. Perrier : J. Microscopie, **1**, 167 (1962).
42) B. Tadano et al. : J. Electron Microscopy, **14**, 88 (1965).
43) P. B. Hirsch : J. Phys. Soc. Japan, **17**, Suppl. B-II, 143 (1962).
44) R. Uyeda and M. Nonoyama : Jpn. J. Appl. Phys., **6**, 557 (1967).
45) 只野文哉：自然, **23**(2), 50 (1968).
46) 裏　克己：Ultra-DENKEN (大阪大学超高圧電顕センター), **12**, 15 (1983).
47) S. Ozasa et al. : J. Electron Microscopy, **21**, 109 (1972).
48) G. Dupouy et al. : J. de Microscopie, **9**, 575 (1970).

索引

事項索引
人名索引

事項索引

あ
アモルファス …………………… 43, 44
アルデンネ超電子顕微鏡 ………… 285
アレニウス式 ……………………… 60
アレニウス・プロット ………… 62, 64-66
泡模型 …………………………… 108

い
イオン結合性 …………………… 134
位置交換過程 ……………………… 59
一方向凝固 ……………………… 145
ε 炭化鉄 …………………………… 24
色収差 …………………………… 292
陰極線 ……………………… 11, 30, 274
――管 …………………………… 274

う
ウッド合金 ……………………… 54

え
ASTM index ……………………… 34
A15 型 …………………………… 178
A_2 変態(磁気転移) ……………… 240
X 線 ……………………… 11, 13, 19, 21, 43
――回折 ………………………… 13
――多重反射 …………………… 21
――トポグラフ ………………… 43
――分光計 ……………………… 19
――特性 …………………… 12, 19, 21
――白色 ………………………… 19
エッチ・ピット ………………… 110
――法 …………………………… 115
Ni_3Al ……………… 137, 140, 141, 146
n 値 ……………………………… 205
Nb_3Sn ………… 181, 183, 184, 187, 197
――線材 ………………………… 188

Nb_3Ge ………………………… 182
Nb-Zr 合金 ………………… 194, 196
Nb-Ti 合金 ………………… 194, 196
エピタキシャル成長 ………… 32, 295
Mo マーカー ……………………… 78
$L1_2$ 型金属間化合物 ……… 141, 146
塩化カリウム(KCl) ……………… 14

お
応力-ひずみ曲線 …………… 113, 143
オーステナイト ………… 23, 252, 254
オシログラフ …………………… 274
オメガ・エンブリオ ……………… 66

か
カーケンドール効果 …………… 76, 78
回折 X 線幅 ……………………… 34
回折結晶学 ……………………… 2
回折条件 ………………………… 124
回折斑点 ………………………… 15
回転対称性 ……………………… 44
外部拡散法 ……………………… 189
解離拡散 ………………………… 86
カオリナイト …………………… 239
化学気相析出(CVD) …………… 184
化学ポテンシャル ……………… 52, 80
化学量論組成 …………………… 182
拡散 ……………………………… 51
　　解離 ………………………… 86
　　高速 ……………………… 67, 86, 89
　　自己 ……………………… 51, 58, 81
　　相互 …………………………… 69, 74
　　体 ………………………… 87, 89
　　短回路 ………………………… 87
　　転位 …………………………… 65, 89
　　表面 …………………………… 87

事項索引

　　不純物—— ……………………58, 86
　　粒界—— …………………………65, 88
拡散係数 ……51, 52, 56, 58, 60, 64, 71, 73, 77
　　固有—— ………………………………80
　　相互—— …………………52, 69, 74, 80
　　体—— ………………………………89
　　　不純物—— ………………………58
　　　粒界—— ……………………………88
拡散生成 ………………………………184
拡散対 ……………………………57, 69
学振第37小委員会 …………………284, 288
加工硬化 …………………………………99
加工度 ……………………………………198
化合物 …………………………………133
ガス中蒸発法 ……………………………42
活性化エネルギー …………………62, 77, 83
荷電子/原子 ……………………………194
価電子数 …………………………142, 160
加熱曲線 ………………………………229
　　——法 …………………223, 224, 229
カルコゲナイド ………………………211
環境敏感性 ……………………………157
完全反磁性 ……………………………173

き

菊池線 ……………………………………31
規則合金 …………………………36, 138
規則格子線 ……………………………134
規則配列 ………………………………25
逆位相境界（APB） …………………138
逆加熱速度曲線法 ……………………229
逆冷却速度曲線法 ……………………229
逆冷却速度法 …………………………236
キャリア ………………………………127
強加工後熱処理 ………………………204
強磁性金属 ………………………………37
共有結合 ………………………………142
巨大伸び ………………………………164
金相学 ……………………55, 73, 226, 228, 246
金属間化合物 …………………………131
　　$L1_2$ 型—— …………………141, 146

　　軽量—— ……………………………151
　　高融点—— ………………………153, 154
金属薄膜 ………………………………123
近代原子論 ……………………………133

く

空間群 ……………………………………8, 21
空孔移動エネルギー ……………………83
空孔機構 ……………………………83, 90
　　単一—— …………………………65, 66
　　複—— …………………………………66
空孔形成エネルギー ……………………83
空孔濃度 ………………………………82
空孔-複空孔モデル ……………………66
空洞 ………………………………………83
クーパー対 …………………………175, 213
クライオトロン ………………………215
クラッド ………………………………201
Kurdjumov-Sachs の関係 ………………23
クンツラー線材 ………………………183

け

形状記憶合金 ……………………………40
軽量金属間化合物 ……………………151
結合欠陥 ………………………………143
結合次数 ………………………………160
結晶格子像 ……………………………290
結晶構造像 ……………………………298
結晶構造マップ ………………………160
結晶成長 ………………………………109
結晶粒界 ………………………………141
ゲルマナイド …………………………179
原子間距離 ……………………………297
原子寸法比 ……………………………134
原子対相互作用 …………………………39
原子配列 ………………………………142
原子半径 ………………………………160
原子番号 ………………………………133
元素の周期表 …………………………132

こ

高圧技術 …………………………163
高温強度 …………………………150
高温硬度 …………………………137
高温脆化 …………………………158
光学測角器 …………………………4
合金設計 …………………………135
合金設計理念 ……………………160
合金線材 …………………………184
合金超伝導体 ……………………197
交差格子像 ………………………299
交差すべり ………………………139
高磁界マグネット ………………198
格子間原子機構 …………………86
格子欠陥 …………………………120
構造解析 …………………………21
構造マップ ………………………160
高速拡散 ………………………67,86
　　──路 …………………………89
硬超伝導体 ………………………176
高 T_c 超伝導体 …………………179
降伏応力 …………………………154
高融点金属間化合物 ………153,154
固液拡散法 ………………………189
極細多芯線材 ……………………185
国際熱測定連合(ICTAC) ………224
国際熱分析連合(ICTA) …………222
コットレル効果 …………………122
コヒーレンス長さ ………………206
固有拡散係数 ……………………80
混合状態 …………………………177
混合転位 ……………………100,113

さ

再結晶 ……………………………120
　　──集合組織 ………………145
散乱振幅 …………………………21
散乱電子 …………………………29

し

Co₃Ti ……………………………157

GP ゾーン …………………………24
ジェットエンジン ……………135,153
ジェリーロール法 ………………189
磁界レンズ ………………………276
磁化率 ……………………………264
磁気浮上列車 ……………………202
磁気分析 …………………………241
　　──法 …………………………249
磁気変態 …………………………67
磁気モーメント …………………33
磁区観察 …………………………38
時効硬化 ……………………24,122
自己拡散 …………………………51
　　──係数 ……………………58,81
示差走査熱量測定 ………………223
示差熱曲線 ………………………235
示差熱電対 ………………………233
示差熱分析(DTA)
　　…………223,231,233,235,236,241,258
示差熱膨張曲線 …………………256
示差膨張計 …………………249,254
磁束侵入深さ ……………………174
支柱転位 …………………………116
シュブレル相 ……………………211
準安定位置 ………………………61
準結晶 ……………………………44
準格子間原子機構 ………………83
純鉄 …………………………240,250
晶系 ………………………………5
小傾角境界 ………………………111
晶族 ………………………………4
常伝導状態 ………………………173
常伝導転移 ………………………201
植物細胞 …………………………281
ジョセフソン効果 ………………215
シリサイド ………………………179
真空蒸着 …………………………41
人工超格子 ………………………42
人工ピン …………………………206
人工放射性同位体 ………………59
浸炭法 ………………………53,58

事項索引　317

侵入型合金 …………………………38
侵入型固溶体 ………………………23

す

水銀 ………………………………171
スーパーアロイ ……………135,136,151
鈴木効果 …………………………122
すべり …………………………99,138
　　　交差── ……………………139
　　　──ベクトル ………………113

せ

制限視野 …………………………306
析出 ………………………………203
　　　──粒子 …………………125
積層欠陥 ………………………40,121
絶対温度 …………………………170
セメンタイト ………………………23
閃亜鉛鉱 ………………………17,31
全膨張計 …………………………249

そ

相互拡散 …………………………69,74
　　　──係数 …………52,69,74,80
走査型顕微鏡 ……………………285
層状化合物 ………………………211
相変態 ……………………………22
その場観察 ………………………33

た

第1種超伝導体 ……………173,176
体拡散 ……………………………87
体拡散係数 ………………………89
体心立方 …………………………22
第2種超伝導体 ……………173,176
多結晶 ……………………………20
多重双晶粒子 ……………………41
多芯線材 …………………………206
単一空孔機構 ……………………65,66
短回路拡散 ………………………87
単結晶薄膜試料 …………………295

炭素鋼 ……………39,241,250,254,256
短範囲規則 ………………………139

ち

置換型元素添加 …………………148
置換型固溶体 ………………………23
窒化法 ……………………………58
中性子線 …………………………33
稠密六方 …………………………22
超高圧電子顕微鏡 ……299,300,303,304
超格子転位 ………………………138
長周期規則合金 …………………36
超塑性 …………………………162,164
超耐熱合金 ………………………135
超伝導 ……………………………169
超伝導合金 ………………………191
超伝導状態 ………………………171
超伝導線材 ………………………202
超伝導体 …………173,176,179,197
　　　A15型化合物── …………178
　　　合金── ……………………197
　　　硬── ………………………176
　　　高 T_c── ……………………179
　　　第1種── ……………173,176
　　　第2種── ……………173,176
　　　軟── ………………………176
超伝導トランジスター ……………216
超伝導マグネット
　　　………183,185,188,196,202,204
長範囲規則 ………………………139
超微粒子 …………………………41
直接交換機構 ……………………83

て

TiAl ………………………………151,160
T_c ………………………………179,193
TG曲線 …………………………259
ディップコート …………………184
DTA→示差熱分析
　　　──曲線 …………………235
定溶反応式 ………………………63

鉄及び鋼の研究	247	特性X線	12,19,21
デフラクトメータ	34	トレーサー	58,81
転移	172,176,201,240		
磁気――	240	**な**	
常伝導――	201	内部拡散法	189
――温度	171,176	斜め照射法	293
転位	127,138,303	軟超伝導体	176
混合――	100,113		
支柱――	116	**に**	
超格子――	138	2次元準結晶	46
刃状――	97,108,113,290	西山の関係	24
半――	120	日本学術振興会	284
らせん――	100	学振第37小委員会	284,288
転位拡散	65,89		
転位線	113	**ね**	
転位の増殖	115	熱陰極型X線管	17
転位論	97	熱磁気測定	223,257
電解研磨	123	熱重量曲線	259
電荷分布均質化	143	熱重量測定(TG)	223,259
電気陰性度	160	熱電気測定	223,257,258
電気抵抗	249,257	熱電高温温度計	232
点群	4	熱天秤	249,259
電子	11	本多式――	260,264,265,267,268
電子回折像	35,289	熱分析	221,222,226
電子化合物	27	熱膨張曲線	254
電子/原子比	27,37	熱膨張計	249
電子顕微鏡	35,123,139,273,277	熱膨張測定	223,245,251,257
アルデンネ超――	285		
超高圧――	299,300,303,304	**の**	
放射型――	283	濃度-距離曲線	69
電子銃陰極	306		
電子線照射	293	**は**	
電子濃度	134,150	バーガース回路	114
電子密度	142	バーガース・ベクトル	115,118
伝導電子	127	鋼(炭素鋼)	23,240
		白色X線	19
と		薄層拡散源	88
同位元素	33	刃状転位	97,108,113,290
同位体効果	175	白金フタロシアニン	290
透過電子線	124	波動力学	28
透過能	299,302,307	ハロー図形	43

事項索引

反位相境界 ……………………25, 36
反射回折 ……………………………31
反射高速電子回折法(RHEED) ……31
半転位 ……………………………120
半導体 ……………………………127
バンド計算 ………………………160

ひ

BCS理論 …………………………176
Pd水素化物 ………………………211
ひげ結晶 …………………………42, 112
微結晶 ………………………………41
微分DTA曲線 ……………………235
飛躍距離 ……………………………60
表面拡散 ……………………………87
頻度因子 ……………………………62
ピン止め ……………………177, 202, 206

ふ

PHACOMP ………………………136
ファント・ホッフの式 ………………63
V_3Si ………………………………180
V_3Ga ……………………………185
Fickの第1法則 …………………56, 77
Fickの第2法則 ……………………56
Fickの法則 ………………………51
フィラメント ………………185, 205, 206
フーリエ解析 ………………………34
フェライト …………………………23
フェルミ面 …………………………37
フォノン・ソフニング ………………67
複空孔機構 …………………………66
複合多芯線材 ……………………185, 188
不純物拡散 …………………………86
　　──係数 ………………………58
不整 ………………………………108
フタロシアニン ……………291, 292, 299
ブラウン管 ………………………274
ブラッグの式 ………………………17
ブラッグ反射 ……………………294
ブラベ格子 …………………………5

フランク-リード源 ………………115
ブリルアン帯 ………………………37
プロセッシング技術 ……………160
ブロンズ法 ……………………181, 188
分解能 ……………………………291, 299
分子軌道計算 ……………………160
分子配列像 ………………………299
分子要素 ……………………………3
粉末法 ……………………………162

へ

並進対称性 …………………………44
ヘッグの規則 ………………………24
ヘリウム …………………………170
ペロブスカイト …………………211
変位法 ……………………………263
変形帯 ……………………………107
偏析 ………………………………127
ペンローズ格子 ……………………46

ほ

放射型電子顕微鏡 ………………283
放射光(SR光, SOR光) ……………47
放射性同位元素 …………………52
放射性同位体 ………………………58
　　人工── ………………………59
ボーズ凝縮 ………………………176, 213
ポールピース ……………………280
ボロン効果 ………………………146
ボロン添加 ……………………141, 142
本多式熱天秤 ……260, 264, 265, 267, 268

ま

マーカー ……………………………78
マイクロクラック ………………145
マスター曲線 ………………………77
俣野界面 ……………………………75
俣野の解析 ………………………72, 76
俣野の式 ……………………………82
マティアスの法則(Matthias rule)
　………………………………182, 194

マルテンサイト ………23,39,252,254,258

み
ミクロ組織 ……………………………205

め
面間角 …………………………………4
面指数（ミラー指数）…………………4
面心立方構造…………………………22

も
モザイク模型…………………………21
モワレ縞 ……………………………292

や
焼き入れ自記装置 ……………251,252

よ
溶質原子 ……………………………122
四元素説 ……………………………132

ら
ラーベス相 ………………………26,37
らせん転位 …………………………100

ラメラー組織 ………………………152
ラング法 ……………………………127

り
粒界拡散 …………………………65,88
　──係数 …………………………88
粒界強度 ……………………………141
粒界脆性 ……………………………145
量子磁束 ……………………………177
臨界温度 …………………………171,211
臨界磁界 ………………………195,197,199
臨界電流 ……………………………185
　──密度 ………………183,195,203
リング機構 …………………………85

れ
零位法 ………………………………263
冷却曲線（温度-時間曲線）法
　………………223,224,229,236,246
冷却速度法 …………………………236

ろ
ローゼ合金 …………………………54

人名索引

A
青木清 ……………………………………141
Ardenne, M. V. ……………………………285
Arnold, J. O. ………………………………57
Arrhenius, A. ………………………………63
Averbach, B. L. ……………………………81

B
Balluffi, R. W. ……………………………82
Bardeen, J. ………………………………175
Barkla, C. G. ………………………………12
Bednorz, J. G. ……………………………208
Berlincourt, T. G. …………………191, 195
Bohr, N. ……………………………………21
Boyle, R. ……………………………………53
Bragg, W. H. ………………………12, 17, 19
Bragg, W. L. ………………10, 17, 19, 21, 107
Bravais, A. …………………………………5
Burgers, J. M. ……………………………100, 114
Burgess, G. K. ……………………………236
Busch, H. ……………………………275, 276

C
Chevenard, P. ……………………………249, 254
近重眞澄 …………………………55, 73, 226, 246
Chu, C. W. ………………………………212
Cohen, M. …………………………………85
Compton, K. G. ……………………………112
Coolidge, W. D. ……………………………17
Cooper, L. N. ……………………………175
Cottrell, A. H. ……………………………104

D
Darken, L. S. ……………………………52, 80, 81
Darwin, C. G. ………………………………21
Davisson, C. J. ……………………………28, 275

de Broglie, L. V. ……………………28, 275
Debye, P. J. W. ……………………………20
Dowell, W. C. T. …………………………293, 295
Dupouy, G. …………………………………303, 307
Dushmann, S. ………………………………60
Duval, C. …………………………………259, 261

E
Einstein, A. ………………………………12, 28
Ewald, P. ……………………………13, 14, 21

F
Fick, A. ……………………………………51
Flinn, P. A. ………………………………137
Frank, F. C. ………………………32, 109, 114, 115
Frenkel, J. …………………………………61
Friedlich, W. ……………………………2, 13-15
藤田英一 …………………………………107, 126
藤田広志 …………………………………308
藤原邦男 …………………………………36
福島栄之助 ………………………………108
福島政治 …………………………………266

G
Germer, L. H. ……………………………28, 275
Griffin, L. J. ……………………………110
Grube, G. ……………………………………69
Guichard, M. ……………………………260
Guinier, A. …………………………………24

H
Hall, W. H. …………………………………34
Hartree, D. R. ……………………………21
橋口隆吉 ………………………106, 112, 113
Haüy, A. R. J. ……………………………3, 5
Hägg, G. ……………………………………23

平林真 ……………………36, 38
平賀賢二 ……………………37
平野賢一 ……………………67
Hirsch, P. B. ……………124, 303, 307
本多光太郎…23, 55, 221, 240, 241, 245-247,
　　　　　　249, 257, 259, 260
本庄五郎 ……………………35
Horn, F. H. ……………………110
Howlett, E. W. ………………187
Hoyt, S. L. ……………………234
Hull, A. W. ……………………20
Hulm, J. K. ……………………191-193
Hume-Rothery, W. ……………27, 134
Huntington, H. B. ……………53, 83
Huygens, C. ……………………3

I
飯島澄男 ……………………49
飯島嘉明 ……………………68
井村徹 ……………………126
井野正三 ……………………41
岩瀬慶三 ……………………258, 267
和泉修 ……………………141

J
Jedele, A. ……………………69, 71
Johansson, C. H. ……………25
Josephson, B. D. ……………215

K
Kamerlingh Onnes, H. ………170, 171, 173
笠井完 ……………………284
Kaufman, A. R. ………………187
Keattch, C. ……………………264
菊池正士 ……………………31
紀本和男 ……………………41
Kirkendall, E. O. ……………77, 79
Knipping, P. …………………2, 13, 14, 16
Knoll, M. ……………………276, 278, 283
小林惠之助 ……………………301
菰田孜 ……………………36, 292

今野清兵衛 ……………………254
神津淑祐 ……………………238
Kunzler, J. E. …………………183
Kurdjumov, G. V. ……………23

L
Laue, Max von ………2, 13, 14, 16, 17, 134
Laves, F. ……………………26
Le Châtelier, H. L. ……………55, 231
Linde, J. O. ……………………25
London, F. ……………………174

M
Mackenzie, R. C. ………………222
前田弘 ……………………213
Manning, J. R. ………………83
Marton, L. ……………………281
増本量 ……………………23
俣野仲次郎 ……………69, 71, 73, 74
松下徳次郎 ……………………251
松山芳治 ……………………244
Matthias, B. T. ……179, 181, 191-193, 278
Mehl, R. F. ……………………76, 79
Meissner, W. …………………173
Mendeleev, D. I. ……………132
Mott, N. F. ……………………118
村上武次郎 ……………………252, 267
Müller, K. A. …………………208

N
長倉繁麿 ……………………35, 39, 43
西川正治 ……………………19-21
仁科芳雄 ……………………59
入戸野修 ……………………43

O
Ochsenfeld, R. ………………173
小川四郎 ……………………36
桶谷繁雄 ……………………33, 38
大久保準三 ……………………283
大川章哉 ……………………108

人名索引

Orowan, E. ·····97
Osmond, F. ·····231

P
Patterson, A. L. ·····21
Planck, M. ·····12
Polanyi, M. ·····61, 97
Preston, G. D. ·····24
Prigogine, I. ·····52

R
Read, W. T. Jr. ·····104, 115
Roberts-Austen, W. C.
 ·····53, 55, 56, 86, 232, 235
Rosenhain, W. ·····234, 235, 245
Röntgen, W. C. ·····11, 15, 16
Rudberg, J. F. E. ·····230
Ruska, E. ·····35, 276, 278, 283, 292
Rüdenberg, R. ·····279

S
Sachs ·····23
齋藤平吉 ·····261, 267, 278
榊米一郎 ·····301
桜井錠二 ·····268
里 洋 ·····36
佐藤進三 ·····238
佐藤清吉 ·····241, 252
Scherrer, P. ·····20
Schoenflies, A. ·····5, 20
Schooley, J. F. ·····209
Schrieffer, J. R. ·····175
Schrödinger, E. ·····28
Seitz, F. ·····53, 83
瀬藤象二 ·····284
柴田善一 ·····266
島津新一 ·····301
清水謙一 ·····40
篠田軍治 ·····71, 73
庄司彦六 ·····24
Sleight, A. W. ·····211

Smigelskas, A. D. ·····78
Smith, C. S. ·····80
Sommerfeld, A. J. ·····12-15
Sorby, H. C. ·····55
Stead, J. E. ·····55
Suenaga, M. ·····188
菅田栄治 ·····283, 308
鈴木秀次 ·····107, 119, 120, 122
鈴木平 ·····106, 119, 120
Suzuoka, T. ·····88

T
太刀川恭治 ·····185, 187, 188, 202
只野文哉 ·····286, 301
高村仁一 ·····107
高柳邦夫 ·····49
Tammann, G. ·····10, 55, 58, 60, 134, 226, 245
田中晋輔 ·····69, 71, 73
谷安正 ·····99
Taylor, G. I. ·····97
寺田寅彦 ·····19, 20
Thomson, G. P. ·····30, 32
Thomson, J. J. ·····275
Thomson, W. ·····170
Turnbull, D. ·····89

U
上田良二 ·····33, 42, 304, 307

V
van Arkel, A. E. ·····88
van der Merwe ·····32
van't Hoff, J. H. ·····62
Vogel, F. L. ·····111
von Hevesy, G. ·····59, 60

W
渡辺伝次郎 ·····36
渡辺宏 ·····36
Westbrook, J. H. ·····137
W. H. B. → Bragg, W. H.

Wien, W. ·····························12, 14
Wigner, E. ····························61
W. L. B.→Bragg, W. L.
Wollaston, W. H. ······················4
Wu, M. K. ··························212
Wyckoff, R. W. G. ····················21

Y
山口珪次 ····························101

Z
Zener, C. ····························87

編者
齋藤 安俊（さいとう やすとし）　　北田 正弘（きただ まさひろ）
東京工業大学名誉教授　　　　　　　東京芸術大学教授
大学評価・学位授与機構名誉教授　　　工学博士
工学博士

2002年9月30日　第1版発行

材料開発の源流を辿る
金属学のルーツ

編　者　齋藤 安俊
　　　　北田 正弘
発行者　内田　悟
印刷者　山岡 景仁

発行所　株式会社　内田老鶴圃　〒112-0012 東京都文京区大塚3丁目34番3号
電話 (03) 3945-6781(代)・FAX (03) 3945-6782
印刷/三美印刷K.K.・製本/榎本製本K.K.

Published by UCHIDA ROKAKUHO PUBLISHING CO., LTD.
3-34-3 Otsuka, Bunkyo-ku, Tokyo 112-0012, Japan

U. R. No. 521-1

ISBN 4-7536-6132-6 C1040

*JME*材料科学シリーズ
金属の高温酸化
齋藤安俊・阿竹　徹・丸山俊夫編訳　A5・140頁・2000円

サイツ・アインシュプラッハ著
エレクトロニクスと情報革命を担う
シリコンの物語
堂山昌男・北田正弘訳　A5・304頁・3500円

物理のあしおと
奥田　毅著　A5・362頁・3000円

私の物理年代記
奥田　毅著　A5・200頁・2300円

現代物理学への道標
信貴豊一郎著　A5・184頁・2300円

材料学シリーズ
金属電子論　上・下
水谷宇一郎著　（上）A5・276頁・3000円　（下）A5・272頁・3200円

材料学シリーズ
結晶電子顕微鏡学
坂　公恭著　A5・248頁・3600円

材料学シリーズ
X 線 構 造 解 析
早稲田嘉夫・松原英一郎著　A5・308頁・3800円

材料学シリーズ
金属物性学の基礎
沖　憲典・江口鐵男著　A5・144頁・2300円

材料学シリーズ
鉄鋼材料の科学
谷野　満・鈴木　茂著　A5・304頁・3800円

価格は本体価格（税別）です．